农林产品加工技术

郑俏然　高晓旭　汪建华　主编

化学工业出版社

·北京·

内 容 简 介

《农林产品加工技术》共有十一章，内容涉及农林产品采收与贮藏，农林产品加工概述与新技术，以及农林野菜、农林果品、农林油料植物、农林色素植物、农林香料植物、农林淀粉植物、农林药用植物和农林花卉食品加工技术。加工技术中涉及较多应用实例，实用性较强。

《农林产品加工技术》可作为高等院校食品科学与工程专业的专业课教材，也可用于高职院校相关专业教材和企业相关技术岗位的培训用书，还可供从事农林产品开发的技术人员参考。

图书在版编目（CIP）数据

农林产品加工技术/郑俏然，高晓旭，汪建华主编．—北京：化学工业出版社，2022.9
ISBN 978-7-122-41560-8

Ⅰ.①农… Ⅱ.①郑… ②高… ③汪… Ⅲ.①农产品加工②林产品-加工 Ⅳ.①S37②S759

中国版本图书馆 CIP 数据核字（2022）第 094913 号

责任编辑：傅四周   文字编辑：刘洋洋
责任校对：边 涛   装帧设计：韩 飞

出版发行：化学工业出版社（北京市东城区青年湖南街 13 号 邮政编码 100011）
印 装：北京科印技术咨询服务有限公司数码印刷分部
787mm×1092mm 1/16 印张 11½ 字数 280 千字 2022 年 10 月北京第 1 版第 1 次印刷

购书咨询：010-64518888   售后服务：010-64518899
网 址：http://www.cip.com.cn

定 价：59.00 元

前　言

农林产品在我国有着丰富的资源，其在保护生态、消除贫困和产业发展领域具有巨大应用潜力。开展农林产品的加工有利于促进农民增收及就业、资源绿色增长，并能够改善生态环境，优化饮食及消费结构，提高人们的健康水平。

农林产品加工分为初加工和深加工两种。初加工是不涉及农林产品内在成分改变的加工，深加工是二次加工，使农林产品的内在品质发生变化。初加工和深加工之间有一定的联系，是分不开的。本书中农林产品加工是指以农业物料、林业动植物资源及其加工品为原料所进行的生产活动。

近年来，国家高度重视农林产品加工业发展，把农林产品加工业作为农业产业升级、农林加工品国际竞争力提升、农民增收、乡村振兴的重要渠道，国家采取了政策扶持等多种方式，促进农林产品加工企业壮大和农林产品研发水平提高，取得了明显的效果。但仍然存在集中度不够高、大而不强、自主创新能力较弱、产地初加工相对落后、资源利用率偏低等问题。

未来我国将加大力度开展农林产品技术研发，把农林产品保鲜与加工放在首位，大力发展产地初加工，做大做强农产品加工领军企业，搞好产业集群园区建设，加快技术进步和提升自主创新能力，加快加工标准化体系建设，建设农产品加工技术服务平台。基于此，本书的出版旨在为我国农林产品的加工产业发展提供技术支撑。

本书内容共有十一章，第一章农林产品采收与贮藏，第二章农林产品加工概述，第三章农林产品加工新技术，第四章农林野菜及其加工技术，第五章农林果品加工技术，第六章农林油料植物加工技术，第七章农林色素植物加工技术，第八章农林香料植物加工技术，第九章农林淀粉植物加工技术，第十章农林药用植物加工技术，第十一章农林花卉食品加工技术。

本书的编写得到了北华大学林学院食品科学与工程系孙广仁教授、杜凤国教授、张英莉副教授等的大力支持。同时得到了生物工程与现代农业重庆市级特色学科专业群建设项目的全额资助，在此表示感谢。

本书可作为高等院校食品科学与工程专业教师和学生的教材及参考书，也可作为高职院校相关专业教材和企业相关技术岗位的培训资料。由于编者水平有限，书中难免有一些疏漏之处，恳请广大读者予以指正，以便进一步修改完善。

编　者

2022 年 4 月

目 录

第一章　农林产品采收与贮藏

第一节　农林产品的采收

植物生长发育到一定阶段，当植物入药部位以及植物的可食部位等达到经济技术要求时，则可采取相应技术措施将其从生长地收集运回。这一过程称为农林产品的采收。农林产品的采收受植物的生长时期、种类、立地条件以及地域的影响，表现出一定的季节性和区域性。农林产品采收也因种类以及产品用途不同，采取的技术措施也不尽相同。农林产品的种类、生长时期、食用部位不同，相应的采收时期、方法以及采收后贮藏、保鲜及采后加工等也不一样。下面介绍适合企业大规模地用于商业性的农林产品采收类型、农林产品类型及贮藏原理。

一、农林产品合理采收的意义

农林产品（如野菜、野果等）的产地、采收是否适宜合理，是直接影响产品产量和质量的重要因素。经济植物的合理采收，也是农林产品生产中的关键技术之一。如果植物种植产地适宜，生长条件良好，采收合理适时，则产品的质与量均佳，反之则将影响其质与量。不合理采收对于植物栽培来讲，会影响质量和产量，进而影响经济效益。因为植物及其不同部位，都有一定的成熟时期，有效成分的含量与经济产品的产量各不相同，药物效应也随之有很大差异。我国历代医药学家及广大药农都极为重视合理采收，在长期实践中积累了许多宝贵经验。例如茵陈的变化就是"春为茵陈夏为蒿，秋季拔来当柴烧"。正如民谚所云："当季是药，过季是草。"享有"药王"称誉的唐代医药学家孙思邈在其名著《千金翼方》中云："不依时采取，与朽木不殊，虚废人功，卒无神益。""金元四大家"之一的李东垣在其名篇《用药法象》中亦曰："根叶花实，采之有时，失其时则性味不全。"这些都充分说明药用植物合理采收的重要意义。而对山野菜，由于食用部位不同也需要应季适时采收。对农林果品而言，若不适时采收，果实将落地腐烂或被动物、昆虫以及微生物消耗造成浪费，同时也给农林果品质量带来影响。为了达到优质丰产，应当根据植物的生长发育状况和有效成分变化规律，以及地区差异来合理采收，并在深入探索其采收期与质量、产量、地区及采收次数等的相关基础上，更科学地指导植物的合理采收。

1. 合理采收与质量的相关性

采收的合理适宜与否，主要体现在采收的时间性和技术性。其时间性主要指采收期和采收年限，技术性指采收方法和应用部位的成熟程度等。二者是相辅相成的，不可孤立地看待。因为它们与产品的形态、色泽、组织构造、有效成分含量、药性、功效、营养以及产量等都有关系。而首先要考虑的是合理采收与产品质量的相关性。农林产品采收达到产品质量标准要求，主要包含两方面的意义：一是指应用部位外部要达到规定的色泽和形态特征；二是品质要符合有关食品、药材标准规定的要求，即食品的色、香、味及营养，植物药性、有效成分等应达到相应标准。

植物的应用部位成熟与植物生理上的成熟是不同的概念，前者是以符合产品或经营目的为标准，后者是以能延续植物生命为标准。所以植物应用部位的成熟与植物生理上的成熟往往不是同步的。如酸橙果实以黄熟为生理成熟，而药用却以幼果和绿熟果实为成熟。前者不堪入药，后两者一个药名为枳实，另一个药名为枳壳。药用部位成熟与否，其外部的标志较易判断，而内在的质量因素，特别是有效成分的积累是否达到标准要求则较难判别。但通过长期生产实践或实验研究与实际观察可发现其植株生长发育和形态等方面呈现一定特征，可通过这些特征来判断其药用部位的成熟程度，确定适宜的采收期以达到合理采收的目的。

2. 合理采收与产量的相关性

植物的单位面积产量既要考虑不同地区的气候、土壤、耕作技术及不同采收期，也要考虑在不影响产品质量的前提下，合理增加采收次数与安排适宜的采收方法。例如，人参采挖以生长 5～7 年者为宜，传统产区栽培人参的采收期是 10 月上旬，经考察研究发现，9 月中旬采收，可增加 3.58％的产量，而且人参叶还可采收利用。我国农林产品品种多、分布广，各地气候、环境、栽培技术等又有差异，同一经济植物在不同地区的采收期也很难统一，因此，合理采收，即合理确定其经济采收期的主要依据，如前述及的是成熟程度和适收标志。特别要将其活性成分的积累动态与植株生长发育期相结合考虑，也就是将其品质与产量相结合考虑，以确定最佳采收期。合理采收与产地加工是甚为重要的环节。植物有效成分含量与产量在植株生长发育期间都有显著高峰期，有的两个高峰期是一致的，有的两个高峰期却不一致，这就需综合平衡，全面考虑确定其合理采收的时间、方式与方法等。

二、农林产品的成熟度及采收方法

每种植物都有其最适采收时期，适时采收就能保证质量好、数量多、商品价值高。如果未到最适食用期采收，则产量低、味酸涩，甚至有毒；如果过时采收，许多种类就如同杂草，失去商品价值。由于植物种类、生长季节和食用方法、加工技术的不同，对植物成熟度的标准要求也有差异。

（一）农林产品成熟度类型

一般情况下，农林产品的成熟度可分为以下四种类型。

1. 食用成熟

当植物的食用器官如野果长到具有可供食用时的一定的形状、色泽、风味和香气，并具有较高营养价值和一定的硬度时，称为食用成熟。但这时在植物学上有些植物尚未完全成熟。

2. 技术成熟

如果植物的采收时期是根据运销、贮藏和加工所要求的成熟度来确定则称为技术成熟。如长途运输的山野菜，为了避免到达食用者手中时因过熟而腐烂，防止途中因挤压而导致败坏，应提前于食用成熟收获，以贮藏为目的时，应在贮藏器官进入休眠期最适于贮藏时采收。

3. 药用成熟

如果采收的植物是药用，则要根据药性要求，及时采收其不同植物的根、茎、叶、花等有效部位，进行贮藏保鲜或药用加工。

4. 生理成熟

生理成熟又称自然成熟，是指果实已完全成熟，种子已有独立生活能力。以收获种子或收获老熟果实为目的的，都在此时采收。决定野菜采收时期的因素较多，主要根据野菜品种熟性、食用方法、加工途径、市场需要、气候条件等具体要求来定。作为家庭食用的少量采收的绝大多数种类野菜，都是在食用成熟时收获。食用成熟度也没有固定的标准，常随各地人们的习惯、嗜好及季节和用途等而变化。只要适合人们的需要，就算成熟，即可收获。但是作为批量长途运输供市或作为原料加工的野菜多在技术成熟时采收。采收时，应选晴天的上午或傍晚最好，应避免阴雨天或晴天的中午。否则，阴雨时收获的野菜在运输和贮藏中容易腐烂；在中午气温高、日照强烈时采收，容易萎蔫，使色泽不鲜艳，加上温度高、呼吸作用旺盛，影响品质。

（二）农林产品采收方法

农林产品的采收主要利用植物可用部位或器官，同时考虑其成熟期适时采收，把握成熟标志适时采收是农林产品采收的根本原则。

植物的根、茎、叶、花、果实等各种器官的成熟程度和采收标志都具有明显的季节性，正如我国民间流传的一首采药歌中唱的："含苞待放采花朵，树皮多在春夏剥；秋末初春挖根茎，全草药材夏季割；色青采叶最为好，成熟前后摘硕果。"北方药农也有谚语云："春采茵陈夏采蒿，知母黄芩全年刨，九月中旬采菊花，十月上山采连翘。"这些均充分反映了各类农林产品植物都有其不同的适收季节，这些经验值得借鉴与研究。

农林产品的采收，首先注重整个植株的应用采收，称为"全草"类的采收，再按根、茎、叶、花、果实等部位进行介绍。下面将药材类的经济植物采收方法归纳如下。

1. 全草类的采收

一般在花蕾将开的花前叶盛期或花朵初开的枝叶茂密的全盛期采收最为适宜。现蕾时或花初开时植株生长正进入旺盛阶段，有效成分含量高，采收产量及折干率亦较高。若在现蕾前，植物组织幼嫩，营养物质尚在不断积累，此时采收产量、品质和折干率均较低；若在花盛期或果期，植物体内营养物质已被大量消耗，此时采收亦可使产量、品质及折干率下降。例如益母草、穿心莲、仙鹤草、薄荷、藿香、荆芥、泽泻等，均须在生长旺盛、植株健壮、枝叶繁茂、营养充沛的花蕾将放或花开初期采收。

2. 根类的采收

一般在秋冬季节植物地上部分枯萎时或初春发芽前或刚露芽时采收最为适宜。此时植物完成了年生育周期，已进入冬眠状态，根和茎生长充实，贮藏的各种营养物质最丰富，累积的有效成分含量最高，农林产品的产量和加工折干率也高。例如天麻、桔梗、葛根、党参、丹参、天花粉、人参、黄连、玄参、当归等。

3. 茎类的采收

一般在秋冬季落叶后或春初萌芽前采收，此时植物体的营养物质及有效成分大都在树干中贮存。与叶同用的（如鸡血藤、钩藤等）茎木类药材，则宜在植物生长旺盛的花前期或盛花期采收。因为此时植物从根部吸收的养料或制造的特殊物质通过茎的输导组织向上输送，叶光合作用制造的营养物质由茎向下运送积累贮存，在秋冬季节或植物生长最旺盛时，其茎藤含的营养物质和有效成分则最为丰富。如五味子茎,从化学、药理研究方面均证明与五味子有相同的降酶等作用。测定五味子茎所含的总木脂素成分,以 7 月份采收的含量最高,达11%,五味子乙素、五味子丙素等总含量仍以 7 月份采收的为最高。

4. 叶类的采收

一般宜在植物枝叶茂盛、色泽青绿的花前盛叶期或正当花朵盛开时采收。此时植物光合作用旺盛,有效成分含量高,分批采叶对植株影响不大,且可增加产量。在花前期,其叶片尚在生长,有效成分积累较少;花后期,其叶生长又停滞,质地也变苍老,有效成分含量及产量均将下降。例如荷叶,当荷花含苞欲放时或盛开时采收,颜色绿,质地厚,气清香,质量好。叶类药材的有效成分、产量不但随植物生长发育产生变化,有的还受到季节、气候的影响,甚至一天内都会不同。

5. 花类的采收

一般多在花蕾含苞待放或花苞初放时采收。此时花的香气未逸散,有效成分含量高,宜在晴天清晨分批采集。但花类药用植物的采收期,因植物种类和具体药用部位不同而有所差异。以花蕾、花朵、花序、柱头、花粉或雄蕊等入药的,采收时都应注意花的色泽和发育程度,因为花的色泽和发育程度乃是花的质与量发生变化的重要标志。例如红花初放时,花呈淡黄色,所含成分为新红花苷及微量红花苷;花深黄色时,含红花苷;花橘红色时,含红花苷及红花醌苷。红花采收期北方在 6~7 月,南方在 5~6 月,采收标志以花冠顶端由黄变红时为宜,这时采收,质量为佳。若过早采收红花则花嫩色淡,若过晚采收则花带黑色而不新鲜,开放后期生物碱含量才高,质量方佳。

6. 果实的采收

果实类一般均在已经充分长成或完全成熟后采收。此时果实本身贮存了一部分淀粉、脂肪及生物碱、苷类、有机酸等有效成分,又尚未用于种子供应有性繁殖营养的消耗,相对而言此时有效成分含量高、品质好。但其采收期随植物种类和药用要求而异。一般干果在果实停止增大、果壳变硬、颜色褪绿而呈固有色泽时(7~10 月)采收,如薏苡、连翘、马兜铃、巴豆及使君子等;肉果在以幼果入药时,则于未成熟时(5~10 月)采收,如枳实、乌梅等;以绿熟果实入药的,则于果实不再增大并开始褪绿时(7~9 月上旬)采收,如枳壳、香橼、佛手、木瓜、青皮等;以完整果实入药的,则多在果实成熟时(8 月开始)采收,如枸杞子、山茱萸、五味子、枣、陈皮、龙眼等。

7. 种子类的采收

种子类药材一般在果皮褪绿呈完全成熟色泽、种子干物质积累已停止、达到一定硬度,并呈现固有色泽时采收。成熟过程中的种子与果实,是各类有机物质综合作用最旺盛的部位,营养物质不断从植物的其他组织输送到种子和果实中去,所以完熟期采收的种子有效成分与其经济产量及折干率均高。若采收过早,种子含水量高,加工折干率低,产量与质量均低,有的种子呈瘪粒,干燥后种皮皱缩;若采收过迟,种子易脱落损失,影响产量。但其采收期可因播种期、气候条件的差异等而不同。

8. 皮类的采收

一般宜在秋末冬初采挖根后收取根皮,清明到夏至间采收茎皮。春、夏之交植物体内水分、养分输送旺盛,形成层细胞分裂快,韧皮部营养和树皮内液汁增多,植株的浆液开始移动,韧皮部与木质部易于分离剥取,伤口也易愈合,故一般茎皮采剥多在此时(可以环剥、半环剥或条状剥取),例如杜仲、黄柏、厚朴、秦皮、川楝皮等。根皮采剥推迟到生育周期的后期，如牡丹皮、远志等，若采收过早，根皮积累有效成分少，其产量与折干率均受到影响。

9. 树脂和液汁类采收

本类药材的采收亦随不同植物和采收部位而不同。如新疆阿魏的采收，则有割取法（5～6月）及榨取法（春季），但以适时割取法为佳。又如桦树液的采收是在春季树液萌动时采收。

第二节　农林产品的保藏原理

考虑自然条件的限制，农林产品采收具有明显的季节性和区域性，与消费者一年四季的需求和经营者的周年均衡供应形成矛盾。开发利用存在着旺季过多、淡季不足、腐烂损耗严重等问题。例如进行野菜的贮藏保鲜加工是经营与消费之间的一个重要环节，对于调节市场供应，改善人民生活，发展农村商品经济，繁荣城乡市场，满足外贸需要，具有十分重要的意义。不但能满足消费者的需求，也将给经营者带来更好的经济效益，有着无限广阔的发展前景。

一般农林产品的生物学特点是：含水量很高，可达90%，有的高达95%～98%；呼吸强度很高，尤其是表面积大的叶菜类；菜体主要由薄壁细胞组成，组织非常脆弱；多数外表无坚强的保护层，很容易碰伤，导致微生物感染，引起腐烂。因此，农林产品的保藏是非常重要的技术。为了对经济植物进行贮藏，经常采用干制、糖制以及保鲜等手段对农产品进行处理。农林产品种类繁多，用途各异，因此不同种类要求的贮藏方式不同，需要采取不同的技术措施进行处理，以便于贮藏。

一、农林产品干制原理

1. 水分对农林产品贮藏的影响

一般而言，新鲜的农林产品由于存在微生物以及受自身酶系的影响，在采收后，如果不进行处理会在微生物及自身酶系的作用下变质。

（1）水分对微生物的繁殖的影响　微生物的繁殖，水分是必要的条件之一。大多数微生物只有在食品中含水量超过30%时才能发育和代谢，霉菌需水分15%左右。当食品中水分低于12%时，各种微生物就不能生存，因为微生物在干燥环境中，其细胞里的水分逐渐被夺走，新陈代谢就不能正常进行。因而，目前一般干经济植物的水分掌握在3%～25%之间，如水果干为15%～25%，蔬菜干在6%以下。在我国民间，常利用阳光加工果干、菜干等食品。晒制过程中食品充分接受阳光中的紫外线照射，从而使微生物中遗传物质发生化学变化，造成微生物的死亡。同时阳光中穿透力很强的红外线可使微生物体内形成热解，在蒸发植物水分的同时，也蒸发掉微生物体内的水分。从而使微生物停止发育，甚至死亡。

（2）水分对酶的影响　酶的活性维持同样需要水分，水分减少时酶的活性也就下降，然而酶和基质也会同时增浓，酶催化的反应速率则取决于两者的浓度，因此在低水分的干制品中，特别是在物料吸湿后，酶仍会缓慢地进行活动，而且仍有可能会引起食品不良变化和变质，只有干制食品水分降到1%以下时，酶的活性才会完全消失。果蔬加工时往往设法用湿热或化学处理等措施，达到促使酶失去活力的要求。所以，干制食品的加工应和保藏方法同时考虑才更加完善。例如，采用抽真空、充氮气密封包装，同时进行低温保藏；或者，干制植物在脱水干制过程中，容易发生变质时，与盐腌方法结合进行等。

2. 农林产品水分的存在状态

农林产品水分的存在状态，可分为三种。①游离状态，即农林产品细胞毛细管中的水分，易于蒸发。果蔬中的水分，绝大多数都是以游离水的形式存在，其中含有糖、酸等物质，流动性大。②胶体状态，由于胶体的水合作用，这种水分比游离水稳定，在一般情况下不易蒸发，只有当游离水蒸发掉之后，这种水才能被除去一部分。③化合状态，与农林产品中物质分子相结合的水分，称为化合水，结合稳定，干燥时不易除去。

3. 农林产品干燥脱水全过程

(1) 外扩散　水分从新鲜原料表面蒸发，即当农林产品中水分超过平衡水分时，农林产品与干燥介质接触，由于干燥介质的影响，水分向外界环境散发，称为水分的外扩散。

(2) 内扩散　农林产品内部的水分向表面移动。由于含水率梯度关系（当把农林产品厚度分成若干层时，最内层的含水率最高，由内往外逐层降低的状态），农林产品内层水蒸气分压大于外层，于是促使内部的水蒸气向表面移动，称为水分的内扩散。

(3) 互换作用　干燥空气与果蔬之间产生热能互换作用。

水分内扩散与外扩散两种作用必须配合好。否则，外扩散大于内扩散时会形成表面硬壳。而内扩散大于外扩散时，则表面易胀裂。

二、农林产品糖渍原理

食用菌、山野果等农林产品可以加工成蜜饯或果脯，可以不受季节影响投放市场。蜜饯或果脯加工的主要方法是糖渍，糖渍蜜饯及果脯均属于化学保藏法。

加工蜜饯果脯是利用70％以上的高浓度糖水腌渍，具有较大的渗透压，并能阻止氧的吸收。蜜饯糖液的渗透压较高，微生物遇到浓糖液，因渗透压的作用，会引起细胞原生质收缩并与细胞壁分离，发生生理性干燥现象而死去，从而使糖渍食品得以保藏。

糖渍制品多用蔗糖，风味好，但制成品贮藏于10℃以下时，容易形成结晶。为了防止出现结晶现象，往往在蔗糖中掺入部分葡萄糖浆或饴糖（约20％），如用转化糖（以盐酸或柠檬酸等水解蔗糖），蔗糖含量达到30％～40％时，蔗糖也不会结晶。

蜜饯湿态与干态果脯的原料一般采用新鲜的优质水果，有时也取用腌渍、罐藏和亚硫酸保藏的果实。蜜饯种类不同，对原料的要求各异。如干态蜜饯要求原料肉质紧密，而浆果柔软多汁，就不适于制作干态蜜饯。对水果种类和品种应加以选择，同时还要注意果实的成熟度。一般来讲，成熟度以不超过坚熟为宜。

三、农林产品腌制原理

农林产品的常用加工方法之一就是腌制。腌制是利用食盐溶液的高渗透压特性使微生物脱水而死，以达到保藏作用。腌制机理比较简单，由于食盐是一种电解质，饱和食盐溶液具有高度的渗透压（10％食盐可以产生60个大气压的渗透压），因此，在农林产品中加入食盐后，由于微生物细胞的渗透压小于食盐的渗透压，微生物细胞中的水分便不断渗透到食盐溶液中，使微生物细胞失水，引起微生物原生质与细胞壁分离，而导致细胞失水干死。同时食盐溶液的氯离子和高浓度盐水对蛋白分解酶也有破坏作用，使其受阻，延缓农林产品（如蔬菜）的变质。食盐除可防腐、调味外，还可脱除蔬菜中的水分，使蔬菜组织紧密。同时，在含有7％以上盐分的植物中，细菌不易生长。

四、农林产品贮藏保鲜原理

(一)概述

农林产品中,有许多珍贵资源,如农林果品、山野菜等,需要在贮藏过程中最大限度地保持其营养价值而采取非破坏方式的冷冻、冷藏技术进行保藏。如松茸、蓝莓果等目前一般都采用冷藏方式进行贮藏。随着科学技术的发展,贮藏果蔬食品的手段将越来越进步。除用自然条件冷藏、冷冻外,人工冷藏、冷冻已广泛应用于易腐食品的生产、贮藏。我国水果、蔬菜的天然冷藏方法有埋藏、沟藏、窖藏、通风库贮藏和冰窖贮藏等。这些贮藏方法都是借助于自然条件,控制适宜的温度、湿度进行贮藏。

农林产品的贮藏与保鲜可借鉴农产品保鲜加工业已经成熟的技术与方法。发达国家非常重视农产品保鲜加工业,农业总投资的70%用于采后,以保证农产品附加值的实现和资源的充分利用。发达国家因有雄厚的资金和工业化手段的支撑,农产品已普遍进入气调、冷链保鲜阶段,在农产品保鲜方面已进行了机械冷藏、气调冷藏和减压贮藏三次革命,现正进一步研究发展真空预冷、超低氧贮藏,还从分子水平来探索作物抗衰老、抑制成熟、培育耐贮藏新品种等,并已取得突破。

我国农林产品保鲜技术研究始于"六五",现已取得很多成果,对于苹果、梨、香蕉、柑橘四大果品已基本弄清了适宜的贮藏温度、湿度、气体成分及主要病害;一些不易贮藏运输的水果如葡萄、荔枝等也取得了贮运技术上的部分突破;较科学地分析了部分蔬菜贮运保鲜的技术要求和规律;初步搞清了产地粮食贮藏的基本情况,及主要贮粮害虫的种类和优势种的发生、危害规律;研制了部分防腐保鲜剂、乙烯脱除剂、保鲜包装材料和贮藏设备、设施等。目前,农林产品保鲜研究一方面在跟进世界先进技术,另一方面在探讨适合中国国情的投资省、耗能少、维持费用低的气调保鲜方法,这一技术路线已在我国见到实效。

(二)农林产品贮藏保鲜技术应用

农林产品一般季节性较强,对于一般的市场需要存在季节性供应的趋势,为农林产品的开发带来一定的困难。近年来对附加值较高的产品实行贮藏保鲜技术的研究与应用是现阶段的技术发展方向。目前农林产品贮藏保鲜技术的主要研究包括无污染的天然保鲜剂研究与应用、气调库贮藏保鲜技术和设备、塑料小包装的应用与推广以及冷藏气调集装箱的应用等。

1. 天然保鲜剂的应用

由于多菌灵、托布津等化学农药对人、畜有致畸作用,2,4-D中含有极微量的有毒物质对人体的威胁也很大,三唑类有机化合物有一定的致癌性,残留在食品中的SO_2能引起严重的过敏反应。因而从长远的观点看,用化学药物对农林产品防腐保鲜是没有发展前景的。因此,人们开始把注意力转向天然食品保鲜剂的开发和应用上。开发天然保鲜剂对农林产品进行贮藏保鲜应是现阶段的主要方向,引起了较为广泛的关注。

2. 气调库贮藏保鲜技术

目前世界上比较先进的贮藏方法是使用气调库贮藏保鲜,采用这种方法能大大延长农林产品的贮藏期限和大幅度降低由微生物和生理病害造成的损失,并能保持农林产品的营养价值,这为农林产品的开发提供了保障。

气调库的发展方向是组合式冷库。现在我国冷库大多集中在城市,主要用于贮运、营销的环节中,而农林产品产地——广大的农村却十分罕见,故冷库应建到产地去。这就要求建造组合式冷库，这样才能大大缩短建造工期和降低建造成本。同时，要发展重量轻、效率高、建造方便、造价低廉的组合式冷库。在气调库建造规模上，应是大、中、小结合，产地应以发展中小型气调库为宜（一般300～3000t容量），大型库（万吨以上）应建在大城市，以农林产品加工为目的气调库一般不宜过大，也可以与普通用途的贮藏保鲜气调库共同使用。

3. 塑料小包装的应用与推广

目前农林产品的部分产品如蕨菜、刺嫩芽、山芹菜等采用塑料小包装，借助冷藏手段得到了推广。塑料小包装的作用在于为农林产品创造一个相对独立的环境，防止水分、氧气的自由通透，不仅能抑制蒸腾作用，还能防止变质农林产品上微生物的互相传染，而且成本低廉、使用方便，应大力推广。

4. 冷藏气调集装箱的应用

目前出口的新鲜山野菜、农林珍贵食用菌如松茸等，采用冷藏气调集装箱来运输。

冷藏气调集装箱是联系农林产品产、供、销冷链的中间环节，采用冷藏气调集装箱，不仅可以保证易腐农林产品不受损坏，达到保鲜的目的，而且可使港口装卸效率提高8倍，铁路车站装卸效率提高3倍。尤其对于我国广东来说，由于港口建设和铁路运输方面的有利条件，冷藏气调集装箱将是一个重点发展的方向。由于与国际贸易接轨的需要，未来应发展标准化冷藏气调集装箱，不但要发展其数量，还要发展集装箱内相应的设备，如制冷设备、除气设备、除臭设备、气调设备等。

冷藏气调集装箱是现代化的冷链运输系统的核心部分，冷藏箱内温度能在较大范围内（−18～15℃）自由调节。它依靠自身的机械设备制冷，不受外界气候条件的影响，温度稳定，贮运效果好，虽然成本较高但能收到良好的效益，是农林产品和其他生鲜食品储运保鲜的发展方向。此外，还应研究和推广使用降低压力、辐射、高压电场等先进的保鲜技术和设备，加快我国农林产品的保鲜技术和设备的研究，促进我国农林产品贮藏保鲜业的发展。

第二章　农林产品加工概述

农林产品为食用和工业上的重要原料。例如许多树木的根、茎、叶、花、果实、种子、树皮、树脂、树胶等能生产油脂、淀粉、树胶漆、树脂、单宁、纤维、芳香油、药材、白蜡等产品。这些产品可为工业提供丰富的原料，生活上供人们吃、穿、用，在医药领域可以作为药材，为外贸出口提供大宗商品。

我国幅员辽阔，气候多样，自然条件优越，资源极为丰富。据不完全统计，现已发现的木本油料树有200多种，含油量在15%～60%，可供加工利用的约有20余种。如南方的油茶，北方的山核桃，东北和山东、内蒙古的榛子，西北的扁桃，华北的花椒，华东的香榧，西南的薄壳核桃，华南的椰子、油棕，以及20世纪60年代引进的油橄榄，都是著名的食用油料树种。油桐、乌桕是驰名国内外的工业油料树种。

木本粮糖树种约有300多种，其中有粟、柿、枣、山楂等。经过加工制成各种糖果、干果、蜜饯、淀粉等，广销国内外市场，深受国内外消费者的喜爱。

种类繁多的天然芳香植物有300多种，其中投入生产的约有100多种。如华南的枝叶油、香茅油、桂油、茴香油、丁香油，中南的山苍子油，东北、西北的冷杉油、云杉油等，都是植物中提取的。白蜡具有熔点高，稳定性强，能防潮、防腐、防锈和润滑、着光等特点，因此在工业、农业、医药、文化教育等方面有特殊用途，也是我国传统的出口商品之一。五倍子为我国特产，以药用著称，随着科学技术的发展，用途更加广泛，是冶金、石油钻探、化工、印染、轻工、稀有金属提炼和国防工业的重要原材料。

我国中草药资源十分丰富，在现有的基础上，应当努力发掘加以提高，更好地为人类服务。为适应社会主义现代化建设的需要，更好地开发和加工利用经济农林产品，系统讲授经济农林产品利用的理论和操作技术，是十分必要的。

本章主要以中国北方农林产品为主，介绍农林产品的加工与利用的理论与技术，主要包括农林食品的加工与其他经济农林产品的加工。

第一节　农林产品加工标准与意义

农林资源是天然的绿色宝库，蕴藏着珍奇食品原料。大自然赋予了人们珍贵的农林资源，也给食品工业带来了无限生机。在农林环境中存在着大量的山野菜、山野果、食用菌、中药材等野生植物资源。山野林中的植物资源，没有化肥的污染和人工干预，完全符合天然、野生、绿色的要求，具有浓郁的特有鲜味，营养高或有药用价值。山野菜有蕨菜、猴腿、大叶芹、猫爪子、燕尾菜等，以蕨菜产量最大。野果的蕴藏量也很大，可开发利用的有笃斯越橘、猕猴桃、山葡萄、五味子、蓝靛果等，这些野果营养丰富、柔软多汁、果香浓郁、酸甜可口、富含天然色素，是重要的食品工业原料。林下有许多种类的大型真菌。据调查，可食用的有 120 多种，其中人们经常食用、产量较大的就有 30 多种，如松茸、猴头、木耳、元蘑、榛蘑、鸡油蘑、羊肚菌、扫帚蘑及各种牛肝菌。食用菌不仅味道鲜美、营养丰富，有些种类还有特殊的药效，因此"身价"倍增，市场紧俏。而东北三宝中的中药材则誉满中外，深受国内外消费者的青睐。加工和流通则是打开"农林食品"品牌的关键所在。山野菜和食用菌类可以加工成罐头食品，也可以按一定比例与家常馅混合用于超市快速行销的冷冻食品，如北方人喜爱的饺子、包子、汤圆、馅饼等。野果如山葡萄，含丰富的蛋白质、糖类、矿物质和多种维生素，生食味酸甜可口，富含浆汁，是酿造葡萄酒的原料。所酿的葡萄酒酒色深红艳丽，风味品质佳，是一种良好的饮料。将山野果制作成果汁、果冻、果干、果脯、果露、果酱及酿酒，营养丰富，而用于制糕点、焙烤制品、罐头、糖果制品等可增加风味、改善色泽。可将人参、鹿茸、灵芝、不老草等珍贵药材与人们日常食用的食品进行合理的营养搭配，使其走入百姓家庭，不再以单一的品种和纯粹的干品、药品的形式出现在人们觉得价格不菲的保健品专柜中。农林食品由于产自未受污染的农林，因此通常又被称为绿色食品、自然食品或有机食品。然而绿色食品和有机食品的标识需要经过严格的认证体系认证才能使用。因此，建议农林食品作为一个新的概念食品，单独列为食品的一类。本节主要在介绍绿色食品、有机食品的基础上，阐述农林食品的概念与开发意义及对策。

一、绿色食品与有机食品

1. 绿色食品

开发绿色食品对于保护生态环境，丰富农产品种类，促进食品工业发展，增进人民身体健康，增加农产品出口创汇，都具有现实意义和深远影响。这是一项新的工作，我国目前还处在起步阶段。要采取有效措施，坚持不懈地抓好这项开创性的工作。

绿色食品的开发将逐步改变我国农业和食品工业的传统格局，带动生态条件的优化、耕作技术的改进、肥料的合理配施，以及优良品种和生物农药的研制使用，推动农业现代化的进程，并逐步实现经济效益、生态效益的良性循环。

（1）绿色食品的含义　《绿色食品实用手册》（朱中平，朱晨曦等，中国物资出版社，2002）中对绿色食品的定义为：绿色食品是遵循可持续发展原则，按特定生产方式生产，经专门机构认定，许可使用绿色食品标志，无污染的安全、优质的营养类食品。

（2）绿色食品的分类　绿色食品分为两类：AA 级绿色食品和 A 级绿色食品。AA 级绿色食品：生产地环境质量符合 NY/T 391 的规定，生产过程中不使用化学合成的肥料、农药、兽药、饲料添加剂、食品添加剂和其他有害于环境和身体健康的物质，按有机生产方式生产，产品质量符合绿色食品产品质量标准，经专门机构认证，许可 AA 级绿色食品标志的产品。A 级绿色食品：生产地环境质量符合 NY/T 391 的规定，生产过程中严格按照绿色食品生产资料使用准则和生产操作规程要求，限量使用限定的化学合成生产资料，产品质量符合绿色食品产品质量标准，经专门机构认证，许可 A 级绿色食品标志的产品。

（3）绿色食品生产的标准　根据国家农业相关部门的规定，绿色食品的标准有四条。

第一，产品或产品原料的产地必须符合绿色食品的生态环境标准。即其产品或原料生长区域内没有工业企业的直接污染，其水域、上风口没有污染源对该区域构成污染威胁。该区域内的大气、土壤质量及灌溉、养殖用水质量均符合绿色食品标准，并确保在今后的生产过程中环境质量不下降。

第二，农作物种植、畜禽饲养、水产养殖及食品加工必须符合绿色食品的生产操作规程。种植业的操作规程系指原料作物在播种、施肥、浇水、喷药及收获等各个生产环节中必须遵守的程序。其无公害控制标准的主要内容是：植保方面，农药的使用必须符合绿色食品的特殊要求，严禁使用剧毒农药，提倡施行综合防治病虫害；作物栽培方面，化肥和化学合成生长调节剂的使用，必须限制在不对环境和作物质量产生不良后果、不使作物产品有毒物质残留积累到影响人体健康的限度内，提倡施用有机肥，增加土壤有机质，提高产品内在质量；品种选育方面，选育的品种应该优质、无病，并适应当地的土壤气候条件等。畜牧业生产的操作规程系指畜禽在选种、饲养、防治疾病等环节必须遵守的程序，其无公害强制标准的主要内容是：必须饲养适应当地生长条件的种畜种禽；饲料原料应主要来源于无公害区域内的草场和种植基地，畜禽房舍内不得使用毒性杀虫、灭菌、防腐药物，不可对畜禽使用各类化学合成激素、化学合成促生长素、有机磷等药物。水产养殖过程中的绿色食品生产操作规程标准，要求养殖用水必须达到绿色食品要求的水质标准。食品加工的绿色食品生产操作规程标准，要求食品加工过程中，不能使用国家明令禁用的色素、防腐剂、品质改良剂等添加剂，允许使用的要严格控制用量，禁用香精等人工合成的添加剂，食品加工过程、包装材料的选用、产品流通媒介等都要具备安全无污染条件。

第三，产品必须符合绿色食品的质量和卫生标准。绿色食品的质量通常高于或等同于国家质量标准。绿色食品的卫生检验项目一般分农药残留、有害重金属和细菌等三部分：农药残留通过检测杀螟硫磷、倍硫磷、敌敌畏、乐果、马拉硫磷、对硫磷、六六六、DDT、二氧化硫等物质的含量来衡量；有害重金属通过检测砷、铅、汞、铜、锡等来衡量；细菌通过检测大肠杆菌和致病菌等来衡量。另外，有些产品的卫生标准中还包括黄曲霉毒素和溶剂残留量检测等。

第四，产品的标签必须符合《中国绿色食品商标标志设计使用规范手册》中的有关规定，这是为了统一绿色食品标志的形象识别和加强使用管理等制定的。

（4）我国绿色食品发展现状　绿色食品作为我国安全优质农产品公用品牌重要组成部分，自农业部1990年组织实施绿色食品工程以来，已走过了30多年的历程，形成了包括基地建设、投入品推广、产品开发、市场营销等较为完整的产业体系，取得了长足的发展。绿色食品规模总量逐年攀升，品牌影响范围逐步扩大。

经过30多年的探索和实践，绿色食品创建并落实"从土地到餐桌"的全程质量管理模式，建立了一套涵盖绿色食品产业链中各个环节标准化要求，包括产地环境质量、生产过程、产品质量和包装、贮运4个组成部分的标准。"十三五"期间，农业农村部累计发布绿色食品标准297项，现行有效标准141项。我国绿色食品标准要求整体达到国际先进水平，部分安全指标甚至超过欧盟国家、美国、日本等发达国家要求，为我国农业生产和食品加工树立了标杆。

自绿色食品工程实施以来，我国绿色食品保持了健康、快速发展的局面，总量规模不断扩大，品牌效应不断增强，实现了速度、质量和效益的同步增长。根据绿色食品统计年报的数据，"十三五"期间全国有效使用绿色食品标志的生产单位13203家，产品30932个。认证产品结构也日趋稳定，绿色食品农林及加工产品、畜禽类、水产类、饮品类、其他产品比重分别为77.5%、5.5%、2.1%、8.7%、6.2%。

"十四五"时期绿色食品、有机地标农产品方面工作的目标是，到"十四五"末，绿色食品数量达到6万个，实物总量占农产品比重显著提升；产品抽检合格率稳定在98%以上，绿色产品品质指标体系初步建立，产品分等分级有效推动；标准体系进一步完善、绿色生产水平显著提升，标杆"领跑"作用凸显；产业结构不断优化，产业发展质量水平明显提高；品牌的知晓率、公信力和美誉度进一步提升，消费引领作用扩大；品牌效应显著，服务三农大局的功能作用进一步增强。

2. 有机食品

有机食品产业是朝阳产业，发展有机食品产业，是功在当代、利在千秋的事业，意义深远。目前我国有机食品产业正在逐渐兴起，有机食品备受消费者青睐。

（1）有机食品的概念 有机食品是国际上通行的环保生态食品。它要求在生产和加工中，不使用任何化学农药、化肥、化学防腐剂等合成物质，有机食品比国内通行的绿色食品的环保标准更高。有机食品是指来自于有机农业生产体系，根据国际有机农业生产要求和相应的标准生产加工的，并通过独立的有机食品认证机构认证的一切农副产品，包括粮食、蔬菜、水果、奶制品、禽畜产品、水产品、调料等。

（2）有机食品生产的基本要求

① 生产基地在最近 3 年内未使用过农药、化肥等违禁物质。

② 种子或种苗来自自然界，未经基因工程技术改造过。

③ 生产单位需建立长期的土地培肥、植保、作物轮作和畜禽养殖计划。

④ 生产基地无水土流失及其他环境问题。

⑤ 作物在收获、清洁、干燥、贮存和运输过程中未受化学物质的污染。

⑥ 从常规种植向有机种植转换需两年以上转换期，新垦荒地例外。

⑦ 生产全过程必须有完整的记录档案。

（3）有机食品加工的基本要求

① 原料必须是获得有机认证的产品或野生无污染的天然产品。

② 获得有机认证的原料在终产品中所占的比例不得少于 95%。

③ 只使用天然的调料、色素和香料等辅助原料，不用人工合成的添加剂。

④ 有机食品在生产、加工、贮存和运输过程中应避免化学物质的污染。

⑤ 加工过程必须有完整的档案记录，包括相应的票据。

（4）发展有机食品的优点

① 有机农产品的价格比普通农产品要高 30%，有些紧缺的产品可高出 1 倍或几倍。从事有机食品生产的农民虽然需要投入较多的劳动力，但可省去购买农药、化肥的支出，仍可取得较好的经济效益。农民可以从较高的农产品价格和较低的现金投入两方面获得收益。发展有机食品还有利于吸收农村剩余劳动力，推进农业产业化。

② 从国际市场需求看，有机食品目前已成为发达国家的消费主流，发达国家的有机食品基本靠进口，有机食品正成为发展中国家向发达国家出口的主要产品之一。

③ 随着我国加入世界贸易组织（WTO），农产品进入国际贸易市场受关税和配额的调控作用将越来越大。许多国家提高了食品安全卫生标准，设置非关税贸易壁垒——安全壁垒，控制普通食品进口。

（5）我国生产有机食品的有利条件

① 我国农业生产历史悠久，生物品种繁多，且绝大多数品种未经过基因重组，可以通过选育、开发成为有机食品。一些地区特别是山区、边远地区、贫困地区，很少使用或不使用化肥和农药，这些地区很容易转换成有机农业生产基地。自 20 世纪 80 年代以来，我国生

态农业得到迅速发展，全国已建立了很多生态农业基地。

② 我国农村劳动力资源丰富，能够适应有机农业对劳动力的大量需求。

③ 随着人们生活水平的提高和对环境问题的关注，有机食品市场的前景越来越广阔。有机食品已经引起社会各界的关注，发展有机食品不仅可以向社会提供高品质、无污染、纯天然的健康食品，符合广大消费者的需求，而且可以防止污染，有利于保护农村生态环境。

（6）国内有机食品发展现状 有机食品是源于自然、富含营养、高品质的安全环保生态食品，在生产加工过程中不使用化学农药、化学防腐剂、化肥等对人体和生态环境有害的成分，也不涉及基因工程生物及其产物，其产品符合国际或国家有机食品的要求和标准，还需要通过有机食品认证机构认证，包括粮食、食用油、蔬菜、水果、干果、奶制品、禽畜产品、蜂蜜、调料等。

我国有机食品的发展历程可归纳为三个主要阶段，第一阶段是探索阶段，20世纪90年代初，国外的认证机构进入我国，国内有机食品产业处于萌芽状态；第二阶段是起步阶段，20世纪90年代末，我国建立起自己的有机食品认证机构，制定行业标准，开启有机食品认证工作；第三阶段是快速发展阶段，21世纪以来，随着科技与经济的飞速发展，有机食品实现了有法可依，市场不断扩大，行业前景广阔，市场格局和发展趋势日益明朗，同时也伴随着激烈的竞争。

经过有机食品认证机构认证后的食品才能被作为有机食品出售，这也是成为有机食品必备条件之一。截至2021年，我国共有94家认证机构经批准开展有机产品认证活动，共有1.4万家企业获得有机产品认证证书共计2.27万张。2020年，获得认证的有机作物种植面积达到243.5万公顷，有机产品国内销售额约804亿元人民币，较2019年增长18.6%，位列全球第四。认证企业数量正以每年30%的速度递增，这无疑给有机食品的发展提供了巨大空间。

中国有机食品生产规模占全部食品市场份额不到0.1%，远远低于2%的世界平均水平。但据专家预测，未来十年，中国有机农业生产面积以及产品生产年均增长率将在20%～30%，在农产品生产面积中占有1.0%～1.5%的份额，达到1800×10^4～2300×10^4亩（1亩≈666.67m^2）；有机食品出口占农产品出口比重将达到或超过5%，有机食品有望占到整个中国食品市场的1.0%～1.5%，国际有机食品市场对中国有机食品的需求将达到或超过5%。但部分有机食品仍将依赖进口，特别是奶制品、葡萄酒、巧克力、燕麦、糖、水果等产品。

综上，中国有机食品的国内和国外市场需求将会逐年增加，有机市场潜力巨大，有机食品正在成为高收入人群的关注对象。有机食品必将成为食品行业中的朝阳行业。高质量的有机食品需求稳步上升。大力发展有机食品是保障食品安全，保护生态环境，促进农业可持续发展的必由之路。

二、农林产品加工的意义

1. 农林产品的含义

农林产品是指同农林环境密切相关，符合人类自然、环境、清洁生产技术要求，优质、富含营养的食用林产品。

农林产品是一个特定的质量证明标志，它是指遵循农林可持续经营原则，以良好的农林生态环境为前提，采用国际标准，并按照标准组织生产，经专门机构认定、允许使用"农林产品"标志，来自于农林，生态、优质、营养的食用林产品及加工产品。安全的产地环境，先进且适于规模化生产的技术规程，自然的产品特性是农林产品的主要特征。

2. 农林产品的开发意义

现代工业发展虽然给人类社会创造了巨大的物质财富，但也给人类社会带来环境恶化等问题。农药和化肥等的大量生产和普遍使用，以及工业"三废"超标排放，严重影响了农业的可持续发展，更直接危害到人类的生命健康。"维持生态平衡，改善环境质量"已成为世界范围极为关心的重大课题，我国已把"保护自然资源，保护生态环境"载入宪法，列为国策。实施无污染农业及其产品的开发对于改善日渐恶化的农业生态环境，提高我国农产品质量，保障人民身体健康，增强我国农产品在国际市场上的竞争力，促进农业的可持续发展等，均具有十分重要的意义。

3. 我国农林产品加工现状

农林产品加工是指以粮食、蔬菜、水果、油料、畜禽等农林产品为原料的直接加工和再加工成产品的过程。近年来，我国农林产品加工业发展较为迅速，总量持续增长。相关数据显示，改革开放以来，我国农林产品加工业产值年均增长速度超过13％，明显高于同期GDP增长速度。"十三"五期间，农林产品加工业产值年均增幅超过20％，产业和产品结构得到不断优化。2016年，我国农林产品加工业产值达到9.6万亿元，占工业总产值的11.9％；2021年，全国农林产品加工业产值超过15万亿元，占工业总产值的17.6％。目前我国规模以上农林产品加工企业从业人员4500多万人。全国已建立各类农业产业化经营组织32.4万个，上亿农户参与农业产业化经营，户均增收3900多元。2021年，我国农林产品出口额进一步提升至1607.5亿美元，同比增长43.0％。

农林产品加工是当前农林产业生产与市场紧密连接的纽带，是农林产品商品化、农林产品市场化的关键环节，其对提高农林产业生产综合经济效益、推进农林产业结构化、促进农林产业生产的良性循环和协调可持续发展具有不可替代的作用。随着改革开放的不断深化、加工科技水平的提升以及人民对饮食的逐渐重视，农林产品加工及其综合利用显得越发重要，这是我国经济社会发展的客观要求与必然趋势。

4. 农林产品资源及其开发价值

农林产品资源是绿色食品的重要组成部分，它没有工业污染，没有农药和化肥的残留成分，也没有生物激素，是最洁净的食品原料，如果在采集、运输、加工、包装、销售全过程做到洁净、无污染的话，生产出来的食品都是一级绿色食品，也是国际上界定的"自然食品""有机食品"。根据普查资料统计，长白山林区有丰富的木本、藤本、草本植物及真菌、可食动物等食品资源，是潜在的绿色食品宝库，具有重要的开发价值。如果想把资源优势变为经济优势，对农林产品资源的开发，想上规模、上水平、上档次，并且做大、做强，从理论与实践上说只有实现产业化，形成企业集群和相当的规模，才能从根本上实现。

第二节　主要农林产品加工

农林产品加工主要包括农林果品加工、山野菜加工、淀粉加工、油脂植物加工、色素植物加工等。

一、农林果品加工

农林中许多草本和木本植物的果实含有丰富的营养，是深受人们喜爱的水果，农林果品的加工主要包括保鲜、速冻、干制、糖制、罐藏及果酱加工等。现阶段农林果品加工主要借助于农产品的加工手段，尚未形成独特的研究方向，许多方面还值得进一步研究与开发。

目前农林果品加工处于初级发展阶段，深加工产品主要是果酒与饮料，如越橘酒、猕猴桃酒、山核桃露、高山红景天饮料等。

二、山野菜加工

山野菜在菜篮子工程中起到非常大的作用。目前山野菜的加工主要包括制汁、制汤、罐藏、糖制、干制、速冻、腌制等。在加工过程中，抑制有害微生物，保证食品质量是最重要的环节。

山野菜加工应注意保持山野菜的原有风味，最大限度地保持其营养成分。因此在超市中速冻山野菜最受欢迎，而经受高温处理和添加防腐剂的罐藏山野菜虽然仍然有一定的市场份额，但一直处于下降趋势。目前山野菜的加工比较主要的问题是迎合人们对天然、无污染、营养的需求，在保证山野菜原有风味的基础上去采取措施抑制杂菌等微生物以及进行杀酶处理，保留山野菜中的营养成分。

三、农林淀粉植物加工

农林淀粉植物种类不多，但资源较为丰富。如橡子粉产自蒙古栎的果实，资源极为丰富，有广阔的开发前景。生产中利用淀粉的一些特性，将与淀粉共存的蛋白质、纤维素、油脂和无机盐等分开，使淀粉分离出来。淀粉加工的基本过程主要由原料处理、浸泡、破碎、分离、清洗、干燥、包装等工序组成。不同的野生淀粉植物在具体加工操作上略有差异，但基本加工过程相同。加工农林淀粉主要包括选料、润料、破碎、分离、纯化、干燥与包装等过程，其中关键步骤是分离与干燥，需要除去杂质和保证淀粉在干燥过程中不发生变质。

四、农林油脂植物加工

农林油脂资源极为丰富，如著名的山核桃油、松子油以及接骨木油等是颇受关注的功能油。农林油脂的加工主要包括毛油制取与精炼。毛油制取的方法主要包括水代法、压榨法和浸提法。其提取原理是将植物细胞破碎而使油脂溢出，再用压榨或溶剂浸提以及水代等手段将油脂提取出来。油脂精炼工艺一般包括毛油预处理、脱胶、脱酸、脱蜡、脱色和脱臭等工序。

农林油脂除了具有安全、无污染、纯天然等特点，还有许多具有功能性成分。如 α-亚麻酸资源油脂接骨木和山核桃，是研究较多的油脂资源植物。松子油中则含有另外一种亚麻酸。

五、农林色素植物的加工

天然色素植物资源较为丰富，许多农林植物食品资源都含有色素，来源于野生植物中的色素称为天然色素，来源于农林植物的色素称为农林色素，食品中能够吸收和反射可见光波进而使食品呈现各种颜色的物质统称为食品色素。近几年许多色素由于具有抗氧化的特性而备受关注，尤其是农林色素资源更受青睐。

1. 色素的分类

食品色素按结构的不同可分为：四吡咯色素（或卟啉类衍生物），如叶绿素；异戊二烯衍生物，如类胡萝卜素；多酚类衍生物，如花青素、花黄素等；酮类衍生物，如红曲色素、姜黄素等；醌类衍生物，如虫胶色素、胭脂红素等。

色素按来源的不同可分为天然色素和人工合成色素两大类，其中天然色素分为：植物色素，如叶绿素、类胡萝卜素、花青素等；动物色素，如血红素、卵黄和虾壳中的类胡萝卜素；微生物色素，如红曲色素。

色素按溶解性能可分为：脂溶性色素和水溶性色素。

此外，也将植物色素分成两类，即木本植物色素与草本植物色素。

2. 植物食用色素在应用中需注意的问题

植物色素的来源比较广泛，各种植物都有代表其特征的天然色素。由于天然食用色素性质不同，所使用的方法和着色的对象也各有差异。农林色素在食品中应用时主要考虑以下几个方面。

（1）在食品加工中应用农林色素应注意 pH 范围　许多天然色素，也包括人工合成色素，都具有一定的 pH 应用范围。天然色素本身的化学结构在不同的 pH 范围会发生变化而导致颜色的变化，因此在食品加工中应注意食品的 pH 要求，选用农林色素时，应注意其 pH 范围。

（2）食品添加剂或食品成分对农林色素的影响　色素的结构有时会因金属离子、氧化剂、还原剂的影响而发生结构的变化，导致失色。所以在食品加工中，除了要考虑应用食品添加剂（如抗氧化剂）等对色素的影响外，还要考虑食品本身的成分（如矿质成分）中的金属离子对色素产生的影响。

（3）色素应用应注意色素自身的稳定性　色素往往具有抗氧化特性，能够吸收自由基而对人体起到保护作用。但色素自身容易氧化，在加工与贮藏过程中应注意温度和光照而导致色素因受热或光照而发生分解而失色。

3. 色素的提取方法

天然色素的提取方法包括粉碎法、浸提法和酶解法等，目前色素的提取基本都采用浸提法。该方法的原理主要是利用天然色素在不同溶剂中溶解度的不同，采用适当的溶剂进行浸提。浸提法的主要操作包括选料、清洗、干燥、粉碎、提取与纯化等步骤。某些色素易受光照、热的影响，在提取时应注意蔽光，特别是在回收溶剂时应注意采用的温度。在提取农林色素时，有时要注意新鲜原料需及时处理，否则原料会发生酶促褐变，而使得原料变质。

第三章　农林产品加工新技术

第一节　超高温杀菌和无菌包装

一、超高温杀菌的方法

超高温杀菌（UHT）工艺和高温短时间杀菌（HTST）工艺的最大区别是后者仍属于巴氏杀菌范畴，而超高温杀菌已经达到商业无菌的要求。超高温杀菌处理一般有两种方法，即直接加热法和间接加热法。

1. 直接加热法

直接加热法是用蒸汽直接加热物料，接着是急剧冷却，在闪蒸过程中将注入的蒸汽蒸发，恢复物料的原来组成。该方法又有喷射式和注入式两种形式，喷射式是把蒸汽喷射到物料流体里，注入式则是把物料注入到热蒸汽环境中。喷射器的体积通常较小，价格也比注入器低，而注入器使用的操作蒸汽压力较低，蒸汽和物料之间的温差也就比较小，这对热敏性制品的加热比较有利。直接加热法的最大优点是快速加热和快速冷却，最大限度地减少了超高温处理过程中可能发生的物理变化和化学变化，如蛋白质变性、褐变等。

2. 间接加热法

间接加热法是通过热交换器间接加热制品的过程。同样，制品冷却也可间接通过各种冷却剂来实现。加热介质包括过热蒸汽、热水和加压热水，而冷却剂常见的是冷水或冰水。间接加热法采用的热交换器一般有片式、环形管式和刮面式，每一种方式都有其特点。片式热交换器的特点是处理能力大，结构紧凑；无缝环形管式热交换器的特点是具有极高强度，可以承受高压；刮面式热交换器则适用于黏度很大的制品。

二、无菌包装

无菌包装与普通包装相比有三点必须严格控制：①包装机内与产品输送有关的所有部件必须无菌；②包装材料在产品装填前必须达到无菌；③在包装过程中物料装填和封口必须在无菌的环境下进行。采用超高温杀菌和无菌包装相结合的方法，食品只接受短时间超高温的处理，在迅速冷却后才进行包装，这种工艺完全有别于一般的热灌装或包装后杀菌的方法，食物的风味、结构和营养成分得以最大限度地保存，天然新鲜的原味可以长久不变。无菌包装能够真正防止灭菌产品的再次污染，因此能够生产在常温下保藏的高水分活度、低酸度、非碳酸食品。

1. 纸容器无菌包装

人们对包装纸的杀菌进行了物理方法和化学方法的试验，包括使用热处理、紫外线辐射、高频电场，以及环氧乙烷、有效氯和双氧水杀菌。对包装纸进行彻底的热处理会使纸发脆而难于封口，紫外线和高频电场处理的效果也不明显，因此，采用纯粹的物理方法对纸张杀菌是不合适的。

在化学方法中，环氧乙烷杀孢子的无菌率约为 99.5%，在以无菌肉汤为物料的菱形袋包装机包装试验中，无菌率平均达到 99.8%。但该方法操作技术复杂，消毒时间过长，实际应用有困难。有效氯杀菌的无菌率可达 99.98%，但是氯对金属材料强烈的腐蚀使这种方法在技术上不适用。双氧水或双氧水和低温热处理结合的方法也不太有效。而双氧水和高温热处理相结合是对预成型包装材料杀菌的可行工艺。

2. 无菌包装瓶包装

无菌包装瓶可以采用不同的原料，如果采用玻璃为原料，就有回收重复使用的可能。由于包装瓶不可能在灌装现场制备，因此在灌装前需要灭菌处理。玻璃瓶的灭菌采用双氧水和热空气相结合的方法，为防止剧烈温差引起爆瓶，灭菌处理前要先进行预热。双氧水和热空气的混合物通过插管进入瓶体，首先对瓶内腔进行灭菌，待瓶内部完成灭菌后，使瓶子稍作上升，留出灭菌剂通向外壁的通道，继续对外壁进行灭菌，最后由无菌热空气吹干。瓶盖也需要作无菌处理。

塑料瓶无菌灌装系统的制瓶和灌装在同一现场进行。塑料瓶的吹制是在高温下成型的，因此成瓶是无菌的，无需再次灭菌。在吹膜形成容器的同时，吹气/充填芯杆完成灌装上升复位的过程中则吹入无菌空气，保证容器顶部的无菌。容器顶部的成型首先使顶膜合拢，再施压使之闭紧，最后抽真空形成密封。封口过程无需额外供热。

第二节　超临界流体萃取技术

科学证明，只要水的温度超过 374.4℃，水分子就有足够的能量抵抗压力升高的压迫，分子间始终保持一定距离，此距离小于水在液态时分子间的距离，即使压力大到蒸汽密度与水的密度相近时，也不会液化成水。此时水的温度（374.4℃）称为临界温度，相对应的压力（22.2MPa）称为临界压力。临界温度与临界压力构成水的临界点，超过临界点的水称为超临界水。它是一种特殊的气体，既有液态水的性质又有气体的性质，为了区别称其为"流体"。因而超临界流体是指处于临界温度和临界压力以上的流体。

一、超临界流体的种类

除水外，稳定的纯物质均有其临界点，因而均有超临界状态，都有固定的临界点：临界温度（T_C）、临界压力（P_C）。只要温度超过 T_C、压力超过 P_C 的液体物质均为超临界流体。常见的有：二氧化碳、氨气、丙烷、丙烯等。

二、超临界流体的特性

与常温常压下的气体和液体比较，超临界流体具有两个特性：其一，密度接近于液体，具有类似液体的高密度；其二，黏度又接近于气体，具有类似气体的低黏度。因此超临界流体既具有液体对溶质溶解度较大的特点,又具有气体易于扩散和运动的特性,其传质速率大大高于液相过程。

三、超临界 CO_2 流体萃取技术

1. 超临界 CO_2 流体的溶解性能

超临界 CO_2 流体溶解性有如下规律:①对低分子、低极性、亲脂性、低沸点的碳氢化合物和类脂有机物表现出优异的溶解性。②当化合物或有效成分含有极性基团时,在超临界 CO_2 流体中溶解度变小。③强极性物质,即使在 40MPa 压力下也很难被萃取。④化合物分子量越高,越难萃取。

2. 超临界 CO_2 流体萃取技术的优点

① 超临界 CO_2 流体萃取能力取决于流体密度,可以轻易通过改变操作条件而改变它的溶解度,并实现选择性提取。

② 运用超临界 CO_2 流体萃取,因 CO_2 无色、无味、无毒,而且呈化学惰性,所以不易燃易爆,避免了有机溶剂提取的危险。

③ 超临界 CO_2 流体萃取温度接近室温,可避免常规提取过程可能产生的分解、形成复合物沉淀等反应,最大程度保持各组分的原有特性。

④ 超临界 CO_2 流体萃取流程简单,耗时短,省去了一些分离精制步骤,大大缩短生产周期。

⑤ 超临界 CO_2 流体的溶解能力和渗透能力强,扩散速度快,且是在连续动态条件下进行的,使萃取出的产物不断带走,因而提取较完全。

⑥超临界 CO_2 流体萃取技术同其他色谱技术及分析技术联用,能实现快速、准确、高效的分析。

⑦与其他超临界流体比较,CO_2 临界压力适中,在实际操作中,其使用压力范围有利于工业化生产。

四、超临界 CO_2 流体萃取技术的工艺因素

1. 萃取压力

萃取温度一定时,压力增大,流体密度增大,在临界压力附近,压力微小变化会引起密度的急剧改变,流体的密度越大,对溶质的溶解能力越强,萃取所需时间越短,萃取越完全。

2. 萃取温度

温度对超临界流体溶解能力的影响比较复杂,主要有两方面的影响。一方面,在一定的压力下,温度升高,物质的蒸气压增大,提取成分的挥发性增加,扩散速度也提高,从而有利于萃取;另一方面,由于温度升高,超临界流体的密度减小,从而导致流体溶解能力的降低,对萃取不利。

3. CO_2 流量

超临界流体萃取过程实际上是被萃取成分在流体中的溶解、扩散等一系列的平衡过程。CO_2 流量对萃取的影响较复杂,流量增加时,会产生有利或不利的影响。

4. 夹带剂的影响

在纯的超临界 CO_2 流体中加入一定量的极性溶剂,可显著地改善超临界 CO_2 流体的极

性，拓宽其使用范围，这种溶剂被称为夹带剂。夹带剂对超临界 CO_2 流体的影响主要有：增加溶解度；增加萃取过程的分离因素；使其可以通过单独改变温度达到分离解析的目的，而不必应用一般的降压过程。

5. 萃取时间

长期以来对萃取时间的影响考察比较简单，但试验表明，增加萃取强度，用尽量短的时间，更有利于整个萃取效率的提高。

6. 物料粉碎程度

物料必须有合适的粉碎度才能达到较好的萃取效果。粒度过小，易堵塞气路，甚至无法再进行操作而且还会造成原料结块，出现沟流现象。沟流的出现，一方面使物料局部受热不均匀；另一方面在流沟处流体的线速度增大，摩擦发热，严重时会使某些生物性活性成分遭到破坏。

第三节 微胶囊技术

一、微胶囊的基本组成及作用

微胶囊技术是用特殊手段将固体、液体或气体物质包裹在封闭性的微小胶囊内的技术，一般胶囊粒的大小在微米至毫米范围。微胶囊内容物的释放条件、释放速率是可控制的。采用微胶囊技术制得的产品称为微胶囊制品。制备时先将被包覆内容物分散成微粒，然后使成膜材料在微粒上沉积聚合或干燥固化，形成外层包衣。被包覆的物料称为芯材、囊心、内核、填充物，芯材可以是固体粉末，也可以是液体材料，采用特殊的制备方法，还可以包封住气体。微胶囊外部的包覆称为壁材、囊壁、包膜、壳体。

微胶囊能够以微细状态贮存物质，在需要时释放，并且能保持物质原有的色、香、味、形和溶解性、热敏性、光敏性、压敏性等性状。微胶囊技术对食品工业的贡献主要包括以下几方面。

① 将液体、气体转变为容易处理的固体。

② 保护敏感成分，防止其受氧化、紫外辐射和温度、湿度等因素的影响，有利于保持物料特性和营养，如大蒜的微胶囊。

③ 隔离活性成分，使易于反应的物质处于同一物系而相互稳定。

④ 改变物料密度。

⑤ 控制物质的释放时机，包括风味物质的释放，减少其在加工过程中的损失，降低生产成本。

二、微胶囊化的方法和材料

微胶囊化的基本步骤是先将芯材分散成微粒，后以壁材包敷其上，最后固化定形。芯材为固体时，可用磨细后过筛的方法控制其粒度，也可制备成溶液，按液态芯材包埋；液态芯材可用均质、搅拌、超声振动等方法分散成小液滴，均匀分布在介质中。微胶囊芯材和壁材的种类繁多，性能各异，在材料和工艺选择上必须正确合理，才可能制备成功。食品工业的芯材主要是油脂类、调味品类、香精类、色素类、酸味剂类、营养强化剂类和生物活性材料类，可以是固体，也可以是液体，可能是亲油性的，也可能是亲水性的。

三、甜味剂微胶囊

甜味剂微胶囊化后的吸湿性大为降低，而且微胶囊的缓释作用能使甜味持久。此外，阿斯巴甜是天冬氨酸与苯丙氨酸甲酯的二肽酯类化合物，在可乐等酸性饮料中不稳定，易于水解，在烘烤食品中应用也会因羰氨反应出现损失而使甜味减弱，制成微胶囊后稳定性可显著提高。

四、防腐剂微胶囊

防腐剂微胶囊化后可以达到缓释、延长防腐作用时间、减少对人体毒性的目的。如山梨酸，其酸性对食品性能会有影响，而且长期暴露在空气中易于氧化变色。采用硬化油脂为壁材形成微胶囊后，既可以避免山梨酸与食品直接接触，又可利用微胶囊的缓释作用，缓慢释放出防腐剂起到杀菌作用。

五、氨基酸微胶囊

氨基酸产品往往有特殊的气味，直接添加到食品中会影响食品的风味，而且氨基酸还会与食品中含有的还原糖发生美拉德反应，使食品颜色变深，这一现象在某些食品中是不希望发生的，因此，需要把氨基酸微胶囊化。

第四节　超声提取技术

超声提取技术是利用超声波具有的机械效应、空化效应及热效应，通过增大介质分子的运动速度，增大介质的穿透力以提取物料中的有效成分。

一、提取原理

1. 机械效应

超声波在传播过程中产生一种辐射压强，沿传播方向传播，对物料有很强的破坏作用。同时，它还可以给予介质和悬浮体以不同的加速度，且介质分子速度远大于悬浮体分子的速度，从而在两者间产生摩擦，这种摩擦可使细胞壁上的有效成分更快地溶于溶剂中。

2. 空化效应

通常情况下，介质内都或多或少地溶解了一些微气泡，这些气泡在超声波作用下产生振动，当声压达到一定值时，气泡由于定向扩散而增大，形成共振腔，然后突然闭合，这就是超声波的空化效应。这种增大气泡在闭合时会在其周围产生高达几千个大气压的压力，形成微波效应，有利于有效成分溶出。

3. 热效应

超声波在传播过程中，其声能可以不断被介质吸收，介质将所吸收的能量的全部或大部分转化为热能，从而导致介质本身和物料温度升高，加快物料溶解速度。

二、特点

① 超声波提取时不需加热，节省能源。

② 提高了物料提取效率，提高经济效益。

③ 溶剂用量少，节省溶剂。

④ 超声波提取是一个物理过程，在整个过程中无化学操作，不影响物料成分。

⑤ 提取有效成分含量高，有利于进一步精制。

三、应用

超声提取技术可以应用于植物中苷类、生物碱类、蒽醌类、多糖类、皂苷类、有机酸及油脂类等成分提取。

四、影响因素

1. 时间对提取效果的影响

超声提取通常比常规提取时间短。超声提取的时间一般在 $10\sim100min$ 以内，不同物料提取时间不同。

2. 超声频率对提取效果的影响

试验表明，一般情况下在其他条件一致的时候，成分的提取率随频率的提高而降低。超声波频率不同，提取效果不同。

3. 温度对提取效果的影响

一定范围内，成分提取率随温度的升高而升高，升到最高的时候，随温度的继续升高而降低。

4. 物料组织结构对提取效果的影响

对于不同的物料，超声提取时间和频率的变化对提取率的影响都不一样。

5. 超声波的凝结机制对提取效果的影响

超声波的凝结机制是超声波具有使悬浮于气体或液体中的微粒集成较大的颗粒而沉淀的作用。试验表明，在静置沉淀阶段进行超声处理，可提高提取率和缩短提取时间。

第五节　薄膜包衣技术

薄膜包衣是将包衣材料溶液或混悬液经喷枪雾化喷射到物料表面，溶剂蒸发后，在物料表面形成连续的高分子薄膜，膜厚度常为 $20\sim100\mu m$。薄膜包衣的处方组成包括聚合物（成膜材料）、增塑剂、着色剂、遮光剂、溶剂等。

一、成膜材料

包衣材料的一般要求：无毒，对光、热、水分、空气稳定，不与药物发生反应；能溶解或均匀分散在适于包衣的溶剂或分散介质中；能形成连续、牢固、光滑的包衣层，有裂性及良好的隔湿、遮光、不透气作用；溶解性能满足要求，根据需要或者不受 pH 值影响，或者能在一定 pH 值范围内溶解。

包衣处方中的成膜材料根据不同来源可以分为天然高分子材料和合成高分子材料；根据溶解性不同，可以分为胃溶性材料、肠溶性材料和难溶性材料；常用的包衣成膜材料根据其结构类型不同，主要有纤维素类衍生物、聚丙烯酸树脂等。

二、增塑剂

一些成膜材料在温度降低后，物理性质往往发生变化，使包成的衣层变得硬而脆，缺乏柔韧性，容易破裂。加入分子量相对较低的材料，可以改变高分子材料的物理性能，使其更具柔韧性，起到增塑作用，从而更适于作薄膜包衣。增塑剂是增加成膜材料可塑性的材料，可降低发生上述变化的温度，使降低到室温以下，能使衣层在室温时保持较好的柔韧性。增塑作用可分为内增塑和外增塑，内增塑通过材料的共聚合作用完成，包衣时无需加入增塑剂；外增塑通过在包衣液或分散液中加入增塑剂来改变包衣膜性质。

增塑剂应与聚合物有良好的相容性，且无毒、无味、无臭、耐寒、耐热、稳定性好。具高沸点和低挥发性。常用的增塑剂多为无定形聚合物，分子量较大且与成膜材料有较大的亲和力，也有分子量较小的材料。不溶于水的增塑剂还可降低衣层的透水性，因而可增加物料的稳定性。常用的水溶性增塑剂有甘油、聚乙二醇、丙二醇、甘油三乙酸酯等；水不溶性增塑剂有蓖麻油、乙醚化甘油乙酸酯、邻苯二甲酸酯类等。

三、着色剂

着色剂能使包衣产品美观，色泽一致，易于识别，还能起到一定的遮光作用，一些着色剂还有一定的抗黏性。

按照材料性质不同，着色剂可分为有机色料和无机色料。有机色料包括日落黄、柠檬黄等水溶性色素以及色淀（色素与氢氧化铝等吸附剂形成的复合物）；无机色料具有避光作用，还可避免包衣干燥过程中可溶性色素迁移造成色斑。

四、溶剂

成膜材料与增塑剂必须配成液体才能进行包衣，以溶剂或分散介质为载体将包衣物料传送到颗粒表面。常用的溶剂有水、乙醇、甲醇、异丙醇、丙酮等，必要时可使用混合溶剂。包衣用溶剂应能溶解成膜材料及增塑剂，其与包衣物料的形成，若过快，则成膜不均匀致片面粗糙，太慢又使衣膜溶解脱落。因此，包衣溶剂应根据包衣材料的性质、溶剂蒸发干燥速度选用，同时结合生产上的安全、经济需要，对溶剂的毒性、易燃性以及价格等因素进行全面考虑。

第六节　超微粉碎技术

超微粉碎技术是指利用机械或流体动力的方法将物料粉碎至微米甚至纳米级的粉碎过程。

一、超微粉碎方法

（一）干法粉碎与湿法粉碎

根据粉碎过程中物料载体种类不同，分为干法粉碎和湿法粉碎，与普通粉碎相近。

（二）低温超微粉碎

1. 概念

深冷冻超微粉碎技术是利用物料在不同的温度下具有不同的性质的特性，将物料冷冻至脆化点或玻璃体温度之下使其成为脆性状态，然后再利用机械粉碎方式或气流粉碎方式使其超细化。

2. 低温粉碎方法

低温粉碎包括两个环节，一是物料的预制冷，二是低温超微粉碎。

方法常用下列三种。一是先将物料在低温下冷却，达到低温脆化状态，迅速投入常温态的粉碎机进行粉碎。二是待碎物料为常温，粉碎机内部为低温情况下进行粉碎。三是物料与粉碎机内部均呈低温状态粉碎。

3. 低温粉碎特点

低温时物料脆性增加，可粉碎在常温下难以粉碎的物料。

二、粉碎设备

1. 辊式粉碎机

辊式粉碎机分为双辊、三辊和四辊等类型。

2. 高速旋转撞击式粉碎机

高速旋转撞击式粉碎机的代表类型有棒销式粉碎机、锤式粉碎机。

3. 球磨机

球磨机主要分为普通卧式球磨机、新型高细球磨机、振动球磨机。

4. 搅拌机

搅拌机包括桨式搅拌机、圆筒搅拌机等。

5. 气流粉碎机

气流粉碎机类型有圆盘式气流粉碎机、循环管式气流粉碎机、流化床对撞式气流粉碎机。

第七节　干　燥　技　术

我们的祖先在用中草药防治疾病时，大多用水煎或酒浸泡来提取有效成分，并做成丸、散、膏、丹等各种剂型。随着实践的发展，人们对中草药化学成分的研究也逐渐深入，根据现有的认识，我们认为从中草药中分离有效成分有以下几方面意义。

一、喷雾干燥技术

喷雾干燥是目前干燥技术中较为先进的方法之一，已在食品工业、医药工业、化学工业等领域得到广泛应用。特别是在我国的中成药生产中，喷雾干燥以其无可比拟的独特优势得到了人们的青睐和广泛应用。

1. 喷雾干燥的工艺流程

压缩机压缩空气经过滤器滤过除菌，再经过加热器加热至所需温度。热空气经复滤后进入喷雾塔顶。料液由贮槽进入喷雾塔，经喷嘴利用压缩空气喷洒成细小的雾粒，与热空气接触进行干燥，在液滴到达器壁前料液已干燥成粉末沿壁落入塔底干料储器中。废气经旋风分离器、袋滤器二级捕集细粉后放空。

2. 喷雾干燥的优缺点

喷雾干燥的优点：①干燥速度快、时间短。②干燥过程中液滴温度不高，特别适用于热敏性物料的干燥，而且成品质量好，基本达到真空干燥下的标准。③生产过程简化，操作控制方便。④产品质量好，保持原有的色香味，具有良好的分散性、流动性和溶解性。⑤产品纯度高，生产环境优越，有利于保证制剂卫生。⑥操作稳定，易自动控制。

喷雾干燥的缺点：①当进风温度较低时，热利用率也较低。②更换品种时，设备清洗较麻烦，操作弹性小，易发生粘壁现象。③设备庞大，体积传热系数小，废气中回收微粒的分离装置较复杂。

3. 喷雾干燥设备

喷雾干燥器由空气加热系统、干燥系统、干粉收集及气固分离系统组成。

(1) 空气加热系统　包括空气过滤器和空气加热设备，空气过滤器有钢丝网、多孔陶瓷管、电除尘、棉花活性炭和超细过滤纤维等形式，可根据产品需要进行选择。

(2) 干燥系统　主要包括喷雾器和干燥塔。喷雾器有气流式、压力式和离心式三种形式，目前我国应用较为普遍的是压力式喷雾器。

干燥塔是使物料干燥成产品的设备，新型的喷雾干燥设备几乎都采用塔式结构，塔底为锥形，有利于收集干粉并防止粘壁。

(3) 干粉收集及气固分离系统　干粉收集及气固分离设备的选择主要根据物料的物理性能、贵重程度和对环境的污染程度来决定，通常采用旋风分离器和袋滤器。

二、冷冻干燥技术

冷冻干燥全称为真空冷冻干燥，简称冷干。它是指将干燥物料冷冻成固体，在低温减压条件下利用水的升华，使物料低温脱水而达到干燥目的的一种干燥方法。

1. 冷冻干燥的工艺流程

将被干燥物置于冻干箱的层板上，启动制冷压缩机使冻干箱降温，物料被冷冻。当物料全部被冻结后，停止冷冻。开启冻干箱与冷凝器之间的阀门，以真空泵使冻干箱抽真空。热媒经导热油加热器后进入冻干箱的加热排管内，使被干燥物料加热，物料中的冻结水分便升华至冷凝器内凝结。当被干燥物料达到要求时，关闭冻干箱与冷凝器之间的阀门和连接真空泵的阀，由淋水器淋热水使升华冻结的冰融化为水而排出冷凝器。

2. 冷冻干燥的干燥机理

冷冻干燥过程中，冰升华所需的热量主要依靠热传导，隔板表面的热量通过金属盘、容器器壁和制品本身才能到达升华面，因此隔板温度略高于升华温度，才能形成一定温度梯度。随着干燥的进行，升华面内移，传导至升华面的热量增加。升华面得到的热量越多，升华速率越大；此外，升华速率还取决于水蒸气由升华面穿过已干制品的传递速率。

3. 冷冻干燥设备

冷冻干燥机由制冷系统、制冷机组、加热装置、控制装置等组成。

先进的控制装置利用计算机输出程序控制整个工作系统正常运转。控制装置的先进程度最能体现整机水平。

三、红外线干燥技术

红外线干燥属于辐射加热干燥，它是利用红外辐射元件所发出的红外线对物料直接照射加热的一种干燥。

1. 红外线干燥的原理

红外线辐射器所产生的电磁波以光的速度辐射至被干燥物料，当红外线的发射频率与物料中分子运动的固有频率相匹配时，引起物料分子的强烈振动与转动，在物料内部分子间发生激烈的碰撞与摩擦而产生热，温度迅速升高，将水等液体分子从物料中驱出而达到干燥目的。

2. 远红外干燥设备

远红外干燥器主要由干燥器、辐射能发生器、被干燥物的机械传动装置及辐射线反射集光装置等组成。

辐射元件有很多，有管状、灯状和板状的电热式辐射元件。

常用反射装置的材料有抛光铝板，其反射率可达97%以上。由于该装置的增设与否对干燥效果影响甚大，远红外线烘箱体的各壁面均应用抛光铝板制作。有时甚至料盘也用抛光铝板制作，利用盘底部抛光面反射辐射，以增强加热效果。

3. 远红外线干燥技术的特点及适用范围

利用远红外线进行干燥的特点：①加热速度快。②热能损失少，干燥成本低。③产品质量好，干燥较均匀、清洁。④干燥时间较短，一般物料干燥时间以分记。⑤设备紧凑，使用灵活。

远红外线干燥适用于大面积物体表面的干燥，如橡胶硬膏的干燥。由于其干燥速率快，故适用于热敏性物料的干燥，特别适用于熔点低、吸湿性强的药物。

第八节　逆流提取技术

逆流提取是针对常规提取方法中溶剂用量大、效率低的不足，将多个提取单元科学组合，使单元之间的浓度梯度合理排列并进行相应的流程配置，以及通过物料粒度、提取温度、提取单元组数等技术参数的控制，逐级将物料有效成分扩散至起始浓度相对较低的提取溶液中，以最大限度转移物料中溶解成分，缩短提取时间和降低溶剂用量，并可实现全封闭操作的一种提取新技术。

一、设备简介

逆流提取装置是集萃取、重渗滤、动态、逆流提取技术为一体，具有多种用途的新型提取装置。动态循环阶段连续逆流提取各单元即可独立地进行各项提取作业，也可组合使用，具有提取效率高、温度低、节省溶剂、设备占地小的特点。

二、设备构造

逆流提取装置由提取单元、热水机组和通风装置等组成。

三、工作原理

逆流提取整个过程由与提取单元组数相等的几个阶段提取过程组成，每个阶段提取单元进行独立操作，采用机械强制循环方式，使溶剂从提取罐底部进入，与提取罐内颗粒状物质产生湍流，由提取罐顶部溢出，连续循环，流动浸出，提高固-液扩散层界面的更新速度，使物料中溶质与浸出液中溶质在单位时间内能保持一个较高的浓度差。

四、操作方法

1. 物料准备

将需要提取的物料加工成大小基本均匀的颗粒，除去细粉，以免滤网堵塞，再将颗粒状物料用 1～2 倍物料质量的溶剂浸润备用。

2. 阶段提取

启动循环泵──→打开阀门──→溶剂自储液罐从提取罐下封流入──→颗粒物质从提取罐上封流出──→回储液罐──→由泵排出。

3. 排渣装料

打开提取罐下封──→排渣──→打开提取罐上封──→装料──→盖好上封。

4. 饱和溶剂迁移

启动循环泵──→打开阀门──→饱和溶液经总管迁移──→后续浓缩操作。

5. 不饱和溶剂迁移

6. 填装溶剂

7. 造梯度

五、逆流提取工艺参数

1. 物料粒度

该提取装置要求物料粒度一般为 1～7nm，细粉控制在 30 目内。

2. 阶段提取时间

采用液体湍流式动态循环技术缩短了有效成分从物料内部迁移至表面的时间，阶段提取时间一般为 30～40min。

3. 提取单元数

采用阶段连续提取工艺最少提取单元组数 $n=3$，一般据物料不同而改变。

4. 提取温度

采用阶段连续逆流提取工艺，有效成分的提取率主要由提取单元数来保证，与一般提取工艺相比，可降低提取温度，节省提取能耗。

5. 溶剂用量

溶剂用量是影响有效成分提取率的第二位因素，考虑到浸润物料需用 1～2 倍物料质量溶剂，实际溶剂用量为 3～6 倍物料用量。

第九节　微 波 技 术

微波又称超高频率电磁波，是一种波长在 1～0.001m、频率在 300MHz～300GHz 的电磁波。微波由微波发生器产生，其输出功率可达几微瓦至数千千瓦。

一、性质

1. 似光性

微波频率高，波长短，比一般物体的几何尺寸要小得多。因此，当微波照射到物体上时,其特性与几何光学相似,具有直线传播的特点。

2. 穿透特性

某些物质能够吸收微波而发热,其中水是吸收微波的最好的介质。

3. 热特性

物质对微波的吸收性表现在微波能够穿透至物料内部,穿透的深度随频率的增加而减小。深入物体内部的微波能量被物料吸收并转换成热能对物料进行加热,而且这种加热方式无温度梯度,物料表面和内部的温度相差无几。在微波的加热过程中,其具有加热均匀、热转换效率高、加热时间短的优点。

4. 非热特性

微生物体内的水分在微波交变电磁场的作用下发生强烈的极性振荡,导致电容性细胞膜结构破裂,或者细胞分子间氢键松弛等,使得组成生物体的基本单元——细胞的生存环境遭到严重破坏,以致细胞死亡。

二、微波提取原理及特点

1. 微波加热的原理主要有两方面

(1) 介电损耗 具有永久偶极的分子在 2450MHz 的电磁场中所能产生的共振频率高达 4.9×10^9 次/s,使分子超高速旋转,平均动能迅速增加,从而导致温度升高。

(2) 离子传导 离子化的物质在超高频电磁场中以超高速运动,因摩擦而产生热效应。热效应的强弱取决于离子的大小、电荷的多少、传导性能及溶剂的相互作用。

微波辐射导致细胞内的极性物质尤其是水分子吸收微波能量而产生大量的热量,使细胞内温度迅速上升,液态水气化产生的压力将细胞膜和细胞壁冲破,形成微小的孔洞。再进一步加热,细胞内和细胞壁水分减少,细胞收缩,表面出现裂纹。孔洞和裂纹的存在使细胞外溶剂易于进入细胞内,溶解并释放细胞内产物。

2. 微波提取的特点

微波具有很强的穿透力,可以在反应物内外部分同时均匀、迅速地加热,故提取率较高。因此微波提取有效成分具有简便、快速、高效、加热均匀的优点。

三、微波提取设备

一般说来,工业微波设备必须具备以下基本条件。

① 微波发生功率足够大、工作状态稳定,配有控温设备。

② 设备结构合理,可随意调整,便于拆卸和运输,能连续运转,操作简单。

③ 安全,微波泄漏符合要求。

四、微波提取技术的应用

1. 挥发油的提取

例如,用微波法提取,在连续微波反应器中,加入 100g 魁蒿叶,加水 400mL,连接挥发油测定器及冷凝装置,调整功率至 650W,微波辐射 20min。魁蒿叶中挥发油质量分数为0.75%,比蒸馏法含量(0.6%)高。

2. 多糖的提取

经微波技术提取,板蓝根多糖提取率由原来的 0.81% 提高到 3.47%,反应时间变为 1/12。

3. 生物碱的提取

生物碱及其盐都能溶于甲醇或乙醇，所以常用甲醇或乙醇为溶剂，有时也用酸性乙醇或甲醇（含 0.5%～1.0% 硫酸或醋酸），以渗滤法、浸渍法、回流法、连续回流法提取。

4. 辣椒素的提取

试验表明，用常规方法几小时甚至几十个小时才能完成的萃取，用微波方法几分钟就可以完成。

5. 高山红景天苷的提取

试验结果表明，用微波辐射萃取技术从高山红景天根、茎中提取红景天苷具有快速、高效、节能等优点。

第四章 农林野菜及其加工技术

第一节 概 述

我国幅员辽阔，自然条件复杂，从北至南包括寒温带（亚寒带）、温带、亚热带和热带四个气候带。在我国西南部还拥有世界上最大的青藏高原高寒气候区域，使我国野生植物资源具有多样性和分布的规律性。而农林野菜的种类更是繁多，蕴藏量大，分布广泛，具有较高的开发利用价值。

一、农林野菜的特点

1. 种类繁多，分布广泛，蕴藏量大

农林野菜在世界各地均有分布，类型丰富，种类繁多。仅我国就有农林野菜 1000 多种，目前经常被人们采食的野菜有 100 余种，多数野菜没有被合理地开发利用，或者埋没于深山。将农林野菜资源科学地开发利用，不仅可以增加蔬菜食品的种类，而且对于增添营养源，调整国民食物结构，适应市场需求均有一定的作用。

2. 天然无公害

农林野菜多生于山坡林地、林缘、灌丛、草地、沟溪等处，自生自长，无环境污染，不受农药、化肥、城市污水、工矿废水等的污染，沐浴了充分的阳光雨露，属于无公害"绿色食品"。

3. 具有独特的风味

野菜与栽培蔬菜相比，总有一股截然不同的"野味"和清香，味道鲜美，可以作为常吃栽培蔬菜的消费者的一种调味剂。例如被誉为"山野菜之王"的蕨菜，炒食、腌食、干食、配菜及肉熟食，均别有风味。又如荠菜的鲜香，刺龙芽的醇香，远非一般蔬菜能及。

4. 营养价值高

野菜是在自然状态下生长的，往往比栽培蔬菜更富有营养价值。许多野菜富含糖、蛋白质、胡萝卜素、多种维生素、矿物质、纤维素等人体所需的营养物质。例如紫萁所含蛋白质比芹菜、青椒高 3 倍，比番茄高 2 倍，人体所必需的多种氨基酸、胡萝卜素、维生素（B_1、B_2、C）也很丰富。据对 72 种野菜的分析，有 65 种野菜的胡萝卜素含量超过胡萝卜；61 种野菜每 100g 的维生素 C 含量比普通蔬菜高 50~100mg；有 34 种野菜每 100g 的核黄素含量比普通蔬菜高 0.2mg。如荠菜、蒲公英的胡萝卜素都高于胡萝卜，荠菜的维生素 C 含量比大白菜、菠菜高。由此可见，许多野菜的营养价值高于栽培蔬菜，人们多食野菜可以补充特殊营养，利于健康。

5. 具有医疗保健功效

几乎所有的野菜都可入药，对一些疾病具有疗效。如马齿苋对痢疾杆菌、大肠杆菌等有较强的抑制作用，故有"天然抗生素"之称；蒲公英具有健胃、利胆、清血、催乳等功效；蕨菜可作肥胖症、高血压病的辅助药膳，对调节人体代谢、增强肠胃功能有一定积极作用，现代医学研究表明，它具有一定的抗癌防癌作用。因此，野菜不仅营养价值高，而且可以加工成功能性食品。

二、我国农林野菜资源利用的历史和现状

我国农林野菜的利用有着悠久的历史，早在3000多年以前，《诗经》中就有描述人们采集野菜的诗句。长期以来，我国广大人民就有食用山野菜的习惯。如榆钱（榆树）、春头菜（椿树）、蕨菜、马齿苋、野苋菜、荠菜、蒲公英、山芹菜、甜菜芽（枸杞）、刺老芽、薇菜（紫萁）等均为人们经常食用的野菜。灾荒年野菜的作用更大，有"藜藿充肠""糠菜（野菜）半年粮"之说。记载野菜的著作有很多，如《救荒本草》《野菜博录》《野菜谱》《野菜赞》等，总结了民间采集、食用野菜的经验。宋代大诗人陆游有诗云："采采珍蔬不待畦，中原正味压莼丝。挑根择叶无虚日，直到开花如雪时。"诗中描写了诗人对荠菜的珍爱，可见野菜是我国广大城乡人民喜食的佐餐食品。

20世纪50年代以来，在广泛开展植物资源调查和植物化学研究的基础上，我国先后出版了《中国经济植物志》《中国植物志》，以及各省（区、市）的《经济植物志》《植物志》《食用植物》《植物资源学》等论著，这些论著都有野菜的内容。20世纪80年代以来，国内野菜的生产和研究进一步得到重视，许多省（区、市）对当地的野菜资源进行了深入考察，摸清了野菜资源的种类、分布及蕴藏量等情况。有关院校、科研和生产单位进行多学科协作，在不同地区，以不同形式开展野菜营养成分、采集加工、保鲜以及保健作用等的系列研究，为进一步深入开发利用野菜资源提供了可靠依据。

20世纪90年代以来，随着生活水平的普遍提高，以绿色食品为代表的产品绿色革命已成为国际潮流，人们不只是希望传统蔬菜在产量上有所扩张，更期望蔬菜结构实现多样化和其质量上的提高。为此，农林野菜的开发利用悄然兴起。我国农林野菜也由民间食用变为宾馆、饭店宴席上的珍品，并远销日本、韩国以及西欧、东南亚等国家和地区，深受国内外市场的欢迎。

随着农村商品经济的迅速发展，我国农林野菜资源的开发利用逐渐由原来的农民自采自食阶段转向农民采集、工厂收购加工、产品销售的阶段。有些省（区、市）建立了野菜加工厂，如天津市蓟州区建立了八仙菜加工厂。吉林省长白山珍食品厂以刺五加、猴腿、桔梗、蕨菜等野菜为原料加工出10余种野菜罐头。吉林农业大学研制出的山芹菜、蕨菜、猴腿、龙芽楤木罐头，采用非铜制剂、干装罐及原料盐化处理等新工艺，在保绿、保脆方面取得良好效果。我国已开发的野菜食品种类主要有保鲜菜、野菜干、野菜罐头、野菜汁、腌渍品等。我国科技人员不断研究野菜的采集、贮运和加工利用技术，使野菜食品的加工技术水平明显提高，以薇菜、蕨菜、刺嫩芽等为主料制成的野菜食品畅销国内市场。我国的蕨菜、薇菜、龙须菜、蒲公英、山竹笋、山芹菜等制品在国际市场上较受欢迎，曾出口到日本、韩国、欧洲、东南亚等国家和地区。外商对我国的野菜食品颇感兴趣，纷纷到中国投资建厂，开发利用我国的野菜资源，如黑龙江省尚志市与日本合资兴建的山野菜加工厂，生产出的保

鲜薇菜、蕨菜等多种野菜食品畅销于国内外市场。

我国农林野菜的生产加工向商品化、产业化发展的速度正在加快。但同时也存在着不少问题，主要问题如下。

① 丰富的资源没有得到充分的开发和利用，许多省（区、市）正在积极开发山野菜，但规模小，很多没有形成产业化。我国栽培蔬菜约 160 多种，山野菜约 1000 多种，为栽培蔬菜种类的 6 倍多。目前已开发利用的野菜约 100 多种，占野菜种类总数的 10％左右；从利用资源数量初步统计，不超过野菜蕴藏量的 3％。因此，我国野菜有 90％的种类和 97％的蕴藏量有待开发。

② 人工栽培繁育技术滞后，不能保证常年时鲜供应及质量。目前野菜的收购多数是季节性地向农民收购，多为作坊式加工包装，质量参差不齐，嫩度不一，加工技术落后。同时盲目地采挖，使有些资源遭到严重破坏，限制了野菜的有序合理开发利用。目前已人工栽培的野菜主要有蒲公英、牛蒡、荠菜等。

③ 产品加工技术相对落后，产品种类单调，口味欠佳。目前，我国山野菜的出口几乎都是原料或粗加工产品，如干蕨菜、干苦菜和相应的高盐渍原料。成本低，获利亦少。我国的辽宁丹东、河北承德等地均引进日本技术，生产的野菜保鲜加工品，直销日本、韩国和东南亚等国家和地区，而国内市场却很少见。

④ 保健功能和食用方法不明确。野菜的营养价值和保健作用备受人们青睐，但值得注意的是，有的野菜也会对人体造成损害。据资料记载：小蓟（青青菜）常食可致人脾胃虚寒、血瘀气滞；灰菜、苋菜等还含一种使人对日光过敏性物质，有的人吃后经日光照射而发病。因此，在注意研究野菜营养价值及食疗作用的同时，更要加强对其安全性的研究。另外，野菜毕竟是一种野生植物，口感风味及食用品质有时也不尽人意，有人喜欢，有人还不习惯，因此野菜的食用方法和保健功能有待进一步开发研究。

⑤ 开发利用南方滞后于北方，这与物种丰富度的地域分布规律很不相称。

针对我国农林野菜资源利用的发展现状，只有合理地对农林野菜资源进行开发，系统地对人工有机生态型野菜进行栽培试验，以及对采收、加工技术等进行配套研究，才能使农林野菜这一新兴产业具有更加广阔的发展前景。

三、农林野菜加工的意义

1. 丰富蔬菜种类，提高人民物质生活水平

当前，人们的膳食结构和消费观念正在发生巨大变化，由过去的温饱型向营养保健型方向转变，饮食结构趋于多样化。常见于餐桌上的青菜、萝卜等蔬菜源于农林，经过上千年的栽培历史发展至今，产量不断提高，但由于大量化肥和农药的使用致使常见蔬菜口味明显下降。随着生活水平的不断提高，人们更希望蔬菜种类的多样化及其在质量上的提高，更加注重自我保健、回归自然，追求健康将成为食品消费的主流。而农林野菜以其得天独厚的无污染、无公害、营养价值高、具有食疗保健功能等特点，满足了人们对自然与健康的要求，成为 21 世纪很有发展前景的健康绿色食品。

2. 合理保护和利用农林野菜资源，实现持续发展

近年来，野菜的开发利用已成蔬菜生产中的热点。但在开发利用中还应注意野菜资源与环境保护。野菜多生于荒坡野岭、深山密林，长期处于自然野生状态。在过去小规模采集情况下，尚能维持一种生态平衡状态。然而过度的采摘，势必会造成资源的破坏，使其处于灭

绝的边缘。即便是数量特别多的种类，不合理的采集也会造成再生的困难。我国东北地区的猴腿、刺嫩芽及西北的发菜等传统的山野菜，由于过度采摘，资源已明显地减少。

为了促使野菜的开发利用进入良性循环，人们除了要加强环保意识，树立起可持续发展的思想观念外，必须加强野菜的人工栽培繁育技术与加工技术研究，以最大限度地满足市场的需要，避免盲目、无计划开采而造成的坐吃山空的局面。人工驯化栽培时，可以对不宜采种的野菜如刺嫩芽等选用组培和扦插芽茎的方法进行规模生产，满足市场的大量需求。

野生蔬菜经过人工长期栽培后，会逐渐进入到栽培蔬菜的范围，从而使其失去野菜的地位。因此，野菜人工栽培生产中应使用绿色食品生产所允许的农药，少施或不施农药、化肥。在人工栽培时尽量保持其野生的特性。随着设施农业的不断进步和完善，人们已有能力模拟不同的生态条件以满足野菜生长发育的环境条件，并改变野菜的生长区域和采摘时间。比如目前人们可以利用日光温室在北方冬季进行野菜人工栽培，生产出过去只有在春季才能吃到的蒲公英、山芹、马齿苋等野菜。利用各种保护地设施，进行农林野菜人工栽培，除了可充分满足市场需要外，同时还使野菜在不同地域得以生产，并能进行反季节栽培，从而为生产者带来较高的经济效益。

3. 调整农林产业结构，满足市场需求，促进国民经济发展

农林野菜源于自然，适应当地的气候特点，对不良环境适应能力强，适宜栽培范围广，可以于林间空地或农闲地栽培，或者实行林菜间作，不仅可以营造一个良好的农林环境，还可改善生态环境，有很好的社会效益。在广大山区、草原、人少地广的平原都很有发展前景，将会促进农林业产业结构调整，丰富品种结构，是一种高效农林产业的新模式。

目前国内外市场对农林野菜的需求量很大，中国的市场就是全世界最大的市场。目前农林野菜年生产总量约 500 万吨，只稍多于蔬菜总量的 0.1%，生产量远远满足不了市场需求。另外，有统计资料显示，全球蔬菜的需求量剧增，而一些发达国家的蔬菜自给率却持续下降。目前国际市场蔬菜贸易总额已达年 100 亿美元，在这种需求背景下，我国蔬菜出口量呈逐年上升趋势，如日本、韩国等地的消费者特别喜欢我国的新鲜山野菜和盐渍山野菜，如蕨菜、薇菜、蒲公英、山芹等。

广阔的国内外市场为农林野菜的发展提供了无限商机，开发和利用农林野菜资源将会成为某些地区的特色产业，使农林业增效、增收，提高就业，并带动相关产业的发展，促进国民经济的发展，同时具有显著的社会和生态效益效。

第二节　农林野菜的贮藏保鲜技术

由于自然条件的制约，野菜采收具有明显的季节性和地区性，与消费者一年四季的需求和经营者的周年均衡供应形成矛盾。开发利用存在着旺季过多、淡季不足、腐烂损耗等严重问题。因此，进行野菜的贮藏保鲜是经营与消费之间的一个重要环节，对于调节市场供应、改善人民生活、发展农村商品经济、繁荣城乡市场、满足外贸需要，具有十分重要的意义。

野菜的种类不同，生长时期不同，食用部位不同，因此采收的时期、方法以及采收后储藏、保鲜及采后加工也不同。

一、适时采收

每种野菜都有其最适食用期，适时采收就能保证质量好、数量多、商品价值高。如果未到最适食用期采收，则产量低、味酸涩，甚至有毒；如果过时采收，许多种类就如同杂草，失去商品价值。由于野菜种类、生长季节和食用方法、加工技术的不同，对野菜成熟度的标准要求也有差异。一般情况下，野菜的成熟度可分为以下三种类型。

1. 食用成熟

当野菜的食用器官长到具有可供食用时的一定现状、色泽、风味和香气，并具有较高营养价值、一定的硬度时，称为食用成熟。但这时在植物学上有些尚未完全成熟。

2. 技术成熟

如果野菜的采收时期是根据运销、储藏加工所要求的成熟度来确定，则称为技术成熟。如长途运输，为了避免到达食用者手中时过熟而腐烂，也为了防止途中因挤压而至败坏，应提前于食用成熟期收获；以贮藏为目的时，应在贮藏器官进入休眠等最适于贮藏时采收。

3. 生理成熟

又称自然成熟期，是指果实已经完熟，种子已有独立生活的能力，可供繁殖之用。以采收种子或收获老熟果实为目的的，都在此时采收。

决定野菜采收时期的因素较多，主要根据野菜品种熟性、食用方法、加工途径、市场需要、气候条件等具体要求来定。作为家庭食用的少量采收的绝大多数种类野菜都在食用成熟时收获。食用成熟度也没有固定的标准，常随各地的习惯、嗜好、季节和用途等而变化，只要适合人们的需要，就算成熟，即可收获。采收时，应选晴天的上午或傍晚最好，应避免阴雨天或晴天的中午。否则，阴雨时收获的野菜在运输和贮藏时容易腐烂；在中午气温高、日照强烈时采收，野菜容易萎蔫，色泽不鲜艳，加上温度高，呼吸作用旺盛，影响品质。

二、采收方法

好的采收方法是维护野菜优良品质、获得优质产品的重要保证。采收时应注意以下几点要求。

1. 择优采收

要选长势好、粗壮、鲜嫩、无病虫害的植株。采集时要用手从根部掐下，为避免菜根因水分蒸发而老化，可将采下来的菜根在土地上擦一下，以促其茬口封闭。

2. 筐篮盛装

为了保护野菜内水分，装筐之前在筐底垫一层青草，然后将采收的野菜一顺放在筐里或篮里，不要按压，以防菜体因摩擦而变色。盛满后再盖一层青草，以免野菜因日晒失水萎蔫、老化变质。也可用背篓盛装，但千万不能用塑料袋，因塑料袋软，易使菜体受伤变形和发热腐烂，加快野菜的老化。

3. 分类存放、及时加工

不同种类的野菜不要混在一起，要将同一种野菜及时归拢，及时扎把。不易扎把的菜用纸卷在一起或用纸袋装起，及时入筐。当日采收当日加工，存放过久会使菜体老化变质，品质下降。

4. 按照规格采收

为保证野菜产品的质量，特别是加工出口菜应严格按照外贸出口规格采收。过大或过小都会影响品质和商品价值。

三、出口野菜的采收标准

出口野菜的质量要求较高，必须严格控制在规定标准幅度之内，不能过大、过小、过嫩、过老。不合规格的野菜，不仅商品价值低而且不受消费者欢迎，销售速度慢，还可能由于腐烂变质而造成经济损失。下面是几种主要出口野菜的采收标准。

（1）龙头菜 出土 22cm 以上，不开卷的拳状菜。把绿茎菜和紫茎菜分别装筐，及时整理。将长短一致的菜挑放在一起，理成 6cm 直径的小把，用刀切去不能使用的硬根。

（2）荚果蕨 当嫩茎出土 4cm 以上时，就可开始采收卷头紧密而不开封的卷曲嫩茎，但卷头以下部分不得长于 5cm。不扎把，散装即可。

（3）马齿苋 当嫩芽长出 9cm 长，直径 3mm 即可采收，然后去净叶，扎成直径 6cm 的把，去掉老化根。

（4）野黄花菜 当花蕾已长成但尚未开放时，选择肥大，长 10cm 以上，呈黄色或橙黄色，花蕾完整、洁净、不折断、未被污染的采收。采收过早，产量低；过迟时则干制品的质量差。

（5）展枝唐松草 当嫩芽长到 9cm 以上时，采收 6～12cm 长的嫩芽。将长短一致者扎成直径 6cm 的小把。

（6）紫苏 当紫苏叶充分长大而未老化时，挑选叶片新鲜、完整、无黄叶、无病虫的嫩叶，采收后散放即可。

四、野菜的保鲜与贮存

野菜的生物学特点是：含水量很高，一般达到 90%，有的高达 95%～98%；呼吸强度很高，尤其是表面积大的叶菜类；菜体主要由薄壁细胞组成，组织非常脆弱；多数外表无坚强的保护层，很容易碰伤，导致微生物污染，引起腐烂。因此，野菜的保鲜与贮存是非常重要的技术。野菜的保鲜与贮存措施的采用，取决于采收的目的、获得的数量、利用方式以及产品开发类型等。如果采收数量不多，仅限于家庭自用，则采用临时贮存或短期贮存（如鲜贮）就行了。如果采收数量大，需长途运输供销于城市或加工成原料（如盐渍品、干制品），以备淡季或供异地烹调食用，或供应于其他各种类型的成品开发，则必须注意贮存的方式。

（一）直接鲜贮

不经任何处理趁鲜直接存放叫临时鲜贮或短期鲜贮。直接鲜贮以保水防蔫为原则，可用纸、塑料袋包装。具体操作方法是将受伤少、保存好的理成小把用纸包好，梢向上，根朝下方于阴凉处、仓库或菜窖，放于人工冷库为最好，家庭中可放入冰箱。如用塑料袋，四角要剪开 1cm 小洞，以便散热。这样一般可以保鲜贮存野菜 5～7d，如果利用人工冷库直接鲜贮，应充分发挥人工调节的优势，将贮存条件调至最佳状态下。

1. 温度

创造适宜的贮藏温度是搞好蔬菜贮藏保鲜的关键。野菜呼吸作用的温度系数 Q_{10} 为 2～4，10℃时的呼吸强度及产热量约为 0℃时的 3 倍。在室温放置的野菜，24h 失糖达 1/3～1/2，可见降低贮藏温度对降低消耗有重要意义。但贮藏温度不是越低越好，有的最低呼吸温度在 0℃以上。各种野菜有各自最适的贮藏温度。波动温度比恒温引起糖的损失增加

15%~43%。野菜汁液的冰点为-0.5~-4℃。细胞结冰后，导致原生质损伤，酶处于游离状态，引起呼吸强度增加，一些代谢中间产物积累而产生异味。醌类物质积累引起褐变，使野菜出现褐色、褐斑块。

2. 湿度

野菜富含水分，少量失水引起呼吸底物消耗成倍增加，所以储藏野菜应保持环境湿度在80%~90%。湿度过大或饱和，以及贮藏温度不稳定，容易造成水蒸气和呼吸产生的水分凝结在菜的表面，俗称"发汗"，形成微生物滋生的良好条件，引起野菜变质。

3. O_2 和 CO_2 的含量

空气中的 O_2 含量约 21%，降低 O_2 含量能大大降低呼吸强度；空气中的 CO_2 含量约 0.03%，增加 CO_2 浓度能降低呼吸强度。减少 O_2 和增加 CO_2 对呼吸的双重影响，是气调法贮藏果蔬、花卉等的基本原理。减少 O_2 和增加 CO_2，也同时抑制乙烯的产生。乙烯是一种激素，对器官和果实的衰老成熟有强烈的促进作用。大多数野菜贮藏适宜的 O_2 浓度为1%~5%，CO_2 浓度为 5% 左右。

4. 组织的完好性

野菜组织由薄壁细胞组成，多数外周无坚强的保护层，受到压、碰、刺及虫咬损伤后，会刺激呼吸升高和乙烯产生，引起微生物入侵，促进腐烂。所以轻拿轻放，用筐蓝盛装，保持野菜的完好性是贮藏的重要条件，不可忽视。

5. 选择耐贮品种

有些野菜耐贮性好，有些野菜极不耐贮，因此，作为准备贮存的野菜最好是耐贮品种。同时，根据贮存的需要确定合适的"技术成熟度"标准。

6. 利用防腐保鲜剂

野菜易受病原微生物侵染而腐败变质。低温法、气调法是目前最常用的保鲜手段。但是，即使在低温和气调条件下，如果没有防腐保鲜剂的配合，许多野菜也很难有理想的保鲜效果。贮前利用防腐保鲜剂处理，能杀死病菌，控制潜伏性病菌的生长，并能在一定程度上调节果蔬的生理代谢，延长保鲜期，保持野菜的品质。下面是几类常用防腐保鲜剂。

(1) 吸附性防腐保鲜剂　保鲜剂主要用于清除贮藏环境中的乙烯，降低 O_2 的含量，脱除过多的 CO_2，抑制野菜后熟。主要有乙烯吸收剂、吸氧剂和 CO_2 吸附剂。乙烯吸收剂主要有高锰酸钾载体，如沸石、膨润土、过氧化钙、硅酸盐等。吸氧剂主要有亚硫酸氢盐、抗坏血酸、一些金属如铁粉等。CO_2 吸附剂主要有活性炭、氯化镁等。此外，焦炭分子筛既可吸收乙烯，又可吸收 CO_2。

(2) 溶液浸泡型防腐保鲜剂　这类保鲜剂主要制成水溶液，通过浸泡达到防腐保鲜目的，是最常用的防腐保鲜剂。该类药剂能够杀死或抑制野菜表面或内部的病原微生物。有的也可以调节野菜代谢。按其功能和来源，又分为如下类别。

① 防护性杀菌剂。主要有磷酸钠、山梨酸及其盐类、丙酸、邻苯酚（HOPP）、邻苯酚钠（SOPP）、氯硝胺（DCNA）、克菌丹、抑菌灵等。其主要作用是防止病原微生物侵入，对野菜表面的微生物有杀灭作用。但对侵入内部的微生物作用不大。是理想的野菜洗涤剂。

② 内吸性杀菌剂。如托布津、甲基托布津、多菌灵等苯丙咪唑及其衍生物类药剂，都是高效、广谱的内吸性杀菌剂。可以控制青霉菌丝的生长和孢子的形成。但长期使用易产生抗性菌株，并且对一些重要的病原菌如根霉、链格孢霉菌、疫霉、地霉、毛霉，以及引起软腐病的细菌没有抑制作用。而抑菌唑、三唑类灭菌剂、抑菌脲、瑞毒霉、乙磷铝等新型抑菌

剂也是属于广谱性的，对地方霉及对苯丙咪唑类有抗性的菌株有效。

③ 植物生长调节剂。该类药物可按照人们的期望去调节和控制野菜采后的生命活动，或延缓衰老，或促进成熟。目前主要有生长素类、赤霉素类和细胞分裂素类。

④ 中草药煎剂。近年来，研究以中草药煎剂用于果蔬防腐保鲜的项目越来越多。因为中草药中含有杀菌成分并且具有良好的成膜特性。目前研究利用的主要有薄荷油等。但是由于提取及大批量生产中存在着很多问题，尚未大量利用。

（3）熏蒸型防腐剂　以气体形式抑制或杀死野菜表面的病原微生物，而其本身对野菜毒害作用较小的一类防腐剂。常见的熏蒸防腐剂有仲丁胺、臭氧、二氧化硫释放剂、二氧化氯等。

（4）蜡和涂膜剂　用蜡和成膜物质涂在野菜表面成膜，可以减少野菜水分损失，抑制呼吸，延迟后熟衰老，还能阻止微生物侵染，增加野菜表面的光洁度，提高商品质量。最初使用的涂膜剂主要是松香、紫胶、蜂蜡等。目前常用的涂膜剂有食用蜡、油脂类、蔗糖酯、单甘酯、壳聚糖、聚乙烯醇、蛋白质沉淀剂等。

（二）焯后贮存

有些野菜直接鲜贮时不仅很快变硬，而且风味损失较快。可以用开水焯一下后放入塑料袋中，加 5% 盐水，排尽气，扎紧口，放入冷凉处保存，可随时食用。但加工时水一定要多，不用铁锅，因该类菜中单宁物质较多，遇铁变黑，除此以外，加工时还要除去涩味。

第三节　农林野菜的加工技术

一、农林野菜加工的基本原理

野菜多生于山野，又称山野菜，以其天然、无污染、营养丰富而备受关注。本书中的农林野菜主要是指山野菜，也包含被驯化多年而广泛食用的野菜，如我国东北的刺嫩芽、南方的香椿等。

农林野菜加工是指利用食品工业的各种加工工艺处理新鲜野菜，制成各异的野菜产品。农林野菜加工是食品加工重要的组成部分，其根本任务就是使野菜通过各种加工工艺处理后，达到长期保存、经久不坏、随时取用的目的。在加工过程中，要尽可能最大限度地保存其营养成分，改进食用价值，使加工品色、香、味俱佳，进一步提高野菜加工制品的商品化水平。野菜加工的形式有很多，包括制汁、制汤、罐藏、糖制、干制、速冻、腌制等。在加工过程中，抑制有害微生物，保证食品质量是最重要的环节。

（一）野菜加工原料要求

野菜加工产品的品质除了与先进的加工工艺和设备有关外，还与原料的品质好坏以及原料的加工适应性有密切的关系。

1. 野菜加工产品品质与野菜种类的关系

从加工方法上看，各种加工方法对原料的性质都有一定的要求。如干制要求野菜有较高的干物质含量，水分低、大小合适；制汁要求野菜出汁率高、取汁容易、有良好的风味和色泽；罐藏和冷冻要求野菜肉质丰富、可食性强、质地紧密、色香味好、耐煮制、不变味、不变形等。野菜的腌渍加工是我国的传统方法，对原料的要求不是非常严格，但一般应以水分含量较低、干物质多、肉质厚、风味特殊、粗纤维少为好。从野菜的种类与品种上看，何种原料适宜制何种加工品是根据其理化特性决定的。准确地根据原料的品种特征进行适合的加工，是充分利用资源、获得优质产品的保证。不恰当的加工，只能是浪费原料，制得低劣的产品。

2. 野菜加工产品品质与原料采收期的关系

不同的加工产品，具有不同的采收期。选择正当采收期的原料进行加工，产品质量高，原料损耗率也低。反之，产品质量低，原料消耗量大，也给加工带来困难。

3. 野菜加工产品品质与原料新鲜度的关系

野菜新鲜度对加工产品的质量有较大影响，一般加工原料愈新鲜、完整，制成品的品质愈好，损耗率也愈低。例如桔梗在开花后，易丧失加工价值，这些原料从采收到加工一般不得超过 4～12h。新鲜野菜采收时及运输过程中易受机械损伤，轻者及时加工，品质仍好，若延缓加工，易引起腐烂，失去加工价值。野菜腐烂后，导致加工产品带菌量增加，加重了后续过程的杀菌负荷，可能会导致加工产品的杀菌不足，而强化杀菌会导致食用品质和营养成分含量的下降。

总之，野菜加工要求从采收到加工的时间尽量缩短。如果必须放置或进行远途运输，则应有一系列的保藏措施。为了保持原料的新鲜、完整和饱满，在厂房的设置、采收点的布设以及原料的种植和采收整个过程中应综合考虑。采后，在包装、运输过程中，应尽量避免伤害野菜组织。

（二）野菜加工原料预处理

野菜在加工前，均须对原料进行预处理。预处理包括原料选择、分级、洗涤、去皮切分、热烫浸漂及硫处理等工序。

1. 原料的选择

不同的加工产品对品质的要求也不一样，采取的工艺措施也不同。根据实际情况应考虑野菜的品种、含水量、产地等因素对野菜进行筛选。例如要加工绿色山野野菜或山野菜有机食品，除了对野菜的品种、质量有所要求外，还应考虑生产基地的条件是否满足绿色食品或有机食品的条件。同时原料选择还应注意剔除霉烂、病虫害、畸形、机械伤严重、过老过嫩等不合格原料，并除去杂质。

2. 原料的分级

原料分级的目的在于可以保证产品的质量，降低消耗。分级包括大小分级、成熟度分级和色泽分级几种。在我国，成熟度分级常用目视估测的方法进行。大小分级常用筛分法。

3. 原料的洗涤

洗涤可以除去野菜表面沾附的泥沙、尘埃、微生物以及部分残留的化学农药，保证产品清洁卫生。对喷过防治病虫害药剂的原料，更应注意洗净，清除药害。一般需用 0.5%～1.0%盐酸溶液先浸泡数分钟，再用清水冲洗药剂，可起到杀菌作用。

4. 野菜的去皮切分

部分野菜需要去皮切分，其目的是提高制品的品质。去皮去心时，只要求去掉不合要求的部分，不可过度，否则会增加原料的消耗。去下的皮、心有用者可作其他综合利用原料。去皮的方法有多种，根据原料外皮结构而定。

5. 野菜的热烫

野菜的热烫，在生产上又称预煮、烫漂或杀青。野菜除供腌制外，供作糖制、干制、罐藏、制汁及冻藏者，都需进行热烫。所谓热烫即是将已切分或未切分的新鲜野菜原料，在温度较高的热水或沸水或常压蒸汽中加热处理。一般所用的温度为沸点或接近沸点，个别组织很嫩的野菜如马兰，为保持其绿色，可采用76℃的温度。热烫时间随野菜的种类、老嫩及体形大小而异，一般为2～10min，以原料肉质内部酶活性破坏、失去原有的硬度、仍能保持脆性为原则。热烫后立即用冷水浸漂冷透，防止余热伤害，降低脆性。

热烫的主要目的是加热钝化酶，改善风味、组织和色泽，除去部分辛辣味和其他不良气味，可以杀死野菜表面附着的一部分微生物和虫卵，降低污染物的含量。热烫的缺点是在热烫的同时，要损失一部分营养成分。

6. 野菜的硫处理

野菜加工中，经常要用亚硫酸溶液对野菜加热处理或进行熏硫处理，如供干制用的野黄花菜等热烫后，一般要进行熏硫处理，这都是利用亚硫酸的保藏作用。亚硫酸是一种强还原剂，易被氧化，可以减少溶液中或植物组织中氧的含量，微生物常因得不到氧而死亡。亚硫酸还能抑制氧化酶的活性，可以防止野菜中维生素C的损失。未离解的亚硫酸分子，抑制作用最为有效，一旦解离成离子状态或与其他物质成结合态，则没有效果。此外，亚硫酸也能增大细胞膜的渗透性，因而也能加快水分的蒸发，缩短干燥脱水的时间，干制成品的复水性能也比较好，能防止原料在干制脱水过程中及干制成品在贮存期内的非酶褐变。SO_2 在水中可以变成亚硫酸，从而具有保藏效应。SO_2 还能与原生质内某些成分起作用，如能与水解酶和氧化酶的醛基结合，破坏了酶的活性，从而使微生物和野菜本身的系列活动受阻，达到抑制目的；SO_2 还能与许多有色化合物（特别是花色苷类）结合变成无色衍生物，使有色的野菜褪色，失去光泽。但是若脱除 SO_2，色泽仍可复现。SO_2 对类胡萝卜素影响不大，对叶绿素则无影响。但是，一方面我们应当看到，亚硫酸和 SO_2 对人体有毒，人的胃中如有80mg的 SO_2 即会产生有毒影响。国际上规定每人每日每千克体重 SO_2 允许摄入量为0～0.7 mg。对于成品中的亚硫酸含量，各国的规定不同，但一般要求在20mg/kg以下。近年来一些发达国家的食品管理条例中限制使用亚硫酸盐。另一方面，SO_2 易挥发，去硫较方便，所以在加工制品中不至于残留过量的 SO_2。尽管如此，亚硫酸保藏的原料或食品在加工前或食用前常须脱硫，使其最后含量达到规定值以内，其方法有加热、搅动、打气、真空处理。

7. 野菜的护色

野菜切分之后，与空气接触会迅速变成褐色，从而影响外观，也破坏了产品的风味和营养品质。这种褐变主要是酶褐变，物质由野菜中的多酚氧化酶氧化成具有儿茶酚类结构的酚类化合物，最后聚合成黑色素。其关键的作用因子有酚类底物、酶和氧气。因为底物不可能除去，一般护色措施均从排除氧气和抑制酶活性两方面着手，在加工预处理中所用的方法主要有盐水护色、亚硫酸盐溶液护色、酸溶液护色等。

二、野菜干制加工技术

野菜的干制是指为了减少野菜的含水量，降低水分活性，提高原料中可溶性固形物含量，使微生物难以生存，同时抑制野菜内酶的活性，以此来保存野菜的加工方法。野菜干制是我国各地人民经常采用的方法，如黑木耳、猴腿、蕨菜、野黄花菜等制成的干制品，是久负盛名的土特产品，在今天的乡土特产中仍占有重要的位置。据 2019 年统计，我国干菜出口量已增加到近 36 万 t，品种达到 30 多种，成为世界干菜生产和出口的主要国家。野菜干制与其他加工方法比较，不少方面都显示出了优越性。野菜干制设备简单，操作技术易掌握，特别是自然干燥（晒干、晾干或风干），不需要特殊设备，可随时就地加工，家家户户都可以采用；其次是野菜干制的生产成本比其他加工方法低廉，因为不用加糖、盐等副料，特别是干制后体积缩小（为新鲜时的 20％～35％），质量减轻（为新鲜原料的 6％～20％），大大节省运输费和保管费，总的成本降低；同时，干野菜在短时间内不易变质和败坏，运送时也不需要冷藏设备，适于长途运输，有利于地区调节和周年供应。因此，野菜干制技术仍然是其产品开发的重要技术之一，尤其适合乡镇企业及农民就地加工产品。但是，如果干制方法不当，就会降低制品的营养价值和破坏原有的风味，而选择比较科学的干制方法和工艺，就能提高干菜制品的质量和食用性能。

（一）干制方式

野菜干制的方式总的说来包括自然干燥和人工干燥两种方式。

自然干燥又包括晒干和风干。原料直接受日光暴晒的加工方式称为晒干；在通风良好的室内或荫棚下进行干燥的方式称为晾干或风干。自然干燥设备简易，有晒场、竹席等即可。但受外部环境条件影响较大，卫生条件也较差。

人工干燥则不受气候条件的限制，干燥速度快，制品质量好。常见设备有烘灶及烘房，或微波炉、烤箱等。干燥初期，不宜采取过高的温度，否则会造成"结壳"现象，水分不易散发。

（二）干燥工艺

不同野菜种类，不同干燥方式，其干燥工艺流程也不相同。概括起来包括以下几个基本步骤。

1. 干燥工艺流程

选料→洗涤→切分整形→热烫→硫处理→升温烘烤或晾晒→通风排湿→倒盘烘烤→回软→分级→包装→入库。

2. 操作方法

（1）选料与分级　采集来的野菜首先去除杂质，将相同粗细大小的挑在一起。有些种类需要进行适当切分整形。嫩茎及鳞茎还要去掉叶子和根部。为了获得较高经济价值，有时可根据不同的需要对原料进行分级，目的是保证部分质量较高的产品品质，获得更高的利润，特别是对于出口的山野菜更是如此。

（2）洗涤与热烫　通常用软水洗涤，或用 0.5％～1.5％的盐酸溶液在常温下浸泡 5～6min，再用清水冲洗。有些种类要漂洗几次才能洗净泥土。洗后沥干水分。将洗涤后沥干水分的野菜在 90℃以上的热水或蒸汽中热烫 2～5min，之后尽快冷却，以减少营养成分的损失。热烫的目的是破坏野菜中的氧化酶系统，防止褐变和维生素 C 的氧化；增加细胞膜的透性，加快干燥速度和食用复水时吸水的速度，排除组织中的空气；保护叶绿素并除去一些野菜中固有的苦涩味，同时也在一定程度上起到杀菌的作用。

（3）硫处理　常采用熏硫法或浸硫法处理。熏硫法是将硫燃烧，在 $1m^2$ 空间，用 0.1kg 硫黄，或 1000kg 原料用 2kg 硫黄，要求达到野菜肉内 SO_2 的浓度不低于 0.08％～0.1％。浸硫法是用 H_2SO_3 及其盐类配成一定浓度的水溶液，浸渍野菜，通常在 1000kg 野菜原料

中加入 H_2SO_3 溶液 400kg，要求 SO_2 的浓度不低于 0.15％。注意加入一定量的柠檬酸，因为 SO_2 在酸性条件下易释放。硫处理工序中，起作用的是 SO_2，因为 SO_2 具有强还原性，能抑制原料氧化褐变，提高维生素 C 的保存率，抑制微生物的活动。

（4）烘烤或晾晒　人工干制为烘烤，自然干燥时进行晾晒。根据野菜的粗细、大小、质地、含水量高低以及所具备的条件，分别选用合适的方式，以便干得快，又能干得透。人工干制时，多采用前期低温、中期高温、后期低温的方式，或前期急剧升温，维持 70℃，再降温的方式，或始终维持在 55～60℃ 进行恒温干燥。烘房内的相对湿度达到 70％以上时，就要排湿，方法是打开进气窗或排湿窗，通风排湿的具体操作和时间的长短，应根据具体情况确定。倒盘烘烤的目的是使原料受热均匀，成品干燥程度一致。必要时需要将原料予以多次翻拌。

（5）产品回软、分级、包装和贮存　回软即均湿、发汗。就是将烘烤后的干制品堆起来放置一段时间。其目的是通过干制品内部与外部的水分转移，以便各部分的含水量均衡，有利包装和贮存。包装要求封盖、防虫、防潮，也可采用真空包装法包装。适宜贮存的条件是保持在 0～2℃ 的环境条件下，最好不超过 10～14℃；湿度在 30％ 左右，同时还要注意环境条件的清洁卫生，并随时要做好防鼠防虫工作。

（6）野菜冻干工艺　目前绿色、方便、保健已经成为世界食品工业发展的三大趋势，由于腌渍、熏制食品存在一定的安全问题，以及较长时间的加热干制的食品存在营养损失等，冻干食品悄然兴起。冻干食品符合绿色、方便、保健三大趋势。野菜冻干工艺包括选料→分拣→清洗→热烫→铺盘→预冷干制→包装等工艺操作。一般野菜都适合这种工艺操作。对于部分增值较大的产品可以考虑冻干食品加工，由于冻干食品加工设备投入高，技术性强，对于一般的野菜加工不宜采用，限制了冻干野菜推广与应用。

（三）野菜干制方法实例

野菜干是我国出口的主要野菜品种之一，在国际市场上较受欢迎，如国产薇菜干在国际市场上被称为"中国薇菜干"，销路良好，价格也比较可观。适合加工野菜干的野菜种类很多，如薇菜、蕨菜、黑木耳、龙须菜、折耳根、桔梗等等。

1. 黑木耳干

目前市场上流行的黑木耳产品主要是木耳干，在无特殊说明的情况下，人们习惯将黑木耳干称为黑木耳。黑木耳的加工包括木耳干、木耳砖等，并且以木耳干为主。

（1）工艺流程　原料选择→烘干→分级→包装→质检。

（2）操作要点说明　原料的采摘最好是在雨后晴天、耳片开始收边时进行，应注意采大留小，选择耳片展开、边缘内卷、耳片富有弹性的木耳。木耳的烘干可以用烘干房，也可以用烘干机，温度先低后高，注意通风，木耳含水量控制在 13％ 以下即可。烘干后的黑木耳应进行分级，并剔除病虫害浸染的原料。耳面黑褐色，有光泽，背面暗灰色，朵片完整，含水量不超过 14％，不能通过直径为 2cm 筛孔，干湿比 1∶15 以上的木耳为一级品；耳面黑褐色，有光泽，背面暗灰色，朵片基本完整，含水量不超过 14％，不能通过直径为 1cm 筛孔，干湿比 1∶14 以上，杂质不超过 0.5％的木耳为二级品；还可以继续划分为三级品及等外品。为了防止烘干木耳的吸水回潮而导致霉变或虫蛀，要分级包装，并进行必要的质量检查。

2. 薇菜干

薇菜含大量蛋白质、维生素和矿物质等，不仅营养丰富、味道鲜美，而且可清热解凉、止血杀虫，特别适合夏天食用。但野生薇菜具有季节性，加工成薇菜干是保证四季供应的主要手段。

（1）工艺流程　原料采收→整理→水煮→晾搓。

（2）操作要点说明　薇菜5月份进入采收期，一般情况下，薇菜可以采收2～3茬。第一茬要在幼叶长到50cm以上时采收，一般不能短采。此后气温逐渐升高，薇菜生长速度加快，母株营养却逐渐减少，故叶柄一茬比一茬细。当柄端的卷勾叶出现半伸、呈羽状复叶时，叶柄即开始老化，出现纤维，这种叶要停止采收。切去薇菜下部老化部分，同时挑出霜打、虫蛀、变质菜和杂质等。按粗细将薇菜分开，然后用凉水浸湿，抹去茸毛和勾卷的端头。将整理好的鲜嫩菜按粗、细分别放入开水锅内进行水煮。水煮时水要没过薇菜，用急火，不盖锅盖，勤翻动，使菜受热均匀，边翻边观察水煮的程度。水煮时间5～8min，要求以菜煮透不夹生，不过烂，菜发出清香味，从基部往顶端能撕成两半，颜色鲜绿为准。菜捞出后进行晾晒，晾晒场地要干净卫生，晾晒过程中防止雨淋、露湿。晾晒过程中要进行几次揉搓，其目的是将菜内原有组织破坏以提高菜干的泡涨率和质量，并使纤维软化。边晒边搓，约经7次以上，次数越多，质量越好。

薇菜干可用麻袋、编织袋、纸箱等盛装。存放环境要通风良好，不潮湿，垛底离地面30cm以上，不能与农药、毒物、化肥、酱、醋、油类和含水量高的物品同库保存。

（3）产品质量要求　下端柄径2mm以上，无短碎菜，颜色为红褐色或棕色，微有光泽，无老化根，无杂物，无异色，无斑点，无泥土，无异味，不潮湿，可折断，含水率控制在15%以下。

3. 蕨菜干

（1）工艺流程　进料→去根→洗涤→烫漂→冷却→晒制→揉搓→晒干→包装→成品。

（2）操作要点说明　采收后要立即切去菜根及老硬部分，而后用清水洗去泥沙。在95～98℃水中，烫漂7～10min，捞出后用冷水冷却。将菜在日光下晒制，表皮见干时揉搓数次，经过2～3h再揉搓1次。将菜晒干后用塑料袋包装，然后装入纸箱，每箱净重10～20kg。

（3）产品质量要求　色泽为金黄色，间或有微红或微绿色。

4. 野百合干

（1）工艺流程　选料→剥片→清洗→煮制→冷却→熏硫→干燥→分级→包装。

（2）操作要点说明　选用立秋前晴天采收新鲜良好、鳞茎肥厚、无病虫害、无机械损伤、品质优良的百合作原料。将选好的百合鳞茎用剪刀剪去须根，从外向内逐层剥下鳞片，每个鳞茎的鳞片以剥至芯子重25g左右为宜。将剥下的鳞片分外、中、内三层及黄、白、斑点三色分别倒入清水中，并轻轻搅动，防止鳞片破损，洗净后捞出沥干水分，分别堆放备用。煮前先洗净铁锅，倒入约占锅容量2/3的清水，加热煮沸，然后倒入5～10kg鳞片，用锅勺搅拌1～2圈，加锅盖煮制。外层鳞片用猛火煮6～7min，内层鳞片煮2～3min。煮时经常揭开锅盖观看鳞片颜色的变化，鳞片由白色变成米黄色，再由米黄色转为白色，或见鳞片稍呈碎纹时，应立即捞起出锅。也可用嘴品尝，以片尖不生脆，或用手指刮片，百合片起粉状时即可。

出锅迟早是保证百合干品质的关键。出锅太早，鳞片过生，易变黑、发硬，成为次品；出锅太迟，鳞片过熟，常出现燥花、缺边、碎片过多，甚至变成粉渣，并失去香味，降低产量和品质。出锅后的百合，要立即置于清水中让其迅速冷却。对需要保存较长时间的百合干还要进行熏硫处理。其方法是：出锅晒至半干后，以 100kg 干百合用硫黄 0.8kg，在熏硫室放置炭火，关闭门窗熏 10h 即可。将煮制熏硫后的百合，薄薄地摊于晒席上置烈日下暴晒 3～4d，用手一折即断时即为成品。若煮制后遇阴雨天，应摊放在室内通风处，但切忌堆积。天晴时及时出晒。如连续多天阴雨，应采用烘烤法烘干，以防霉变。

干制后的百合片，按照市场或客商要求进行包装。一般可分如下五级。

一级品：色泽鲜明，呈黄色象牙色；全干；洁净；片大肉厚，片长 6cm 以上；无霉变、虫伤、麻色及灰碎等。

二级品：色泽鲜明，呈黄白象牙色；全干；洁净；片较大，肉厚，片长 4～5cm；无霉变、虫伤、麻色及灰碎等。

三级品：色泽较明，一般呈黄白色；片长 2～3cm；斑点和黑边不超过 2％；全干；洁净；无霉变、虫伤、麻色及灰碎。

四级品：色泽较暗；全干；洁净；片长不少于 1.8cm；黑边不超过 30％；无霉变、虫伤及灰碎等。

等外品：片小肉薄；全干；洁净；无霉变、虫伤及杂质。

分级后用塑料袋分装，每袋 0.5kg 或 1kg，封装后再装入麻袋或纸箱，置通风干燥处贮存或外销。

5. 黄花菜干

采收时选择花蕾已充分发育而含苞欲放者，此时，花蕾颜色黄亮，两端呈淡黄绿色，手捏花蕾有弹性，充实饱满。一般在清晨采摘，注意不抽丝、不带梗。

采后应立即蒸烫，即先将水烧开，再将花蕾分层装入蒸笼中，用急火蒸 10～20min，花蕾下塌呈"里生外熟"状态。然后取出摊放于席箔、竹帘上暴晒，适当少次翻动，晴天 2～3d 即可晒好。亦可用烤房烘烤，先将烤房内温度升至 70～80℃，当野黄花菜的表皮略干时，温度降至 50℃。脱水后的野黄花菜用手握紧不脆，松手后又能自然散开，以相互不粘连为宜。

将脱水后的野黄花菜置于晾盘中，放入熏硫室进行熏硫，用量为：每吨野黄花菜燃烧 3～4kg 硫黄，熏硫时间为 3～5h。熏硫的目的是防止干野黄花菜发霉、生虫和改善色泽。

脱水野黄花菜在包装上市前还需入缸回软 2～7d，使野黄花菜的水分保持均衡，不干脆，略发软。根据消费者或销售需要，采用一定规格的复合塑料袋真空密封包装。

野黄花菜干制品含水量为 10％～15％，色泽均匀，呈淡黄色。

6. 桔梗

桔梗是人们比较喜爱的野菜，也是朝鲜族特色菜之一。选择直径较粗，长度较短的原料，挑除受病虫危害、腐烂变质的个体。清洗去皮的方法有两种。一是机械法，用带尼龙毛刷的洗刷机将泥土和桔梗外皮一起刷洗干净。这种方法去皮效率高、效果好。二是化学去皮法，先将原料表面的泥土清洗掉，然后将其放入 5％～10％ 的氢氧化钠溶液中浸泡 3～5min，用清水冲去外皮和残留的碱液，用刀削去腐烂部分和残留的外皮。

将桔梗切成小丁或片，投入含 0.2％ 亚硫酸钠的沸水中漂烫 3～5min，捞出后沥水，散摊在晾盘中。烤房烘烤，将原料先于 85～95℃ 下干燥 1～2h，然后降温至 65～75℃ 干燥 3～4h，最后降温至 55～60℃ 干燥 2～3h，使桔梗的含水率降至 5％～8％。

7. 龙须菜

以龙须菜为原料。先削去龙须菜基部粗老部分，热煮至发出香气为止，取出摊凉，剥去龙须菜壳，修整基部，大型龙须菜先切分成两半，然后斜切成片状，铺放在阳光下暴晒。由于龙须菜片较厚，自然干制需时较长，可人工烘制至坚韧程度。为了改进制品色泽，利于保藏，常进行熏硫处理。

三、野菜糖制加工技术

野菜糖制是野菜保藏的方法之一，野菜的糖制是利用糖藏的方法贮藏野菜。糖制品是利用食糖的保藏作用制成的。一定浓度的食糖溶液能够产生较高的渗透压，从而减少野菜本身的含水量，使微生物细胞的原生质脱水收缩，产生生理干燥现象而无法生存，从而达到保存制品的目的。同时，糖还有抗氧化的作用。但是，食糖只是食品保藏剂而不是杀菌剂，食糖只能抑制微生物而不能消灭微生物。而且，只有当食糖溶液达到一定浓度时方能产生所需要的渗透压。

野菜的糖制在我国已有悠久的历史，早在甘蔗制糖发明前，我国就已经开始用蜂蜜制作糖制品。人们通常把利用蜂蜜熬煮果蔬制成的各种加工品称作蜜饯，这一方法一直延续至今。目前，多使用各种食糖来制作各种野菜糖制品，如黑木耳脯等。

（一）糖制工艺

1. 工艺流程图

原料选择→预处理→预煮→煮制和浸渍→烘烤干燥→整理包装。

2. 操作方法

（1）原料选择　大多数野菜都可以用来做野菜蜜饯。但以含水量少，固形物含量高，成熟时不易软绵，煮制中不易糜烂的品种为佳。

（2）预处理

① 洗涤。切分整形同野菜干制工艺。

② 硬化。通常用氯化钙、亚硫酸氢钠处理，使野菜硬化，有利于野菜经过预煮工艺脱盐脱硫。

③ 硫化处理。硫化处理同野菜干制工艺。

④ 野菜胚的制作。野菜胚是蜜饯的半成品，是野菜加食盐腌制而成的。

野菜胚的制作过程包括腌渍、暴晒、回软和复晒。野菜制胚腌制改变了组织细胞的渗透性，因而有利于糖制时糖分的渗透。

（3）预煮　此工序的目的是抑制微生物的生长繁殖，防止败坏，固定品质，破坏酶的活性，排除野菜内的氧气，避免氧化变色，并适度软化组织，有利于糖分的渗入。预煮的温度和时间长短，根据野菜体积的大小、质地来确定。

（4）配糖　糖液优劣会直接影响蜜饯的质量。当还原糖含量占总糖量的60%以上时，不会发生成品表面或内部蔗糖结晶现象（晶析）和葡萄糖的返糖，这时制品质量最佳。在煮糖时，用柠檬酸将糖液pH调至2～2.5，经90min煮制，便可形成大量转化糖，配制好的糖液加入0.1%山梨酸钾防腐备用。

（5）煮制与浸渍

① 1次煮成法。此法适宜于加工含水量低、结构疏松的野菜。

② 多次煮成法。此法适宜于加工含水量高，细胞壁厚，组织结构比较致密的野菜。

煮制可分3～5次进行。首先将处理好的原料在40%的糖液中热烫几分钟使野菜进一步变软，然后连同糖液一起倒入缸内浸24h，以后的糖液浓度每次增加10%。每次煮2～3min

至十几分钟,煮后取出浸泡 8~24h。此法能提高渗透性,利于糖分扩散渗入,破坏酶的活性,防止单宁氧化褐变,有利于保护野菜的鲜美色泽和香气风味,亦可减少营养损失。

③ 连续扩散煮制法。此法适合于现代加工的流水作业。连续扩散煮制法是将野菜在由淡到浓的几种糖液中进行连续多次浸渍。具体操作方法是先在真空扩散器内将野菜装入后密闭,排除组织内的空气,然后加入 95℃ 的热糖液,待糖液扩散后,将糖液转入另一扩散器内,在原来的扩散器内注入浓度更高的热糖液,连续几次便可达到所要求的含糖量。采用数个扩散器配套进行真空处理,连续操作,煮制效果较好,而且生产量也较大。

(6)烘烤干燥 将煮制的糖制品取出沥去糖液,铺于屉上,送进烤房。烤房温度 50~60℃,含水率达 18%~20% 时,结束烘烤,即得干态蜜饯。糖衣蜜饯是用饱和糖液处理干态蜜饯,干燥后使制品表面形成一层透明状糖质薄膜。不但外观好看,也可减少糖制品在贮藏期的吸湿黏结。方法是将蔗糖、淀粉糖浆、水按 3∶1∶2 的比例,混合后煮沸到 113~114.5℃,再冷却到 93℃,即得饱和糖液,再将干态蜜饯浸泡 1min,取出在 50℃ 下干燥 2h 即成。

(7)整理包装 干态蜜饯通常是用塑料薄膜或玻璃纸进行包装,再进行外包装;湿态蜜饯、带汁蜜饯,则装入罐内,加入糖液,密封,在 90℃ 热水中杀菌 20~40min,冷却即成。

(二)野菜糖制实例

1. 黑木耳脯的加工

(1)工艺流程 选料→剪切→清洗→沥水→预煮→浸糖→糖煮→上糖衣→包装。

(2)操作要点说明 选择无霉烂、无虫蛀的新鲜木耳,用剪刀去蒂,大朵剪成条状,小朵可以保留原状,清洗后沥水。

将沥水后的木耳用 50% 糖液(木耳∶糖液=1∶2)煮制 10min 后,倒入糖桶中糖渍 6~8h,捞出木耳,剩余糖液加糖配制 70% 糖液并加入糖液质量的 0.3% 的柠檬酸煮制 50min 后捞出木耳,冷却至 50~60℃ 与白糖粉混合均匀即可,然后用塑料袋包装即为成品。

2. 龙须菜蜜饯

(1)工艺流程 选料→去皮→切料→预煮→灰漂、漂洗→浸糖→糖煮→粉糖→包装。

(2)操作要点说明

① 可利用加工龙须菜罐头时剩下的等外料,也可采用合格鲜龙须菜,剔除烂、老龙须菜和杂质,按其直径大体分两类,即直径为 6~10mm 和 3~6mm,以利分别加工。

② 去皮。用流动清水将龙须菜洗净(注意勿将龙须菜条折断),然后用刨刀由龙须菜尖向茎部刨净皮及粗纤维层。龙须菜尖可保留 3~5cm 长不去皮。中后期采收的龙须菜较老,老皮部分可适当多刨一些,去皮后按不同规格分别堆放。

③ 切料。将去皮后的龙须菜切成 7~10cm 或 3~7cm 两种长度的段,作为坯料待用。

④ 预煮。先在预煮水中加入 0.05% 的柠檬酸(以利护色),当水沸时,下龙须菜坯料,煮 1~2min。捞起,立即放入冷水中冷却。

⑤ 灰漂。将预煮后冷却的龙须菜坯料放入 2% 的 CaO 水溶液中浸漂 12h,以进行硬化处理。灰漂时,应防止时间过长,既要使坯料达到硬化,又不至于变黄,它关系到成品质量的好坏,应切实加以重视。

⑥ 漂洗。灰漂后的坯料,要放在清水中漂洗 4h,以除去石灰味,然后捞起沥净水分待用。

⑦ 浸糖。将沥净水分的坯料倒入蜜缸中,加入浓度为 50% 的冷糖液,浸渍 24h。而后

将坯料与糖液分开，糖液入锅加热，并加入适量白糖，使其浓度达 65%，再将糖液倒回蜜缸，将坯料浸渍 24h，然后将糖液滤出，再次加热浓缩，使其浓度达 68%~70%，将坯料加入煮沸 10~15min，再一同倒入蜜缸中浸渍 48h。

⑧ 糖煮。将蜜缸中的糖液倒入锅中，加入适量白糖，使其浓度达 70%，加热到 112℃，然后把龙须菜坯倒入锅中，煮制 50min，使坯条呈透明状。当糖液浓度达 72%~75%，温度达 116℃ 时，停止煮制。出锅，趁热滤去糖液。在煮制过程中，火候要先大、后中、再小，最后采用文火煮制，以保持糖液微沸为度，以防烟锅。

⑨ 粉糖。待起锅的龙须菜条冷却至 50~60℃ 时，拌入糖粉；然后筛去多余糖粉，即为成品。合格的成品含水量不超过 15%。若含水量过高，应摊入烘盘中送入烘房，在 55~60℃温度下烘制 4h 左右，使其含水量控制在指标内。

⑩ 包装。待龙须菜蜜饯冷却后用塑料袋按一定规格包装密封。最后用防潮纸箱包装入库。

（3）产品质量标准　龙须菜条透明柔软中带有韧性；甜味适口，无异味；含水率不超过 15%；含糖率不低于 70%。

四、野菜腌制加工技术

野菜的腌制是一种生物化学的保藏方法，是利用有益微生物及各种配料来加强野菜产品的保藏性。其成本低廉，产品风味多样，为广大人民所喜爱。野菜能腌渍成各种成品小菜，可直接食用。制作方式及风味有酱油渍、酱渍、糖醋渍、糖渍、料酒渍等。制作的原料一般多用盐渍的产品，减盐后再加工。只有少数种类野菜可直接使用新鲜原料。其原因是野菜鲜品不易保存，有些种类用新鲜菜时，加工后菜体变软，品质不如盐渍品的好，如龙头菜。

（一）腌制方法

1. 减盐的方法

盐渍过的野菜含盐量过多，继续加工食用时必须去掉部分盐分，使之减少到适当含量再进行其他腌渍加工过程，以便其他调味料的吸收。减盐方法如下。

① 取出盐渍后的野菜马上放入锅中徐徐加热，当温度达到 75~80℃ 时，保温 30~40min 即可去掉部分盐分。

② 可以通过加工工艺调节盐量，通常用 2%~5% 的酱油渍、8%~12% 的酱渍、10%~20% 的糟渍、6%~8% 的芥末减轻盐分。减盐时要用热水，否则野菜会变色、变硬；不使用铁锅和其他铁质用具，否则野菜会变黑；也不能使用有毒的铜锅，通常使用铝锅、不锈钢锅等来进行野菜的腌渍。

2. 酱油渍

将盐渍过的野菜去掉部分盐，使之不咸为度，再加入酱油、调味品及醋、酒、糖等，然后加重石镇压。泡透即可食用。

通常每 1000g 野菜加酱油 200g、盐 30~40g、醋 30g、砂糖 25~30g、调味剂 8~12g。常温环境，大约 3~5d 即可食用。

3. 酱渍

将脱盐后的野菜浸入酱内，通常称为制作酱菜。野菜从酱中吸收其鲜美滋味与特有色泽及大量营养物质，并借助酱内盐分的防腐作用得以保存。酱是生产酱菜的重要调味品。以高质量的黄酱或甜面酱为好。制酱过程是通过霉菌的作用，发生了一系列的复杂变化而形成了特有的鲜香气味及色泽。如果加工后即食，可用新鲜野菜直接腌渍，如野韭、鸭跖草等。如果要长期保存，通常采用盐渍后的野菜原料为好。具体制作方法如下。首先，将脱盐后的野菜（一般残留盐的浓度在 10％以下），按每 1000g 加酱 800～1000g、糖 70g、调料 25g 的比例，在容器底部先铺一层酱，其上铺一层野菜，上面再铺一层酱，再加一层野菜，如此反复渍入，最上面弄平后，盖上塑料薄膜、盖子及重石。根据材料的大小及温度决定第一次渍入时间，通常 5～9d 即可。然后将第一次渍过的材料，按每 1000g 加酱 1000g、砂糖 70g、醋 40g、调料 30g 的比例进行第二次渍入，其方法与时间长短基本上同第一次渍入。最后，将第二次渍过的材料，按每 1000g 加糖 70g、醋 30g、烧酒 100g、调料 30～40g 的比例进行第三次渍入，其方法与时间长短与第一、二次渍入相同。

4. 糖醋渍

将野菜浸渍在糖醋液中而成糖醋制品，很多野菜都适用此法加工。由于醋酸具有防腐作用，糖醋液中的醋酸含量达到 1％以上时，就能有效地防止产品败坏。加糖的作用在于调味和着色。主要利用醋、糖、水及各种调料。制作方法是将盐渍后的野菜（盐含率减少到 4％），每 1000g 的量加入醋 330g、糖 300g、调料 25～27g、烧酒 30g、水 300mL，再加入少许其他调料如胡椒、月桂叶、辣椒等。3～4d 即可食用。不同种类野菜，加入糖、醋的量略有增减，有些种类也可以选用新鲜原料进行糖醋渍。但是，凡带有涩味的野菜必须先用 4％的盐水浸泡一夜，去掉涩味为好。

（二）野菜腌制实例

各种野菜腌渍的操作基本相似，下面以盐渍蕨菜为例说明工艺及其操作要点。

(1) 工艺流程　采集、选料→第一次盐渍→第二次盐渍→装桶。

(2) 操作要点说明

① 选料。野生蕨菜每年在 5～6 月份采集，要采收长势鲜嫩粗壮、无病虫害、长度在 20cm 以上的鲜蕨菜为原料。采收时要轻轻从蕨菜鲜嫩部分采下，分长、短和绿、紫秆分别捆扎成直径 6cm 的把，整齐地放在垫有青草的筐内，装满后上盖一层青草，防止日光照射萎蔫影响产品质量，采收时千万不能用麻袋装料，以免将蕨菜挤、压伤和揉条老化。

② 第一次盐渍。采集或收购的蕨菜，一定要及时进行盐渍，不能过夜或推迟加工，以减少老化变质。如确实来不及及时加工，可暂用 5％的盐水浸泡护色，然后入缸腌制。第一次盐渍按每 100kg 鲜菜加食盐 35～40kg 分层盐渍，先在缸里放一层厚约 0.5cm 的底盐，然后一层龙头菜（一把把菜整齐地排列好）一层盐，投盐量下少上多逐层增加，装满缸时，最上一层加 3cm 厚盐密盖菜面，其上盖一干净、无异味的木盖，压上石头等重物进行盐渍。10d 左右倒缸 1 次。

③ 第二次盐渍。将第一次盐渍的菜从缸面上取出，逐层放在另一腌缸内，按盐渍后的菜质量的 15％加入食盐（绝对不能采用第一次盐渍后的卤水），一层菜一层盐，最上一层菜面放 2cm 厚的盐封面。最后把 40％的过滤盐水灌入缸内，灌满后盖上木盖，压上石头，盐渍 10d 以上。盐渍蕨菜的腌缸要放在室内阴凉处，防止日晒雨淋，并要注意卫生，严防油污、化肥、农药及碱性物污染。

④ 装桶。第二次盐渍 10d 以上即为成品，便可装桶。装桶前应用 40％的盐水（千万不能用生水洗）对菜体洗一遍，去除泥沙和杂质，切去老化根，控净水分。然后将鲜嫩、粗壮、长度在 15cm 以上的蔬菜放到内衬两层无毒塑料袋的硬塑桶内（出口时有特制桶），装满桶后在面上放一层 2cm 厚的洗涤盐（不少于 5kg），灌满浓度为 40％的过滤盐水，将两

层袋口分别扎好（扎口时要尽量排出袋内空气），再将桶盖旋紧，即可入库贮存或起运外销。

（3）产品质量标准　色泽鲜嫩青绿或青紫，盐水浓度不低于 40％，具蕨菜特有清香味，无异味。

五、野菜罐藏加工技术

罐藏保存野菜贮藏期长，食用方便，是适宜罐藏加工的野菜产品开发中最重要的加工工艺。许多野菜是加工罐头的良好原料，如山芹菜、蕨菜、苦菜、猴腿等。野菜加工为罐头后，不但保持了野菜的原有风味，而且便于贮运，保质期较长，食用方便，是一种良好的野菜制品。

（一）罐藏工艺

1. 工艺流程

材料→调制→装袋→排气→密封→杀菌→冷却→成品贴标→外包装→质检→入库贮存。

2. 操作要点

野菜的瓶袋罐制可用新鲜原料、盐渍原料（如蕨菜），也可用调味瓶装，即用盐渍过的野菜，进行脱盐处理保留 2％左右的盐分，拌入调味品，再加入调味液即可。调味液没有统一规格，随口味而定。通常在材料及调味液中加入 4％的盐、1％的糖、0.2％的醋、8％的酱油、1.5％的调味品。调味液不宜太浓，否则食品外观不好，材料的色泽不明显。

野菜罐制对分量的规定比较严格。例如使用 200mL 的瓶子，总量为 200g，要求固形物在 130～150g，液量在 50～70g；400mL 容积的瓶子，总量为 380g，固形物 280～300g，液量为 80～100g。同时还要根据材料的性质进行调整，通常液量为固形物的 1/3～1/2。

调制的野菜装入瓶内，注入调味液后密封，去掉残留空气的操作叫排气或脱气。排气的目的是防止残存的好氧细菌生长繁殖，减少营养损失，减少内容物对罐壁的腐蚀。假如不排气就密封，加热杀菌时内容物膨胀，瓶内压力变大，瓶子会破裂或使盖子松动，密封不好，造成产品腐败。

工业批量生产时，使用真空泵排气；家庭瓶装时，往往采用加热排气。由于加热，内容物膨胀，瓶子上部的空间充满水蒸气，空气几乎不存在了。野菜瓶装时一般加热到 75～80℃，即可基本排净空气。

密封是紧接排气的一个步骤。工业化生产时，排气和密封采用真空封罐机一步完成。家庭制作时，要在加热排气后，趁瓶内没有冷却时立即加盖密封。操作动作一定尽可能快，可戴手套等避免烫伤。瓶内温度一下降，外面的空气就会进入，影响排气效果。

密封时一定要封紧，家庭制作最好利用螺口瓶，盖中再加一个富有弹性的软木塞或橡皮塞。如果密封不好，杀菌过程中内容物膨胀液汁流失，冷却后将可能进入腐败菌。确定密封是否符合要求，可将瓶子浸入水中没过盖子，产生气泡的为密封不严产品。

瓶装的杀菌就是要求杀死瓶内的有害微生物，如酵母菌、霉菌、细菌等，使之失去活性。

杀菌的方法是通过高温处理来进行的。通常采用高温瞬时杀菌法，彻底杀死罐瓶内的有害微生物。这是保证产品质量达到卫生标准的关键工序之一。但是，家庭加工由于设备的关系，进行沸点以上杀菌比较困难，通常采用沸点以下温度杀菌。杀菌的时间要长一些，以瓶内达到目标温度的时间为准（通常以杀菌的锅内的热水温度作为目标温度）。家庭制作时，将瓶子放入锅中，加水没过瓶子，然后加温至目标温度，维持一定的时间即可。瓶装野菜的目标温度和杀菌时间因种类变化而异。一般情况下在 70～90℃，维持 30～90min，温度也不能过高，否则肉质软化、影响口感。排气后立即杀菌效果最理想。

常采用风冷或水冷的方式，冷却至罐内温度为 38～40℃ 为宜，目的是防止余热继续破坏营养成分。为了加快冷却速度，采用淋水滚动冷却为好。玻璃罐冷却时应分不同温度阶段降温，每段温度相差 20℃，以防骤然冷却玻璃罐爆裂。如果是金属或塑料罐则可直接放入冷水中冷却。

贴标和包装要求美观、实用，能引起消费者注意，增加产品的竞争力。

为了保证产品质量，产品成型后，必须由工厂质检室抽样进行细菌检查和理化检验。及时发现生产工艺流程、设备与操作中所存在的问题，以便及时改进，减少损失；同时也可及时发现不合格产品，制止不合格的产品进入市场。

将成品贮存在阴凉、温度变化小、空气干燥的库房中。这是产品生产的最后一道工序，是生产与消费之间的中间环节，也是产品长期贮存，防止败坏，保持产品合格标准的重要步骤。

（二）野菜罐制实例

1. 山野豌豆罐头

山野豌豆罐头的品质主要以豆粒的大小、嫩度、色泽的均匀度以及汤汁的澄清度来衡量。

山野豌豆原料的品种、成熟度和新鲜度等因素，不仅决定罐头成品的色泽和风味品质，而且关系到加工工艺和原料的利用率。山野豌豆在成熟过程中，随着成熟度的提高，淀粉含量逐渐增多，而糖分则随之减少。因此，制罐原料必须在豆粒已长足、饱满但仍青绿柔嫩时采摘。采摘过早，豆粒小、水分多、糖分高；采摘过迟，豆粒中淀粉多、糖分少、质地粗糙、品质差。一般在开花后 20～25d 为采摘最适期。采摘后的豆荚应及时装运，快速加工处理。

通常用去荚脱粒机去除荚壳。出豆率为 41%～48%，依成熟度而异；大小分级常用圆筒筛式分级机，按豆粒直径大小分为五级：一级 5～7mm，二级 7～8mm，三级 8～9mm，四级 9～10mm，五级 10mm 以上。

根据豆粒的密度随成熟度提高而增大的道理，用不同浓度的稀食盐水进行浮选，将不同成熟度的豆粒分开，以便采取不同的工艺条件进行加工处理。

预煮即漂烫，主要是为了破坏原料中的酶类，排除豆粒中滞留的空气，防止豆粒破裂、汤汁浑浊、胀罐，以及保持维生素等。预煮的温度和时间依豆粒大小和成熟度而异，一般为 85～96℃，1.5～5min，预煮后应立即冷水漂洗冷却。漂洗时间也应依老嫩程度而定。

山野豌豆经过高温、高压加工处理后，往往由于叶绿素分解而呈紫褐色。因此，有的工厂试验，用镁、铜、锌等金属离子或碱性缓冲剂进行护色处理；有的则主张采用高温短时杀菌法，以避免使用化学添加剂的弊病。如果以 115.6℃ 杀菌 18min，叶绿素损失 74%，改用 137.8℃ 杀菌 6～9s，叶绿素损失仅 1% 左右。高温（或超高温）短时（或瞬时）杀菌已成为改进罐藏工艺的方向之一。

2. 龙须菜罐头

制罐用的龙须菜要求茎长 10～16cm，茎直径为 1～3.6mm。收获后应在数小时内完成全部加工过程。

采用淋水和流动水两种洗涤方法。流动水洗涤应注意缩短清洗时间。

加工去皮龙须菜需要削去外皮，方法是由尖顶部向根部方向剥去粗老表皮、粗纤维及棱角，削去裂痕部分。

龙须菜的装罐规格分整装和段装，整装龙须菜应切成 95～105mm 长的段，短于 90mm 的则切成 40～60mm 长的段。

整装龙须菜一般采用分段预煮法，先将龙须菜竖放在漂烫笼内，在 90～95℃ 的热水中，直径在 18mm 以上的先煮 2～3min，再将其浸入煮 1min，共煮 3～4min；若直径在 18mm 以下，先煮 1～2min，再将其浸入煮 1min，共煮 2～3min。段装龙须菜，先煮 2～3min，再浸入煮 1～2min，此时，龙须菜由白色变为乳白色，稍透明。为了保持龙须菜良好的色泽，通常在预煮水中添加 0.1%～0.3% 的柠檬酸，使 pH 值在 5.5 左右。

装罐前按粗细、长短、色泽分级。整装龙须菜要求尖朝上，整齐地装入罐内；段装龙须菜要求粗细搭配，龙须菜尖占 20% 以上。然后加入煮沸的汤汁，汤汁配方为 2% 的食盐、2% 食糖、0.05% 柠檬酸。

真空封罐或加热排气后封罐，在 121℃ 的条件下杀菌 15～17min，然后快速冷却至 38℃ 左右。

3. 山芹菜罐头

(1) 工艺流程　原料→清洗→脱盐→复绿→热烫→冷却→切段→装罐→真空封口→杀菌→冷却→成品。

(2) 操作要点　由于山芹菜多为零散采收，鲜品又难以保存，故一般都将其用盐腌渍后外运。要求盐渍山芹菜达到肉质柔软、脆嫩、风味正常、无黑变的质量要求。将捆绑原料的皮筋放松，用流动清水漂洗干净，严禁揉搓。将山芹菜浸入清水中浸泡 6～8h，用水量为菜量的 4 倍，每 2h 更换清水一次。

经盐渍后的山芹菜，常常失去鲜绿的色泽而变成黄绿色，降低了山芹菜的外观质量。为保持山芹菜的天然绿色，必须进行复绿，其方法是把山芹菜投入含 0.01% CaO 和 0.01% Na_2SO_3 的溶液中，1 份菜加入 2～3 倍复绿液，浸泡 6～8h，在室温下放至恢复其绿色。将复绿后的山芹菜置于 80～85℃ 的 0.01% Na_2SO_3 溶液中热烫 2～3min。热烫后捞出，控干并自然冷却。将山芹菜切成长度为 10cm 的菜段，剔除夹杂物和不合格部分。将大小、色泽基本一致，组织脆嫩的山芹菜，整齐地装入罐内，然后加入 80℃ 的汤汁。装罐量为：500g 玻璃瓶装山芹菜 260～270g，汤汁 230～240g。

汤汁配方：每 100kg 清水中，加入食盐 2.5kg、白砂糖 2.0kg、味精 0.2kg、柠檬酸 0.1kg，加热至沸，过滤，保温备用。

采用真空封罐机抽气密封，要求真空度在 0.0534MPa 以上。

杀菌公式：15min—20min—15min/110℃，反压冷却至 37℃ 左右。

经过保温检查后，抽样进行感官、理化指标及微生物指标检验，合格品方可装箱出厂。

(3) 成品质量要求

① 色泽要求：山芹菜呈天然绿色，汤汁清澈。

② 滋味及气味要求：具有山芹菜天然口味及气味，无异味。

③ 形态及质地要求：大小均匀，质地脆嫩，食用时无明显纤维感。

④ 净重：500g，每罐允许公差±3%。

⑤ 氯化钠含量要求：1.0%～1.5%。

⑥ 重金属含量要求：每 1kg 制品中，铜不超过 10mg，铅不超过 1mg，砷不超过 0.5mg。

⑦ 微生物指标要求：无致病菌及微生物作用所引起的腐败特征。

4. 苦菜罐头

(1) 工艺流程 原料→清洗→热烫→固形→盐渍→脱盐→装罐→真空封口→杀菌→冷却→成品。

(2) 操作要点

① 原料要求：选用苦菜的新鲜幼嫩茎叶作原料，用清水漂洗干净。

② 热烫条件：将苦菜茎叶在 90～100℃ 水中热烫 1～2min。

③ 固形：用 1% $CaCO_3$ 水溶液固形 4h。水溶液以淹没苦菜为准。

④ 盐渍：固形后的野菜经过清洗，用 6% 食盐溶液浸泡 24h，然后将食盐浓度依次增加到 8%、10%、12%、15%，分别浸泡 24h。

⑤ 脱盐：用 50～55℃ 水脱盐 1h，菜水的体积比为 1:1.5，然后用流动清水漂洗 2h 以上。

⑥ 装罐：装罐量为苦菜 250g、汤汁 260g。

汤汁配制：白砂糖 25%、柠檬酸 0.75%、冰醋酸 0.75%，香辛料少许。

制法：先将香辛料置于水中，加热到 80～83℃，维持 1.5h 以上，取出香料包，趁热加入白砂糖溶化，然后加入有机酸，搅匀，过滤后备用。

⑦ 真空封口：采用真空封罐机抽气密封，真空度在 0.0534MPa 以上。

⑧ 杀菌及冷却：杀菌公式 10min—20min—10min/110℃，杀菌后尽快冷却至 37℃ 左右。

保温检查后，抽样进行产品质量检验，合格品装箱入库。

5. 蕨菜罐头

(1) 工艺流程 原料分选→清洗→热烫→漂洗→装罐→真空封口→杀菌→冷却→成品。

(2) 操作要点 采收的原料要即时处理，选用嫩茎部分，弃去过老或纤维较多部分，并将花蕾、叶等部分打去。然后切成碎段或一定长度，或整条。将处理好的原料放在流动水中漂洗干净。从原料收购到热烫一般应在 4h 内进行，超过 4h 再热烫会影响成品色泽。将处理好的原料倒入沸水中热烫 5～10min。热烫水中可加入 0.2%～0.5% 的柠檬酸及 0.2% 的焦亚硫酸钠来护色。菜与水的比例为 1:1.5 为宜。用流动清水浸泡、冲洗热烫后的原料 15～20min，漂洗至水中 pH 为 6.5～7.0 及无 SO_2 气味为止。漂洗后尽快将处理好的原料按标准装罐，尽量减少停留时间，避免空气及其他因素污染原料。菜装罐后立即加入 80～85℃ 的温开水（含 0.2% 的柠檬酸）。采用真空封罐机密封，要求真空度在 0.0534MPa 以上。封罐后即时杀菌，从封罐至杀菌间隔不得超过 20min。500g 瓶或四旋瓶杀菌公式为：5min—35min—15min/100℃。杀菌后分段冷却至 37℃ 左右。经保温检查，抽样检验产品质量合格后，方可贴标、装箱、入库。

(3) 成品质量要求

① 色泽要求：分为青色或浅紫红色两种，汤汁较透明，允许有轻微混浊现象。

② 滋味及气味要求：具有蕨菜罐头应有的滋味及气味，无异味。

③ 组织及形态要求：组织脆嫩，分为碎装、段装、条装，其中段装、条装应排列整齐，大小均匀。

④ 杂质要求：不允许杂质存在。

⑤ 净重：有 850g、500g、250g 和 185g 4 种，每罐允许公差±3%，但每批平均不低于

净重。固形物含量不低于净重的 53.5%。

⑥ 重金属含量要求：每 1kg 制品中，锡不超过 200mg，铜不超过 5mg，铅不超过 1mg，砷不超过 0.5mg。

⑦ 微生物指标要求：无致病菌及微生物作用所引起的腐败特征。

六、野菜制汁加工技术

新鲜野菜经过挑选和清洗之后，通过压榨处理所获得的汁液称为野菜汁。用单一种类野菜制取的汁液称为野菜单汁，由多种野菜汁液混合而成的称为复合野菜汁。获取野菜汁液的工艺称为野菜制汁加工。汁液中含有新鲜野菜中最有价值的成分，其风味和营养十分接近新鲜野菜。野菜制汁之后，便于贮藏，运费降低，食用方便。特别是对于质地粗糙，纤维过多和直接食用性差的野菜，经制汁加工之后便可成为各种各样的美味饮料。显然，制汁加工使野菜的开发利用展现出光明的前景。

1. 工艺流程

选料→清洗→预热→破碎→酶处理→榨汁→粗滤→脱气→均质→袋罐装→密封→杀菌→冷却→混浊菜汁。

2. 操作步骤

采集来的野菜首先去除杂质，嫩茎及鳞茎还要去掉叶子和根部。

用软水清洗，用 0.5%～1.5% 的盐酸溶液在常温下浸泡 5～6min，再用清水冲洗。有些种类要漂洗几次才能洗净泥土。洗后沥干水分。

将洗净的野菜迅速升温至 70℃ 以上。

根据野菜的质地，采用破碎机或打浆机分别适度破碎之后可提高出汁率。对于质地疏松、含水量低的野菜，破碎到 0.3～0.4cm；含水量高的野菜切短就行了；而质地致密且细胞壁厚的则需用打浆机破碎，颗粒过大过小都会影响出汁。破碎时，最好同时喷入适量的食盐和维生素 C 配制的溶液，以起抗氧化作用。

向野菜浆中加入果胶酶，以提高出汁率。酶作用的最佳温度是 40～42℃，需要进行保温处理，酶作用时间为 1～2h，果胶酶的用量为野菜汁质量的 0.05%。

压榨时压力不应增加太快，逐渐加有利提高出汁率和缩短榨取时间。

为了使新榨出的野菜汁稳定，需滤出悬浮物。通常分两步进行：首先粗滤，用 2mm 振动筛或振动筛滤机滤去粗渣，然后用 0.1～0.3mm 刮板过滤机或离心机过滤。

用真空脱气机脱气，真空度为 79.9kPa，脱气 3～5min。脱气的目的是除去野菜汁中的空气，抑制褐变及维生素、色素等物质的氧化，抑制微粒上浮，减少高温瞬时杀菌时野菜汁起泡现象的出现，既保护了物料的营养成分，又提高了杀菌效果，减少了内容物对罐壁的腐蚀，获得具有良好外观的产品。

使用高压均质机均质，均质压力在 100～130kPa 即可，也可用胶体磨进行均质。

在澄清、均质、浓缩工序前，或在进行这些工序的过程中，按照产品质量标准要求，加入野菜质量 0.5% 左右的食盐，0.8% 的蔗糖。可先用少量原汁溶解，再与全部原汁混合。

野菜汁装罐前要先杀菌，常使用管式热交换器，采用高温短时杀菌法。杀菌温度在 118～220℃，维持 40～60s，然后立即冷却到 90～95℃，装罐。密封倒置 10～20min，达到完全杀菌，再迅速冷却到 35℃ 以下。

罐装时保持 2～3mm 的顶隙，密封时中心温度保持在 75℃ 以上，如果采用真空封口，汁温可稍低些。

完成上述操作后，再进行检验、贴标、入库保存即可完成全部操作过程。

七、野菜制粉加工技术

新鲜野菜含有大量汁液和淀粉。将新鲜野菜榨汁、浓缩、干燥制成原汁干粉和将其所含淀粉进行提制的过程称为野菜制粉加工。

（一）原汁干粉

野菜粉是脱水菜的进一步延伸产品。断奶的婴幼儿因牙齿的发育不足无法或不会吃野菜，儿童不爱吃野菜，老年人因牙齿不好或脱落，吃野菜不易，某些成年人因工作关系或其他原因对野菜食品进食量少。因此，野菜粉对这类人群具有广泛的意义。此外，野菜粉还是加工野菜面包、野菜面条、特色食品等的原料。将野菜经制汁加工工艺所获得的浓缩野菜汁采用冷冻干燥法于-55℃以下冻干或用喷雾干燥机于100～110℃条件下瞬间喷雾干燥所得制品称为原汁干粉。该产品包含野菜绝大部分水溶性营养素，并具有其特有的野菜风味，可作各类汤料。加上体积小，运输方便，贮藏容易，居家旅游皆宜。

（二）原汁干粉加工工艺

1. 工艺流程

原料→清洗去杂→切分→漂烫→冷冻干燥机粉碎磨细→野菜粉。

2. 操作要点

① 原料应选择无污染、无病虫害、无腐烂变质的新鲜野菜。

② 用清水洗去泥沙和杂质，割去变色、老化等部分。

③ 根据漂烫和干燥要求，将原料切割至合适大小，并迅速漂烫。有些野菜不需漂烫，切分后漂洗，甩去水分即可。

④ 冷冻干燥是保持野菜原有色泽、风味及营养成分的最好方法。

⑤ 脱水后的蔬菜在粉碎机内粉碎，经细磨后即制成野菜粉。

（三）野菜粉制实例

1. 绿叶野菜粉

新鲜绿叶野菜需彻底清洗掉泥沙，除去杂质，拣去腐烂、发黄、老化部分。切成3～10cm长的野菜段，投入预先配制好、温度为95℃的漂烫液中漂烫1～2min，既达到杀酶目的，又起到护色作用，使产品保持原有的绿色。冷水漂洗并使产品的温度降至室温甚至更低，然后于冷冻干燥机内干燥，粉碎至所需要的细度。

2. 复合野菜粉

将两种或两种以上的野菜粉混合，即可制成复合野菜粉。配制复合野菜粉的原则是根据各自的营养组成或保健作用进行合理搭配，如绿叶野菜粉与桔梗粉搭配，使产品的维生素构成更合理。

3. 淀粉

淀粉提取工艺原理是利用淀粉不溶于冷水和密度大于水的特性。用水将野菜原料中的淀粉洗出、过筛、去渣，然后将所得的淀粉乳置于缸或池中沉淀，除去上层的水和杂物，沉于底层的即为粗制淀粉。若要精制，可再将清水加入淀粉缸或池中，搅拌成淀粉乳，再次沉淀，排去上层水，重复2～3次，使可除去粗淀粉中的部分水溶性杂质，提高淀粉的质量。

将湿淀粉脱水并使之干燥即得成品。也可用布袋脱水及日光晒干的土法加工。若采用现代设备和先进工艺，便可得高质量的淀粉。

(1) 工艺流程　选料除杂→润料→粉碎→筛浆过滤→反复水洗→沉淀→干燥→包装。

(2) 操作过程　选择富含淀粉的野菜器官，去除杂物。如果是原料干品，则要用水润透，如果为鲜品，则不需此工艺。用石碾或石磨或粉碎机进行粉碎，使之成细粉。用60~120目的筛进行筛浆过滤，除去残渣。用清水漂洗，重复多次。同时进行脱色，除去水溶性杂质。色白者可免此工艺。漂洗完毕，除去上清液，留取沉淀物。用日晒或烘烤的方法进行干燥，除去沉淀物的水分。将干燥的淀粉再经粉碎机粉碎，使之成细粉。将粉碎的淀粉进行包装，入库贮存。

八、野菜脆片加工技术

脆片是一种新型食品，脆片工艺是目前世界上较为流行的果蔬深加工方法。由于在加工工艺上实现了突破，又采用了冷冻、低温干燥等方法，使其加工品具有以下优点。

① 保持了水果蔬菜特有的颜色、味道和营养成分。

② 外观诱人，口感酥脆。

③ 不添加任何人工合成物。

④ 兼具水果蔬菜和饼干的双重功能，既可干食，又可恢复成水果和蔬菜用于烹调。

⑤ 可以解决水果、蔬菜在旺季和淡季的供需矛盾。

野菜脆片是以野菜为主要原料，通过真空浸糖、真空低温油炸、速冻、真空脱油等先进技术加工而成的纯天然食品。既保留了新鲜野菜的营养成分、风味和天然色泽，又有低糖、低钠、低脂肪、低热量等特点，口感酥脆，风味宜人，兼具果蔬和饼干的双重功能，而且便于保存和携带。该产品还具有优良的复水性能，复水后如同新鲜的一般，方便卫生，是一种优良的保健、旅游食品。它深受妇女、儿童、老人以及边防、航海、野外作业人员喜爱，展示出良好的社会经济效益。

(一) 工艺流程

充氮→清洗→切片→杀青→真空处理→速冻→真空油炸→真空脱油→分选→包装。

(二) 操作要点

产品加工原料的质量对产品质量影响较大，因此应注意原料的筛选，首先选用无腐烂、无虫害、肥厚健壮、成熟度适宜的野菜。

用清水洗净泥沙及杂物，或在流水线上采用水循环式洗菜机，将经过挑选的野菜一边直接冲洗其表面的泥土、农药等，一边随水流漂洗送入输送带，在输送带上经喷淋冲洗后，将野菜直接送入切片机。

采用手工切片或切段，之后在沸水中烫2~3min。或采用旋转刀盘式切片机，调好切片厚度，原料进入切片机后，切成2~3mm的薄片。将切片直接落入杀青生产线。杀青生产线采用三台带式输送机串联而成，每台输送机都采用无极变速器带动，因此可根据各类野菜工艺要求调整转速，以适应杀青时间的不同。水直接由加热器加热，控制直接加热器进气量和进水量即可达到调整水温的目的。完成杀青后，直接送入下道工序进行真空调理，最大限度地减少了原料与空气接触氧化，避免发生褐变。

将切分好的野菜片投入糖液中浸渍。通常糖液采用15%的白糖、2.5%的食盐及少量的味精混合而成，液温 60℃，浸渍时间 1～2h。在流水线上，将野菜片（或段）通过不锈钢筐由吊车送入浸糖锅（夹层锅），由蒸汽加热，真空泵工作，锅内真空度保持在 0.085～0.09MPa。通过温度控制器和时间继电器，定时定温控制浸糖调理的温度和时间，以确保产品质量。

将经过浸糖调理后速冻了的野菜片（段）放入真空油炸机中进行真空油炸。真空度不能低于 0.08MPa，油温控制在 80～85℃。油炸时间与野菜片的品种质地，以及油炸温度、真空度有关，具体可通过真空油炸机的观察孔看到野菜片（段）上的泡沫几乎全部消失时，说明油炸完成。

有的真空油炸机具有油炸、脱油双功能，不具备脱油功能的则需要用离心机除去野菜片中多余的油分。

将脱油后的野菜片迅速冷却至 40～50℃，并尽快送入包装间进行包装。

按片形大小、饱满程度及色泽分选和修理，经检验合格，在干燥的包装间里按一定质量采用真空冲气包装，通常采用充氮包装，以便延长产品的保存期，保证产品色、香、味。

九、复合野菜颗粒加工技术

不同野菜具有不同的营养成分，将不同野菜进行合理搭配使之营养互补、口味协调是现代食品加工的研究方向之一，而颗粒蔬菜的加工恰恰满足了这一目的。将几种野菜经适当工艺处理后所得的野菜粉浆混合，真空冷冻干燥制成颗粒野菜，该产品富含叶绿素、β-胡萝卜素、各种维生素、矿物质、食用纤维素、蛋白质、氨基酸等营养成分，经开水冲调后即可食用。食用方便，味道鲜美，食用者还可根据各自口味进行调味。该产品以其方便、保健、卫生、营养的特点引起了消费者的关注。

1. 工艺流程

选料→清洗→打浆→细磨→均质→冷冻真空干燥→进一步细磨→绿色野菜粉→复合野菜粉→造粒→干燥→过筛→杀菌→包装→检验→成品。

2. 操作要点

原料的选择要力求选用无虫害、无农药污染、无腐烂变质的新鲜野菜，清水漂洗，除去泥沙、老黄枝叶及杂质，切除根部粗老纤维部分备用。绿色野菜在采收后的加工过程中容易产生褐变，严重影响产品质量。可用烫漂护色液进行处理。其配方组成是：柠檬酸钠 150mg/kg，亚硫酸钠 150mg/kg，用无水碳酸钠调 pH 至 8～9，加 0.3% 维生素 C，95℃ 烫漂 1.5～2.0min，烫漂液量要大，1 次加入野菜量以基本上不改变烫漂温度为宜。效果下降时要及时更换烫漂液，烫漂完成后及时用流水冲漂。

通常采用刮板式打浆机，筛板孔径为 0.4～1.5mm，烫漂后的野菜要趁热打浆 2～3 次。也可用石碾或石磨，磨得越细越好。把野菜浆用真空浓缩锅浓缩至糖浓度 18% 以上。浓缩后进行高压均质，均质机压力为 15～20MPa。并在浆中加入 1%～2% 的食盐以增加风味，加入 0.03% 的亚硫酸氢钠，可保护维生素 C。

均质后的野菜浆可放入保温缸 65℃左右保温。当干燥间内温度达到 85℃时，即可进行喷雾，热空气进口温度不低于 160℃，喷雾室温度维持在 80～85℃。干燥粉粒由集粉器随时收集。按配方将干燥野菜粉混合均匀，加入适量糊精和净化水造粒，以能通过造粒机造粒为度。制粒后的产品立即在沸腾状态下，于 40℃下干燥，至水分含量在 5%～7% 为宜。烘干后产品于 0.0845MPa、115℃杀菌 10min，然后采用 70% 乙醇漂洗，风干，用经紫外线杀菌的棕色玻璃瓶在无菌状态下包装，然后密封即成。

十、野菜速冻加工技术

速冻食品以其食用方便、营养合理、卫生质优而得到广泛推广，目前为了保持山野菜天然营养成分不少品种被加工成速冻食品，如蕨菜、刺嫩芽等。

速冻是将原料置于-30～-40℃的低温下快速冻结的一种食品冷冻方法。冻结后的食品，中心温度达-18℃。由于在短时间内冻结，细胞间隙和细胞内含有的水分同时迅速结冰，冻结所产生的膨胀压对细胞结构的损伤小，解冻后汁液的流失也少，所以能够较好地保持食品原有的风味和营养成分，并具有方便、卫生和供应期不受季节限制的优点。以蕨菜为例说明速冻野菜的加工过程。

1. 基本工艺

生产速冻野菜的一般工艺操作过程为：原料选择→原料处理→洗净→热烫→冷却及沥水→精选→排盘→冻结→挂冰衣→包装→贮藏。

2. 操作要点

（1）原料选择　用于速冻的蕨菜必须是采收后不久的新鲜产品，应选择成熟度适当、无萎蔫、无腐烂的植株。

（2）原料处理　将蕨菜摆齐，切去根部，并根据植株的大小分成不同等级，以便使冻结产品质量一致。

（3）洗净　将蕨菜投入流水中充分冲洗，去除杂质。

（4）热烫　将蕨菜根、梢对齐，排装在竹筐中，置于100℃沸水中烫40～50s。热烫时，应先将叶柄部浸入沸水中，然后将叶片部浸入，以防叶片变软。有研究指出，蕨菜在76℃的水温中热烫，可以更好地保持其鲜绿色。热烫时，在水中加入一定量的食盐（氯化钠）或氯化钙、柠檬酸、维生素可以防止蔬菜氧化变色。如果加工绿色食品，请注意药剂的种类。

（5）冷却及沥水　热烫后，迅速将原料用35℃的冷水浸漂、喷淋，或用冷风机冷凉到5℃以下，以减少热效应对蕨菜品质和营养的破坏。如果不及时冷却或冷却的温度不够低，会使叶绿素受到破坏，失去鲜绿光泽，在贮藏过程中蕨菜逐渐由绿色变为黄褐色。所以在冷却过程中应经常检测冷却池中的水温，随时加冰降低水温。冷却以后的原料在冻结以前，还需要采用振荡机或离心机等设备，沥去沾留在原料表面的水分，以免在冻结过程中原料间互相粘连或粘连在冻结设备上。

（6）精选　将冷却后的原料分批倒在不锈钢板上或搪瓷盘中，逐个检查，剔除不合格的原料及杂质。

（7）排盘　为使原料快速冻结，通常采用盘装。将沥干水分的原料平放在长方形小冰铁盘中，每盘装0.5kg，共放两层，各层的根部分别排在盘的两侧。排盘时，先取一半菜根部朝向一侧，整齐地平铺在小冰铁盘里，超出盘的叶部折回；然后将另一半菜的根部朝向盘的另一侧，按照同样方法再排一层，便成为整齐的长方形。

（8）冻结　蔬菜新鲜品质的保存，在很大程度上取决于冷冻的速度。冷冻的速度愈快，蔬菜新鲜品质的保存程度愈高。经过上述一系列工艺操作的原料，应立即送入冷冻机中，在-30～-40℃的低温下冻结。要求在30min内，原料的中心温度达到-15～-18℃。

（9）挂冰衣　速冻菜从冰铁盘中脱离（称脱盘）以后，置于竹篮中，再将竹筐浸入温度为2～5℃的冷水中，经2～3s提出竹筐，则冻菜的表面水分很快形成一层透明的薄冰。这样可以防止冻品氧化变色，减少质量损失，延长贮藏期。挂冰衣应在不高于5℃的冷藏室中进行。

（10）包装　包装的工序包括称重、装袋、封口和装箱，均需在5℃以下的冷藏室中进行。按照出口规格的要求，每个塑料袋装0.5kg，用瓦楞纸箱装箱，每箱装10t。装箱完毕后，粘封口胶带纸，标上品名、质量及生产日期，运至冷藏库里冷藏。

（11）冷藏　冷藏库内的温度应保持在$-18\sim-21$℃，温度的波动幅度不能超过±1℃；空气相对湿度保持在95%～100%，波幅不超过5%。冻品中心温度要在-15℃以下。一般安全贮藏期为12～18个月。运输和销售期间也应尽量控制稳定的低温，如果温度大幅度变动，使冻品反复解冻和冻结，将严重影响产品质量，从而丧失速冻的作用。速冻菜在食用前一般需要解冻或部分解冻，使冰晶融解，蔬菜恢复新鲜状态后再烹调。解冻的过程要快，可放在电冰箱的冷藏柜内（0～5℃）或冷水中或室温下解冻，一经解冻应立即烹调，不要解冻后长时间搁置，更不要在解冻后再行冻结贮藏。

第五章　农林果品加工技术

　　我国是世界栽培植物的重要起源中心，除了粮食作物和其他栽培植物之外，现今世界上栽培的主要果树，有许多都起源于我国。而果树驯化栽培在我国同样也有着比较悠久的历史。《诗经》中记述的重要果树就有栗、榛、枣、桃、李、梅、梨等，可以肯定这些果树在那时就已经栽培了。经过后来长期的人工选育，逐渐形成了丰富的果树品种。

　　野果是人类祖先的主要食物来源，在我国战国时期人们只依靠粮食作物黍、稷等已不可能满足食物上的基本要求，还必须用瓜果类来补充，有时甚至把果实当成主粮。在地中海文明时期也有一些以干燥果实和坚果类为主要地位的农业体系，这种农业体系无疑表明了以果实类为主食的饮食生活习惯，至今这种饮食习惯在不发达的地区仍然存在。然而，随着人类文明的发展，今天栽培的果树已经和过去充当主食用的情况完全不同了。比如葡萄不仅产量居世界第一位，而且品种繁多，有鲜食用的，还有制葡萄干、果汁、酿酒的专用品种，其他不少果树也有类似的情况。

　　科学在飞速地发展，人民的生活水平也不断地提高，对果品不仅要求数量多、种类丰富，而且果品营养价值也要高，尤其是果品中各种维生素含量，特别是维生素 C 的含量要高，同时要提供有机酸和矿物质，要像蔬菜一样，丰富食物的种类、增加食物的风味，这就给果品质量提出了新的要求，因此人们更加关注开发利用野生的种质资源，来选择人们理想的新果树品种。近年来，许多国家，包括我国已经有了不少成功的先例。如东北长白山山区分布着大量的野生山葡萄，用其果实酿出的红葡萄酒，色彩艳丽，风味别致，在国内外市场上深受欢迎；生长在全国各地山区的野生猕猴桃，果实中不仅维生素 C 的含量高，营养丰富，而且对一些疾病还有一定的治疗效果，因而受到国际上的普遍重视。20 世纪初，新西兰引种栽培中华猕猴桃，培育成商业品种，果实出口量已独占国际市场。我国野生果树资源很丰富，分布广泛，比如新疆的天山山区生长着大面积的多种类型的野生苹果，南疆各地还有成片的野生沙枣。

第一节　农林果品的加工预处理

一、概述

1. 果品的概念

（1）概念　果品一般指木本果树和部分草本植物所产的可以直接生食的果实（如苹果、草莓、西瓜等），也常包括种子植物所产的种仁（如裸子植物的银杏、香榧子、松子，被子植物产的莲子、花生等）。

（2）果品的商品学分类　可分为鲜果、干果和果品制品。我国的果品数量繁多，据不完全统计，我国现有果品 600 多种，其中比较重要的有 300 多种，作为商品供应的有 100 余类，数千个品种。

2. 果实的生物学特点

（1）果实的形成　果实由植物的花发育而来，具有一定的形态结构，是植物的繁殖器官。植物的花受精后，雌蕊的子房发育成果皮，子房中的胚珠发育成种子。

（2）果实的结构　果实通常由外果皮、中果皮、内果皮和种子构成。完全由子房发育而成的果实称为真果；有些植物的果实除由子房发育形成外，还有一部分是由花托、花筒或花序参与发育形成的，这类果实称为假果。

（3）果实的生物学分类　根据发育过程，可分为单果、聚合果和复果或聚花果；根据果实的自身特点及商品经营的特点，可分为核果、梨果、浆果、瓠果、柑果、复果、坚果等。

二、农林果品原料的质量要求

1. 原料种类、品种与加工制品品质的关系

农林果品的种类、品种繁多，虽然都可以进行加工，但种类、品种间的理化特性各异，因而适宜制作加工品的种类也就不同。

何种原料适宜制作何种加工品是根据其特性而定的。如：制糖水桃罐头，最好的品种是黄桃，其次是白桃；苹果品类中的富士、翠玉、红玉、国光、金冠等，因其肉质细嫩而白，不易变色，果心小，空隙少，香气浓厚，酸甜适口，耐煮性好，适宜制罐头；而香蕉等组织松软、易发绵，只适宜制果干、果脯等；枣类肉质疏松含水量低，果肉质软，具胶黏性，只适宜制果干；葡萄、桑椹适宜制果酒、果汁。

2. 农林果品原料的成熟度与加工制品品质的关系

农林果品采收成熟度是表示原料品种与加工适宜性的指标之一，不同的加工品对原料采收成熟度的要求不同。如：做蜜饯的红橘大概七成熟即可，做罐头的红橘要求八九成熟，做果酒的红橘，要求九成熟以上。农林果品采收成熟度一般可分为三个阶段，即可采成熟度、加工成熟度和生理成熟度。

（1）可采成熟度　指果实已充分膨大长成，母株不再向果实输送养分，生长基本停止，从果顶开始绿色明显减退，有色品种已着色，但色泽、风味较差。此时采收的果实可作蜜饯类食品，或经贮运、后熟达到正常要求后再进行加工，如香蕉、巴梨等采后必须经过后熟才能用于加工。

（2）加工成熟度　指果实已具备该品种特有的外形、色泽、风味和芳香，在化学成分和营养价值上也达到最高点，又分为适当成熟与充分成熟。此时采收的农林果品可用于制作罐头、速冻制品、干制品以及果汁、果酒等。

（3）生理成熟度　指果实变软或老化，果肉中的分解过程不断进行，使风味物质消失，质地松散，营养价值降低，也称为过熟。以种子供食用的干果如栗子、核桃、松子等在此时采收，留种农林果品也可此时采收。

3. 农林果品原料的新鲜度与加工制品品质的关系

加工用原料愈新鲜完整，成品的品质愈好，吨耗率也就愈低。

有些原料，如葡萄、草莓、桑椹等果肉柔软，不耐重压，容易自行流汁，感染杂菌。如果在采收、运输过程中造成部分机械损伤，以及轻微的病虫害，通过及时加工，可以保证制

成品的品质，否则，这些原料易腐烂，从而失去加工价值。

因此，从农林果品的采收到加工，应尽可能保持其新鲜完整；农林果品运到加工厂后，应尽快处理；如来不及及时加工，应贮存在适宜的条件下，以保证果品新鲜完整，减少腐烂损失。

三、农林果品加工预处理工序

农林果品加工前的预处理，对其制成品的生产影响很大，如处理不当，不但会影响产品的质量和产量，并且会对以后的加工工艺造成影响。农林果品制品的加工前预处理包括选别、分级、洗涤、去皮、切分、去核（心）、修整、破碎、烫漂、护色等工序。在这些工序中，去皮后还要对原料进行各种护色处理，以防农林果品原料产生变色而品质变劣。尽管农林果品种类和品种各异，组织特性相差很大，加工方法有很大的差别，但加工前的预处理过程却基本相同。

1. 原料的选别、分级

选别即剔除虫蛀、霉变和伤口大的果实，对残、次果和损伤不严重的则先进行修整后再加工利用。

为保证制品的质量，便于加工操作、提高生产效率、降低原料的损耗，必须对原料进行分级。例如，同一大小、形状的果实才能采用机械去皮，同一成熟度的农林果品才能采用同样的热烫时间。农林果品的分级可根据不同加工品的要求，采用不同的分级方式，主要包括成熟度分级、色泽分级和大小分级。在我国，成熟度分级常用目视估测的方法进行，农林果品加工中，桃、梨、苹果等常进行成熟度分级。色泽分级常按色泽的深浅进行，除目测外，也可用灯光法和电子测定仪装置进行。大小分级是分级的主要内容，按农林果品的大小、长短、粗细进行，分级的方法有手工分级和机械分级两种。手工分级常配备简单的辅助工具，而机械分级主要采用滚筒分级机、振动筛及分离输送机等。无论是手工分级还是机械分级，都要尽量避免损伤农林果品组织。

2. 农林果品的清洗

农林果品原料清洗的目的在于除去果实表面附着的尘土、泥沙、部分微生物以及可能残留的化学农药，从而保证产品品质。农林果品清洗的方法需根据农林果品形状、质地、表面状态、污染程度、夹带泥土量以及加工方法而定。主要有手工清洗和机械清洗，后者需配置滚筒式、喷淋式、压气式、桨叶式等清洗设备。洗涤用水，水温一般为常温，有时为了增加洗涤效果，可以用热水，但热水不适于柔软多汁、成熟度高的农林果品。

对于果皮上残留有毒药剂的原料，还必须用化学药品洗涤，常用的有 0.5%～1.0% 的稀盐酸溶液。先在常温下浸泡数分钟，再用清水洗去化学药品。清洗时，必须用流动水或使果品振动，以提高洗涤效果。清洗用水必须清洁，符合饮用水标准。

3. 农林果品的去皮

有些农林果品外皮粗糙、坚硬，虽有一定的营养成分，但口感、风味不佳，对加工制品有一定的不良影响。农林果品去皮的方法有手工和机械去皮、化学去皮、热力去皮、酶法去皮、冷冻去皮以及真空去皮等。

（1）手工和机械去皮 手工和机械去皮是应用特别的刀、刨等工具人工削皮，应用较广，去皮干净、损失少。为了保持柑橘果肉完整，多采用手工剥皮。但手工去皮速度很慢，采用去皮机可提高效率。如苹果、梨、菠萝等大型农林果品可用旋皮机借旋转削去果皮。

（2）化学去皮法　常用腐蚀性强、价廉的 NaOH 溶液或 KOH 和 NaOH 的混合液。其原理是：有些种类的农林果品果皮与果肉的薄壁组织之间主要是由果胶等物质组成的中层细胞，在碱液的作用下，此层易溶解，从而使农林果品表皮剥落。根据农林果品原料的种类、成熟度和大小不同，在进行碱液去皮时要控制好碱液的浓度、处理的时间和处理温度这三个重要参数，要求能去掉果皮又不伤果肉。经碱液处理后的果蔬必须立即在冷水中浸泡、清洗、反复换水直至表面无腻感，口感无碱味为止。化学去皮法使用方便、效率高、成本低、适用范围广。

（3）热力去皮　农林果品在高温短时间的作用下，果皮迅速变热而膨胀破裂，果皮与果肉之间的原果胶发生分解失去胶凝性，果皮便容易除去。此法适用于成熟度高的桃、杏、枇杷等薄皮果实的去皮。可用蒸汽去皮或热水烫，果实的色泽和风味比碱液去皮好。

（4）酶法去皮　随着果汁工业的发展，传统的手工去皮方法越来越不能满足实际生产的需要，酶法去除果皮的方法应运而生。酶法去皮条件温和，产品质量好，其关键是控制好酶的浓度及酶的最佳作用条件。尤其像柑橘类水果，果皮中含有精油等具刺激性气味的化合物，如果不去掉，会极大地影响果汁的风味。由于柑橘类水果的特殊结构，能够用于酶法去皮的果胶酶比较特殊，它要能够完全降解柑橘水果的白色部分，使黄色部分易于剥离，得到去皮完好的完整的果实。用酶法去囊衣的橘瓣风味好，色泽美观。

（5）冷冻去皮法　将农林果品与冷冻装置的冷冻表面接触片刻，使其外皮冻结于冷冻装置上，当果品离开时，外皮即被剥离。冷冻装置的温度在 $-23 \sim -28℃$，这种方法可用于桃、杏等的去皮，质量好但费用高。

（6）真空去皮法　先将成熟的农林果品进行加热，升温后果皮与果肉易分离，接着进入有一定真空度的真空室内，适当处理，使果皮下的液体迅速"沸腾"，果皮与果肉分离，再破除真空，冲洗或搅动去皮。此法适用于成熟的农林果品，如桃等。

另外，还有红外线辐射去皮法、火焰去皮法。不论采用哪种去皮方法，都应除尽外皮不可食部分，保持去皮后外表光滑，防止去皮过度、增加原料损耗及影响品质。

4. 原料的切分、去核（心）、修整、破碎

体积较大的农林果品原料在罐、干制或加工果脯时，为了保持适当的形状，需要适当地切分。有时为了使原料加工后保持良好外观，还要进行去核（心）、修整。这些都需要一些专用的小型工具，如去核器（山楂、枣）、刺孔器（金柑、梅）和专用机械，如劈桃机、多功能切片机、专用切片机。

农林果品的破碎常用破碎打浆机完成。需要打浆的原料可通过输送带或人工倒入进料斗，先由切片刀切碎后再进入打浆器打浆，通过圆筒筛的筛滤作用，浆液由出料斗输出，皮核由出渣斗输出。

5. 农林果品的烫漂

农林果品的漂烫，生产上常称预煮。即将已切分的或经其他预处理的新鲜原料放入沸水或热蒸汽中进行短时间的处理。其主要目的在于：钝化酶，稳定色泽、改善风味；软化或改进组织结构；排除果肉组织内的空气，提高制品品质；除去农林果品的部分辛辣味和其他不良味；降低农林果品中的污染物和微生物数量。

农林果品的烫漂常有蒸汽和热水两种方法。农林果品烫漂的程度应根据农林果品的种类、块形、大小、工艺要求等条件而定，烫漂后的农林果品要用冷水或冷风迅速冷却，防止过度受热，对产品造成不良影响。

6. 农林果品护色

果品在加工过程中，将原料去皮、切分、破碎后，与空气接触及高温处理，都可能促进化学变化，生成有色物质，从而影响外观，也破坏了产品的风味和营养品质。在加工预处理中所采用的护色措施如下。

① 选择含单宁、酪氨酸少的加工原料，如柑橘、莓类。

② 热烫处理，如前所述。

③ 抽真空处理。某些农林果品内部组织疏松，含空气较多，对加工特别是罐藏不利，需进行抽真空处理，即将原料在一定的介质里置于真空状态下，使内部空气释放出来，代之以糖水或无机盐水等介质的渗入。抽真空的方法有干抽法和湿抽法，其控制的条件和参数有真空度、温度、抽气时间和农林果品受抽面积。

④ 食盐水护色。将去皮或切分后的农林果品浸于一定浓度的食盐水中，加工中常用1%～2%的食盐水护色，桃、梨、苹果及枇杷均可用此法，但应注意漂洗净食盐。原因是食盐对酶的活力有一定的抑制和破坏作用。另外，氧气在盐水中的溶解度比空气小，故有一定的护色效果。在生产上也有用氯化钙溶液处理果实原料，既能护色，又能增加果肉的硬度。

⑤ 硫处理。常用熏硫法和浸硫法。其原理是亚硫酸对氧化酶的活性有很强的抑制或破坏作用，故可防止酶褐变；另外，亚硫酸能与葡萄糖起加成反应，其加成物也不酮化，故又可抑制非酶褐变，效果较好。但亚硫酸和二氧化硫对人体有毒，故硫处理的半成品不能直接食用，必须经过脱硫处理再加工制成成品。

⑥ 酸溶液护色。酸性溶液既可降低 pH 值、又可降低多酚氧化酶活性，而且由于氧气的溶解度较小而兼有抗氧化作用。常用的酸有柠檬酸、苹果酸或抗坏血酸，但后二者成本较高，故除了对一些名贵的果品使用或速冻时加入果品外，生产上一般采用柠檬酸，浓度在0.5%～1.0%左右。

第二节　农林果品速冻加工技术

一、速冻食品的概念

速冻食品是一种以低温快速冻结方式生产的食品。速冻食品是食品加工工艺发展的产物，它不同于一般的冻结和冷藏方法。速冻食品一定要经过水洗、漂烫、烹调加工或其他前处理工序，然后在低温下（−33℃）快速冻结，其品温在 30min 内迅速通过−1～−11℃的最大冰晶生成带，食品的中心温度在−18℃以下，然后在此温度下贮藏和运输。

速冻食品最大的特点就是强调速度，因为用时少，速冻食品内不会形成大的结晶。为保持速冻食品的新鲜度，采用物理手段快速降温的方式完全抑制微生物的污染、繁殖，同时将食品的状态完好地保存下来，需要食用时，同样利用物理方式恢复到正常状态。就保鲜而言，速冻保藏是当前农林果品加工保藏技术中能最大限度地保存其原有的新鲜度、色泽和营养成分较理想的方法。

二、农林果品速冻前的预处理

1. 原料的预冷

农林果品采收后有一定的田间热，其程度视气候而定。同时新鲜农林果品又是一个活的有机体，在采收后的堆放期间，产品的呼吸互相推进，会造成严重的腐烂，因此要进行预冷。预冷的方法有冷水冷却、冷风冷却和真空冷却等。

2. 原料的清洗与整理

新鲜农林果品在采收后表面常附有灰尘、碎叶等，在冷却前应进行清理、除杂，再选取鲜嫩成熟度一致的产品，按大小分级，便于包装，整理操作应尽快进行。

3. 热烫、冷却和沥干

农林果品中的酶的活性严重影响了产品的色泽风味，各种酶系统一般在93.3℃就被破坏，酶在过冷状态下常常被激活，因此有必要进行热烫。热烫后的原料要立即进行冷却，使其温度降到10℃以下。此时农林果品表面黏附了一定量的水分，如不去掉，在冻结时易结成冰块，不利于快速冻结和冻后包装，因而要进行沥干。沥干可采用离心甩干机、振动筛或自然晾干。

4. 包装

为了避免在冷冻过程中农林果品表面水分蒸发而萎蔫，农林果品速冻前需要包装，同时包装可以减轻农林果品的氧化变色。包装的材料有马口铁、涂蜡的纸杯（筒）、纸板盒、涂衬铝箔层的纸板箱（盒）、玻璃纸、塑料薄膜袋等。

三、农林果品的速冻方法

1. 鼓风冷冻法

鼓风冷冻法是一种空气冻结法，它主要是利用低温和空气高速流动，促使食品快速散热，以达到速冻的目的。一般采用隧道式鼓风冷冻机，用网带携带产品以一定的速度通过隧道，一般与冷风逆向而行。

2. 间接接触冷冻法

利用制冷剂或低温介质将金属板面冷却，将产品与冷却的金属板面接触而进行冷却降温。主要装置是在绝热的箱厨内装置可以移动的空心金属板，制冷剂在平板的空心内部流动，产品则放置在上下两空心平板之间紧密接触，进行热交换。由于食品的上下两面同时进行冻结，故冻结速度大大加快。主要有以下三种类型：间隙式接触冷冻箱、半自动接触冷冻箱、全自动接触冷冻箱。

3. 浸渍冷冻法

产品直接浸在液体制冷剂中。液体是热的良导体，在浸渍冷冻中与产品接触面积最大，冷冻速度最快。

4. 低温冷冻法

这是产品在一种沸点很低的制冷剂进行相变的条件下（液态变为气态）获得迅速冷冻的方法。制冷剂在沸腾相变过程中需要吸收大量的热，这些热量由产品中吸取而使其降温，通常的制冷剂是液态氮，沸点为−195.81℃，其次是二氧化碳，沸点是−78.5℃，这种方法比前几种制冷速度快，效果好。

四、速冻农林果品的解冻

速冻农林果品必须注意冷藏、运输、销售及家庭贮存等环节，始终保持在−18℃以下的恒定低温下，避免由于温度波动造成冰晶膨大而破坏细胞组织。速冻农林果品亦要重视解冻方法，使农林果品不会在解冻时质量下降，其关键在于解冻方法的科学性。采用高温急速解冻或浸泡在水中解冻都不可取。因为实验证明，食品解冻时，当温度上升到一定范围（由0℃上升到8℃，相对湿度为70%～90%）时，食品细胞内外的冰晶融化成水，可以恢复吸收到细胞中去，避免可溶性成分流失。如果采用高温急速解冻，冰晶融化的水分带着细胞内可溶性成分流失，使食品风味和营养成分流失，降低食品质量。

解冻可以在冰箱中、室温下、冷水或温水中进行，也可用射频的方法解冻，均匀又迅速，但被处理产品组织成分要均匀一致，才能取得良好的效果，如产品成分复杂，吸收射频的能力不一致，会引起局部损害。

另外还有各种快速解冻的新方法，如微波解冻、远红外解冻和欧姆解冻技术。利用微波内部加热方式，解冻速度快，能使冻品较均匀地整体加热升温，且可比常规解冻方法有更佳的加工状态。

五、速冻制品加工实例

在国际速冻水果品种中，草莓一枝独秀。下面以速冻草莓的加工为例。

1. 工艺流程

原料采收→整理→清洗→浸盐水→漂洗→分级→检验→沥水→快速冻结→称量→包装→冷藏。

2. 工艺要求

（1）原料要求　选用新鲜饱满、无病虫害、无损伤、色泽呈紫红色或红色、成熟适度、单果重和横径符合产品要求的草莓果作原料。采摘后应及时加工，不能及时加工的需贮藏在温度为1～2℃，相对湿度为85%～90%的库内，以不超过3d为宜。

（2）整理与清洗　摘除果梗，捡去成熟度不足、畸形、腐烂、有病虫及机械损伤的草莓，然后置于流动水槽内，用流动清水洗去泥沙和杂质。

（3）驱虫和漂洗　将草莓浸没在5%的食盐水中，约10～15s，以除去果上小虫，然后再经二道清水漂洗，去除盐水及附在草莓表面的小虫及其他杂质。

（4）分级和检验　经过漂洗后的草莓，按产品要求分级和检验。

（5）快速冻结　冷冻机网带上室温控制在-32～-35℃，冻结时间为10～15min，冻结后草莓中心温度达到-18℃以下。

（6）包装和贮藏　冻结后成品在冷却间迅速灌袋、称量、封口，并立即将冻制品送入-18～-20℃的低温库中冷藏。

第三节　农林果品干制加工技术

农林果品是人们不可或缺的日用副食品，但易腐烂，能够保存的时间有限。为进一步延长其保存期和供应期，可以进行干制加工，以利于提高其品质风味，使产品多样化，便于贮存食用，显著地增加经济效益。

一、农林果品干制的概念

利用脱水方法，将农林果品的含水量降至足够低，抑制微生物的生长，推迟和减少以水为媒介的腐烂反应，延长脱水农林果品的保藏期。

二、农林果品的干制原理

1. 干制机理

(1) 外扩散作用 食品在干燥初期，首先是原料表面的水分吸热变为蒸汽而大量蒸发，称为水分的外扩散。由于干燥介质的影响，首先是温度上升的作用，食品表面开始升温并蒸发水分，于是表面含水率逐渐降低，当外部含水率低于内部时，内部水分才开始向表面移动。因此，把食品的厚度分成若干层时，内部的一层含水率最高，外面一层含水率最低，这种水分逐层降低的状态，叫作湿度梯度或称为含水率梯度。

(2) 内扩散作用 借助温度梯度的动力，促使食品内部的水蒸气向食品的表面移动，同时促使食品内部的水分也向食品的表面移动，这种作用称为水分的内扩散。湿度梯度大，水分移动就快，湿度梯度小，水分移动就慢，所以湿度梯度是食品干燥的一个动力。此外，在干制过程中，有时采用升温、降温、再升温、再降温的方法，形成温度的上、下波动，即将温度升高到一定的程度，使食品内部受热，而后再降低食品表面的温度，这样食品内部温度就高于表面温度，这种内外层温度的差别称为温度梯度。水分借助温度梯度沿热流方向向外移动而蒸发，因此，温度梯度也是食品干燥的一个动力。在水分蒸发的过程中，空气起热传导作用，也起输送的作用，将蒸发出的水分输送出去（以蒸汽的形式）。

2. 影响干燥速度的因素

(1) 空气的温度 若空气的相对湿度不变，温度愈高，达到饱和所需的水蒸气愈多，水分蒸发就愈容易，干燥速度也就愈快；反之，温度愈低，干燥速度也就愈慢，产品容易发生氧化褐变，甚至生霉变质。但也不宜采取过度高温，原料中的糖因高温而焦化，有损外观和风味，此外，因为农林果品含水量高，遇过高温细胞质液体迅速膨胀，细胞壁破裂，内容物流出，高温低湿还容易引起结壳现象。因此，在干制过程中，应选择适合的干燥温度。

(2) 空气的相对湿度 如果温度不变，相对湿度愈低，则空气的饱和差愈大，水分蒸发容易，原料干燥速度愈快，最终含水率也越低。例如，红枣在干制后期，环境相对湿度65%，干制后含水率为47.2%，环境相对湿度为56%，则干制后的红枣含水率为34.1%。所以，可以采取升高温度，同时降低湿度来提高食品干制时的干燥速度。

(3) 空气的流速 通过原料的空气流速愈快，带走的湿气愈多，干燥也愈快。因此，人工干燥设备中，可以用鼓风增加风速，以便缩短干燥时间。因为在原料附近饱和的水气不断被带走，而新鲜未饱和的空气不断被补充，从而加速了蒸发过程。据测定，风速在 3m/s 以下的范围内，水分蒸发速度与风速大体成正比例。

(4) 原料的种类和状态 农林果品原料的种类不同，其化学组成和组织结构也不同，干燥速度也不一致。如原料肉质紧密，可溶性固形物含量高，干燥速度就慢，反之，干燥速度快。有些原料如葡萄、李子等果面有一层蜡质，阻碍水分的蒸发，可在干燥前用盐水处理，将蜡质溶解，以增加干燥速度。由于水分是从原料表面向外蒸发的，原料切分的大小和厚薄对干燥速度有直接的影响，原料切分愈小，其比表面积愈大，水分蒸发愈快。

(5) 原料的装载量 装载原料的数量与厚薄，对原料的干燥速度有影响，烘盘上原料装载量多，则厚度大，不利于空气流通，影响水分蒸发。原料铺在烘盘上或晒盘上的厚度愈薄，干燥愈快。干制过程中可以随着原料体积的变化，改变其厚度，干燥初期薄些，后期可以厚些，总之，装载量的多少及其厚度以不妨碍空气流通为原则。

三、农林果品干制过程中的变化

1. 体积减小、质量减轻

体积减小、质量减轻是农林果品干制后最明显的变化。一般干燥后体积约为原料的20%～35%，质量为原料的6%～20%。

2. 色泽的变化

果品在干燥过程中或干制品在贮藏中，常变成黄色、褐色或黑色，这种变化是褐变。此外新鲜果实细胞间隙存在空气，在干燥时受热排除，使干制品呈半透明状态。干燥品愈透明其质量愈高，因为透明度高不仅外观好，而且由于空气含量少，可减少氧化作用，提高干制品的耐藏性。干制前的热处理可以达到这个目的。

3. 营养成分及品质的变化

自然干制的农林果品，因为干燥缓慢，酶的活性不能很快被抑制，呼吸作用仍要进行一段时间，从而会消耗一部分糖分和其他物质。干制时间越长，营养成分损失越多，质量愈差。采用人工干制，可很快抑制酶的活性和呼吸作用，干制时间短，可减少糖分的损失，但如果条件控制得不好，温度过高或干燥时间过长，可使糖分焦化，颜色变深，同时维生素C亦损失严重，因而必须控制好干燥条件。

四、农林果品干制工艺

1. 工艺流程

原料选择→预处理→干燥→成品→均湿、回软→包装。

2. 工艺要求

(1) 原料的选择　要求选择干物质含量高，纤维素含量低，风味良好，核小皮薄，色泽好，肉质厚，组织致密的原料。

(2) 原料的处理

① 洗涤、去皮、去核、切分。用符合饮用水标准的水进行洗涤，剔除不适宜干制的部分原料。可用0.5%～1.5%HCl溶液在常温下浸泡5～6min，再用清水洗净，除去残留农药，洗涤时用流动水。对外皮较粗糙的种类须进行去皮，可采用人工、机械、热力或碱液去皮。去皮后再去核和切分，原料切分后比表面积增大，水分蒸发速度快，切分越细，干制需时越短。

② 热烫。原料热烫可钝化氧化酶，减少氧化变色；其次使细胞内原生质发生凝固、失水和细胞壁分离，增加了膜的透性，促使细胞组织内水分蒸发，加快干燥速度，干制品复水时也容易重新吸水，并可使组织柔韧，不易破碎；此外，空气被排除，含叶绿素的原料色泽更加鲜艳，不含叶绿素的原料成为半透明状，使成品更加美观；还可以除去原料表面的黏性物质，使成品洁净，除去一些原料的苦涩味，杀灭附在原料表面的虫卵、微生物，清除表面的残留农药。

但热烫会损失一部分可溶性物质，切分愈细，损失愈大。

③ 硫处理。是用硫黄燃烧熏农林果品或用亚硫酸及其盐类配制成一定浓度的水溶液浸渍农林果品的工序。硫处理可抑制原料氧化变色，提高维生素C的保存率；可抑制微生物的活动；可增强细胞膜透性，促使水分蒸发，加快干燥速度，缩短干燥时间。

3. 升温烘烤

不同种类的食品分别采用不同的升温方式。有前期为低温，中期为高温，后期为低温的升温方式；也有前期急剧升温，维持在70℃，根据干燥情况，再逐步降温的方式；还有的整个干燥过程维持在55～60℃恒定水平的升温方式。

4. 通风排湿

一般当烘房内相对湿度达到70%以上，就要进行通风排湿工作。

5. 倒换烘盘

使烘房上下部、前后部、左右部的被烘烤原料受热均匀，干燥程度一致。

6. 干制方法

（1）自然干制法　在自然条件下，将原料直接置于晒场、席子或悬挂架上利用太阳能、热风使农林果品干燥的方法。这种方法设备简单，操作简单，生产费用低，且还能促使未完全成熟的农林果品进一步成熟，但干燥速度慢，时间长，易受污染，难以制成优良产品。

（2）人工干制法　可利用烘灶、烘房和干制机等设备进行。这种方法不受气候条件限制，可人工控制条件，干燥迅速，效率高，质量好。但人工干制需要一定的干制设备，操作复杂，生产成本较高。

7. 包装前处理

（1）回软　又称为均湿、发汗或水分的平衡。目的是使干燥的农林果品经过一段短暂的贮藏，进行内外水分的转移，使各部分含水量均衡，质地呈适宜柔软状态。回软在贮藏室的密闭容器中进行，所需时间视干制品的种类而定。

（2）分级　其目的是使成品品质合乎规格标准，便于包装运输，贯彻优质优价的政策。分级可在固定的木制台上进行，也可在附有传送带的分级台上进行。分级要及时，以免引起制品变质。分级时，应将产品分为标准成品、废品和未干制品三部分。

（3）防虫　干制品易遭受虫害，除经硫处理的农林果品制品外，都应进行防虫处理。防虫的方法有低温杀虫、高温热处理、气调防虫、烟熏、电离辐射防虫等，包装前应做好各种防虫工作。

8. 包装

干制农林果品的包装应在低温、干燥、清洁和通风良好的环境中进行。包装容器要求能够密封、防虫、防潮，常用的包装容器有镀锡薄板罐、木箱、纸箱和纸盒等，另外金属罐、玻璃罐、塑料薄膜袋以及铝箔真空袋也是包装干制品的理想容器。采用真空充气包装的方法，可降低贮存期间营养物质的损失，并避免吸潮。

五、干燥技术的新进展

现代化的干燥设备和相应的干燥技术发展很快，主要有以下几种新技术。

1. 冷冻升华干燥

进行冷冻干燥时，先将原料冷冻至冰点以下，然后在较高的真空度下将冰直接气化而除去，物料即被干燥。干燥终了后，立即向干燥室充入干燥空气和干燥的氮气恢复常压，而后进行包装。冷冻干燥能较好地保持产品的色、香、味和营养价值，且复水容易，但成本较高。

2. 微波干燥

微波是指频率为300MHz～300GHz的电磁波，波长为1mm～1m。微波干燥适用的微波管是磁控管，常用的加热频率为 915MHz 和 2450MHz。微波干燥具有干燥速度快、时间短、加热均匀、效率高、反应灵敏等优点。

3. 远红外干燥

远红外辐射元件发出的远红外线被加热物体所吸收，直接转变成热能而达到使物体被加热干燥的目的，远红外线干燥具有干燥快速、效率高、节约能源、制品质量好、成本低等优点。

4. 其他干燥法

减压干燥法减压时水的沸点降低，水分自行沸腾而被机械排除。真空干燥适于在高温条件下易氧化变质的农林果品，能基本保持农林果品原有的结构、质地、外观和风味。表面活性剂干燥法，即添加万分之几的表面活性剂，已足够使被干燥物料表面的"活性中心"闭合，以及使结合水变成自由水，而自由水在一系列情况下可用机械途径排除。

六、农林果品干制品生产实例

以葡萄为例介绍农林果品干制方法，葡萄干制的方法主要有自然干制和人工干制两种。

1. 自然干制

自然干制的方法比较简便，一般待葡萄充分成熟着色后采收，于晒场或平房顶等高处晒制，夜间收起，堆于原地，覆盖防露，次日打开再晒，如此反复进行 15～20d，直至手握葡萄发软具有弹性感，含水率下降至 28% 以下，即可分级收藏。

2. 人工干制

(1) 挑选分级　烘干前将采收的鲜葡萄按大小、成熟度分级，剔除病虫害果、破伤果和残落果及杂物。

(2) 装盘　装盘量因葡萄品种不同而异，一般每平方米面积烘盘装量为 13～15kg，厚度以不超过两层为宜。

(3) 烘烤　烘烤过程分为预热、蒸发和烘干三个阶段。

① 预热阶段。当葡萄进入烘房以后，关闭门窗和排气筒。加热升温，在 6～8h 内，使室温升高到 55℃ 左右，温度不能上升过快，以免葡萄内外扩散失调，发生结壳焦化现象。待果温达 35～40℃，果肉变软，用手捏时果面出现皱纹时为止。

② 蒸发阶段。在 8～10h 时间内将温度升高到 65～68℃，维持约 6h。此阶段由于水分大量蒸发，烘房内相对湿度逐渐增大，当超过 70% 以上时，立即打开排气筒，排气 10～15min，至相对湿度下降到 55% 左右时关闭排气筒，如此反复进行 5～8 次，在此阶段要倒盘翻葡萄 5～8 次，即将靠近炕下面的两层烘盘与顶部调换，并搅拌翻动，使其受热均匀，干燥一致。

③ 烘干阶段。蒸发阶段结束以后，果内游离水已大部分排除，蒸发速度开始减缓，此时将烘房温度下降至 55℃ 左右，维持 6～8h，使其水分趋于平衡，并随着葡萄的逐渐干燥，不断将干燥好的产品及时拣出，未干燥好留待继续干燥，当原料温度与干球温度接近时，干燥即告结束。

此外，如果天气晴朗，也可烘至七八成干后，转入晾晒，既可节省燃料，又能提高干燥量。刚烘干的葡萄温度较高，应及时摊开散热后，方可堆放贮存，以免积热，造成霉烂和营养成分损失。

第四节　农林果品糖制加工技术

利用食糖的保藏作用制成糖制品，是我国古老的加工方式之一，糖制品具有良好的风味，也是人们所喜爱的一种食品。农林果品糖制后，色、香、味、外观和组织状态都有不同程度的改变，从而丰富了食品的种类。糖制品含有大量的糖分，具有良好的保藏性和储运性。糖制对农林果品原料选择的要求一般不严格，各种农林果品几乎都可以用来糖制，因而能比较广泛地利用现有的农林果品资源。不宜鲜食和不做其他加工用的橄榄、梅等，也都是糖制的主要原料；甚至一些残次果和未成熟果也可加以利用，制成蜜饯、果脯、果酱、果泥、果冻等产品。

一、糖制食品的分类

糖制食品按其组织形态和加工方法，可以分为蜜饯类和果酱类。

1. 蜜饯类

农林果品糖制食品是保持着农林果品或果块原来形状的制品，分为蜜饯、果脯、凉果。

(1) 蜜饯　以农林果品为原料制成，成品只具有甜味，原有风味平淡。

可分为三类：干态蜜饯，经煮制晾干后不黏手，外干内湿，呈半透明状；穿衣蜜饯，将蜜饯晾干后外面再裹上一层糖粉，原果味浓；湿态蜜饯，原料经糖液煮制，当可溶性固形物达 $60\%\sim65\%$ 时起锅，起锅时连同糖液一起装入玻璃瓶内，或连同另外配制的香料一同装入，然后杀菌，密封而成。

(2) 果脯　以果品为主要原料，加糖煮制而成的糖制品。原料的原有风味浓厚，不黏手，透明或半透明，含糖率 $50\%\sim60\%$，含固形物率 65% 以上。这类产品还具有酸性（原料本身带有的或另外加入的），含酸率 0.5% 以上。如桃脯、杏脯、苹果脯等，以北方居多。

(3) 凉果　有广式、苏式之分。广式入口咸味重，色泽黄褐，果形完整，表面干燥有皱纹，盐霜重。苏式为黄褐色，果形完整，表面干燥，盐霜不重或不显盐霜。加工方式是果品盐腌、脱盐、晒干，加各种配料，进行糖渍，再烘干制成。特点是具咸味、甜味、酸味、香味，含糖率 $25\%\sim30\%$，属低糖果制品，如陈皮梅、橄榄、话梅等。

2. 果酱类

(1) 果酱　将农林果品原料经选别，剔除腐烂、病虫害果后适当破碎，再加入约为原料质量 $10\%\sim20\%$ 的水预煮软化，打浆后配料浓缩即成。浓缩的方法主要有常压浓缩和真空浓缩两种，真空浓缩由于温度低、浓缩时间短，产品的品质较常压浓缩好，浓缩时将原料置真空锅中，在减压条件下进行蒸发浓缩。

浓缩后要及时出料装罐，每锅酱自出锅到分装要在 20min 内完成，密封时封口温度不低于 $80\,\mathbb{C}$。根据原料品种及罐型于 $100\,\mathbb{C}$ 下杀菌 $5\sim15min$ 后，冷却、检验即可。高浓度果酱可溶性固形物含量达 $70\%\sim75\%$，糖分不低于 65%，不必杀菌，煮成后趁热装罐，密封即可。

(2) 果丹皮　用果肉或果皮制成的，原料经磨碎，打浆，加入 10% 的糖，再浓缩成稠状的胶态，在 $80\sim100\,\mathbb{C}$ 下烘干，成型。

(3) 果糕　果汁加一定比例的糖液，混合后进行煮制，再加入一定的蛋白质，充分搅拌，然后干燥得到的产品，组织松软，具多孔性。

二、糖制的原理

1. 食糖的保藏作用

糖藏是通过增加农林果品本身的含糖量，减少含水量，形成较高的渗透压，使微生物细胞的原生质脱水收缩，产生生理干燥现象而无法活动，从而达到保藏制品的目的。另外，食糖的保藏作用还在于它的抗氧化作用。

2. 糖的特性与应用

(1) 糖的溶解度和晶析　糖制品加工时，糖一般先溶于水而后渗透入农林果品组织中去，糖的溶解度随温度的升高而增大，10℃时蔗糖的溶解度为65.6%，20℃时的溶解度为67.1%。在果脯的制作过程中，若糖煮时糖液浓度过大，糖煮后当温度低于20℃时，糖就结晶析出，称为晶析，也称返砂。返砂降低了糖的浓度，削弱了糖的保藏作用，使果脯质地不柔软，干燥易破损。但在果脯蜜饯的加工中，可利用这一特性对部分干态蜜饯进行包糖衣的操作。

(2) 蔗糖的转化　蔗糖经酸或转化酶的作用，在一定温度下可转化成葡萄糖和果糖。在糖煮时，有机酸含量达到0.3%～0.5%，有利于蔗糖的转化。但在中性或微碱性糖液中不易被分解，若温度过高或加热过猛，会发生焦化反应，影响制品的色泽和风味。

(3) 糖的吸湿性　糖的吸湿性各不相同，以果糖最大，葡萄糖和蔗糖次之。若糖制品在贮藏期间吸湿回潮，则制品的糖浓度和渗透压降低，削弱了糖的保藏作用，从而引起制品的变质。因而，含有一定数量转化糖的糖制品必须用防潮纸或玻璃纸进行包装。

三、加工前的预处理

糖制品加工前，根据农林果品性质及加工需要，将原料进行一些必要的处理，有利于加工和提高制品品质。

1. 选别分级

为使制品一致，将原料按成熟度和大小分级，一般分为2～3级，并剔除烂果、病虫害果和劣果。

2. 去皮、去心、切分和划缝

这些处理的目的在于糖制时易于吸糖脱水，缩短糖制时间，提高产品质量。枣、李、小梅类等小形果，以及小红橘、金柑等以食用果皮为主的农林果品则不用去皮、切分，常在果面划缝或刺孔以利于糖分的渗透。对形大、皮厚的农林果品，应进行去皮、切分处理。去皮、去心、切分的方法有手工、机械、热力和化学等多种，应根据原料特性和制品要求，以及加工设备等情况，灵活运用。

3. 果胚腌制

果胚作为一种半成品是使新鲜原料贮存待用的一种保藏方法。果胚的腌制常以食盐为主料，腌制的方法有干腌和湿腌两种。干腌法适用于成熟度较高或汁液较多的种类，用盐量因种类和制品贮存时间长短而异；湿腌法用于未成熟果或汁液较少、肉质紧密以及酸味、苦味较强的种类。在盐水腌制过程中会产生轻微乳酸和酒精发酵，有利于糖分和部分果胶物质分解，使原料组织易于渗透，同时也能促进异味物质分解消除，增进制品品质。腌制结束，可作湿胚保存或取出晒制成干胚长期保藏。

4. 硬化处理

为防止蜜饯类糖制时溃烂、破碎，提高果肉的硬度，对质地疏松较软的果实如樱桃、草莓等常采用硬化处理。即将原料投放在石灰、氯化钙等稀溶液中浸渍，让钙等离子能与果实中的果胶物质发生反应，生成不溶性的盐类，使组织坚硬耐煮。

硬化剂用量要适当，过量会生成过多的钙盐，不但影响渗糖，且制品粗糙，质量低劣。经硬化处理的原料，糖制前需充分漂洗，以除去多余的硬化剂。

5. 硫处理

在糖制加工中，为获得色泽明亮的制品，常在糖制前对原料进行硫处理，以抑制氧化变色，兼起防腐作用。经过硫处理的原料，在糖制前应漂洗脱硫，以免影响风味。

6. 染色

染色的方法是将原料浸于色素溶液中着色或将色素溶于稀糖液中，使之在糖制时同时进行着色。

7. 预煮

大多数农林果品在糖制前要进行短时间的热处理，以抑制微生物活动，使酶钝化，排除原料组织中的空气，防止败坏和氧化变色。另外，在糖制加工中重要的目的是适度软化组织，利于糖的渗入和除去异味、苦味。预煮的时间、方法根据农林果品的种类、形态、大小、工艺要求等条件而定。

四、糖制的工艺方法

1. 浸糖法的工艺特点

浸糖法适宜于肉质柔软不耐煮制的农林果品。如精制青梅、草莓、枇杷、樱桃等，浸糖的特点是分次加糖，不进行加热。每次加糖拌匀后日晒，使糖分浓度逐步递增，增强渗透效应，也可在蜜制过程中取出糖液，经加糖浓缩后，再回加到糖制原料中去，一方面提高了糖分的浓度，另一方面使原料与热糖液接触，可加强糖分的渗透作用。

2. 煮糖法的工艺特点

煮制有敞煮和真空煮制之分，敞煮又可分为一次煮成和多次煮成。

(1) 一次煮成法　即将处理过的原料与糖液入锅后经一次煮成的方法。一次煮成法快速，但因长时间加热，农林果品易被煮烂，色、香、味和维生素等有损失，而且糖分的渗透不易平衡，从而引起农林果品组织一时的失水，影响产品品质。在实际生产中，只有带外表皮的柑橘类果实和苹果、枣、无花果等采取一次煮成。其他农林果品若用一次煮成法，可采取如下措施：进行强行硬化、切分和刺孔等预处理；用较小的容器煮制，采用接近沸点温度加热；糖煮前先用部分食糖浸果实，糖煮时分次加糖，逐步提高糖液浓度。

(2) 多次煮成法　分 2~5 次进行糖煮，一般第一次煮制时糖液浓度为 40%，煮至果肉转软为止，再浸渍 24h，以后几次煮制，每次增加糖浓度约为 10%，煮沸 2~3min，而后浸渍 8~24h，对于不耐煮制的农林果品，第 1~3 次可以单独煮沸糖液，而以其浸渍原料。多次煮制法不仅能使原料很好地保持其原形和减少色、香、味及营养成分的损失，且糖液浓度逐步提高，放冷期间果实内部的水蒸气压力逐渐下降，使糖分能顺利地扩散和渗透。但加工时间过长，煮制过程不能连续化。

(3) 连续扩散法　用由稀到浓的糖液，对一组扩散器内的原料，连续进行多次浸渍，以逐渐提高糖浓度的方法。操作时先将原料密闭在真空扩散器内，排除果实组织内的空气，然后加入 95℃ 热溶液，待糖分扩散渗透后，将糖液转入另一扩散器内，再在原扩散器中加入更高浓度的热糖液，如此连续进行几次，即可达到糖制目的。

(4) 真空煮制法 又称减压煮制法。将原料置于真空锅中，减压煮制，原料组织内不存在大量的空气，所以糖分能迅速扩散渗透。真空煮制温度低、速度快，制品的色、香、味、形都比敞煮好。

3. 烘烤及上糖衣

蜜饯糖制后取出果实，沥去多余的糖液，置于烘盘中烘干。烘干温度不宜过高，以免糖分结块和焦化。制品干燥后，应保持完整饱满状态，不皱缩、不结晶，质地致密不粗糙，含糖率接近 72%，含水率不超过 18%～20%。

如制糖衣蜜饯，可在干燥后上糖衣。用过饱和糖液处理蜜饯，使其表面形成一层透明的糖质膜，不但美观，且保藏性增强，也可减少蜜饯贮藏期吸潮、黏结等不良现象。

五、农林果品糖制加工实例

以山楂脯的加工为例，工艺如下。

1. 原料的选择与处理

原料以果形大、果心小、酸分偏多、褐变不显著的耐煮品种为好。一般待果实成熟后硬度较大时采收，按大小、成熟度分级，剔除病虫害果和腐烂果。去皮，对半切分，去心后浸于含 0.1% 氯化钙和 0.2%～0.3% 的亚硫酸钠混合溶液中进行硬化和硫处理 10～15h。肉质坚硬的果实只进行浸硫，不作硬化处理。经过处理的果实，糖制前要充分漂洗，脱除残留的硫和石灰。

2. 糖制

山楂组织较紧密，一般采用多次加糖，一次煮成法煮制。即先在锅中配制浓度为 35%～40% 的糖液 25kg 左右，煮沸后将处理过的 50～60kg 山楂倒入，煮沸后浇入约 50% 浓度的凉糖液 5kg。如此反复 3 次，每次间隔约 10min。待果块表面有皱纹出现，果肉膨胀后便可加糖煮制。加糖分 6 次进行，第 1、第 2 次各加 5kg，第 3、第 4 次各加 6kg，并加入少量的冷糖液，使锅中糖液暂时停止沸腾，温度稍降，果块内部的水蒸气压力减小，有利于渗糖脱水，加速糖制过程。第 5 次只加糖 6kg，每次加糖间隔约 5min，都是在沸腾时进行。第 6 次加糖 7kg，再煮 20min，当果肉呈浅黄色时，连同糖液倾入缸中，浸渍约 48h，待果块透明发亮，即出缸干燥。

3. 干燥、整形及包装

浸渍后的果块捞出，滤去多余的糖液，摊放在烘盘上，送入烘房，在 60～65℃ 下烘至手触果块表面不粘，稍带弹性，呈棕黄色，含水率为 15%～18% 时取出，剔除烂块、有伤疤和未渗透糖分的残次果块，然后将合格果块捏成扁平圆形，用防潮纸或塑料纸盒包装入箱。

第五节　农林果品罐藏加工技术

罐藏保存食品的方法至今不到 200 年历史，但罐藏已成为食品工业中最重要的加工工艺，食品经排气、密封、杀菌、冷却，保存在不受外界微生物污染的密闭容器中，能长期保存，不会腐败。

罐藏容器从开始的玻璃瓶罐，手工制作的金属缸，到后来的三片罐、二片罐，以铝合金为罐材的易拉罐，以及再后来的蒸煮袋的出现，使罐藏容器品种更为新颖、多样、实用。罐藏技术也由最初完全手工操作演变到今日的机械化安全生产。

一、罐藏的概念

食品密封在容器中，经高温处理将绝大部分微生物杀死，同时防止外界微生物再次污染，使得食品能够在室温条件下长期贮存的保藏方法称罐藏，这种食品称为罐头食品或罐头。

二、罐藏原理

1. 罐头食品与微生物的关系

微生物主要包括细菌、霉菌和酵母菌，霉菌和酵母菌的败坏作用在食品原料装罐之前是重要的，除了在很少的特殊产品或密封缺陷的罐头中发生败坏外，它们一般不能耐罐藏的热处理和在密封条件下活动。导致罐头食品败坏的微生物最主要的是细菌。现在所采用的杀菌理论和计算标准都是以某类细菌的致死效应为依据。细菌学杀菌是指绝对无菌，而罐头食品杀菌是指商业无菌，其含义是杀死致病菌、腐败菌，并不是杀灭一切微生物。严格控制杀菌温度和时间就成为保证罐头食品质量极为重要的事情。

2. 影响杀菌的因素

(1) 微生物　微生物的种类、抗热力与耐酸能力对杀菌的效果有不同的影响，杀菌的效果涉及细菌方面，主要应考虑以下因素。

① 食品中污染细菌的种类。食品中污染细菌的种类很多，细菌的种类不同，其耐热性有明显不同，即使同一种细菌，菌株不同，其耐热性也有较大差异。一般来说，非芽孢菌以及芽孢菌的营养细胞的耐热性较低，营养细胞在 $70 \sim 80 ℃$ 下加热，很短时间便可杀死。细菌芽孢的耐热性很强，其中又以嗜热性的芽孢为最强。另外，不同种类的细菌对氧的需要量有很大差异，嗜氧菌因罐头的排气密封而受到抑制，但厌氧菌仍能活动，若在加热杀菌时没有将其杀死，在贮藏时会造成罐头食品的变质。

② 食品中污染细菌的数量。食品中细菌存在的数量，特别是芽孢存在的数量越多，抗热的能力越强，在同温度下所需的致死时间就越长。

③ 环境条件的影响。孢子在形成过程中的环境条件对其抗热力有影响，即外界的物理化学条件对其抗热力有改变作用。如干燥可增加芽孢的抗热力，而冷冻有减弱抗热力的趋势。

(2) 食品原料　食品原料的组织结构和化学成分是复杂的，对杀菌及以后的贮存期间有不同的影响。

① 食品的酸度。酸度是影响抗热力的一个重要因素。原料的 pH 值，对细菌芽孢的耐热性影响最显著。不同的微生物有不同的适宜生长的 pH 范围，不同食品的 pH 也有差异，食品的 pH 越低，在一定温度下使细菌及孢子的抗热力下降越明显，从而提高了产品的杀菌效应。因而，在低酸性食品中加酸（如醋酸、乳酸、柠檬酸）可以提高其杀菌效应和保藏性。

② 含糖量的影响。糖对孢子具有保护作用，是由于细胞的原生质部分脱水，防止蛋白

质的凝结，使细胞处于更稳定的状态。所以，在一定范围内，装罐食品和填充液中糖的浓度越高，则需要的杀菌时间越长。但当糖浓度增加到一定程度时，可利用高的渗透压抑制微生物的生长繁殖。

③ 无机盐的影响。低浓度的食盐溶液（<4％）对微生物有保护作用，但高浓度的食盐溶液（>8％），则降低微生物的抗热力。食盐也有效地抑制腐败菌的生长。另外，磷酸盐能影响芽孢的抗热力，它对芽孢的形成和萌发都是很重要的。亚硝酸盐也会降低芽孢的抗热力。

④ 其他成分。淀粉、蛋白质、油脂对微生物的抗热力有保护作用。淀粉本身不影响微生物的抗热力，但能有效吸附有抑制性质的物质，为细菌提供有利的条件；油脂有阻碍热对微生物作用的效果；蛋白质对微生物的抗热力起一定的保护作用。果胶也使传热显著减缓。

⑤ 酶的作用。酶是一种蛋白质性质的生物催化剂。在较高的温度下，蛋白质结构崩解，键断裂而失去活性。对罐头食品高温杀菌，绝大多数的酶活性在80～90℃下几分钟就被破坏，但如果酶的活性没有完全被破坏，在酸性和高酸性食品中常引起风味、色泽和质地的败坏。一般来说，过氧化物酶系统的钝化，常作为酸性罐头食品杀菌的指标。

3. 罐头食品杀菌的理论依据

(1) 杀菌的目的

① 目的是杀灭一切对罐内食品起败坏作用和可产毒致病的微生物，使食品得以稳定保存。一般认为，在罐头食品杀菌中，酶类、霉菌类和酵母类是比较容易控制或杀灭的。罐头热杀菌的主要对象是抑制那些在无氧或微量氧条件下，仍然活动而且产生孢子的厌氧性细菌。这类细菌的孢子抗热力是很强的。

② 改变食品质地和风味。

(2) 食品杀菌的理论依据　要完成杀菌的要求就必须考虑到杀菌的温度和时间的关系。热致死时间是指罐内细菌在某一温度下需要多少时间才能将其杀死，以此数据作为杀菌操作的指导。在实验室中进行这种测定必须采用抗热力能够代表食品内有害细菌的菌种，该菌种被杀死，也就基本上消灭了其他有害菌种。在罐头食品工业上，一般认可的试验菌种是产生毒素的肉毒芽孢杆菌的孢子。

热对细菌致死的效应是操作温度与时间控制的结果。温度越高，处理时间越长，则效果越显著，但同时也增加了对食品营养的破坏作用，因而合理的热处理必须以两方面的资料为依据。

① 抑制食品中最抗热的致败、产毒微生物所需的温度和时间。

② 了解产品的包装和包装容器的热传导性能，温度只要超过微生物生长所能够忍受的最高限度，就具有致死的效应。

另外，在液体和固体食品中，升温最慢的部位有所不同，罐头杀菌必须以这个最冷点作为标准，热处理要在这个部位满足杀菌的要求，才能使罐头食品安全保存。

三、罐藏容器的类型及特点

根据罐藏容器的要求，按其材料性质大体可分为金属罐、玻璃罐和软罐三大类型。

1. 金属罐

按其材料性质不同可分为镀锡板罐、铝罐和镀铬板罐三种。按罐型不同分为：圆罐、方罐、梯形罐、马蹄形罐等。除圆罐外，其他形状的罐头一般统称为异型罐。按生产方式不同又可分为三片罐和两片罐。三片罐是指由罐盖、罐底和罐身三部分组成的容器，罐身有接缝，亦称接缝罐。两片罐是由罐盖和一体成型的罐筒两个部分组成，又称冲底罐。金属罐的主要特点是：质量轻、机械强度高、运输方便、能完全密封，但是制作工艺复杂、成本高，易与内容物发生作用，不透明等。

2. 玻璃罐

玻璃罐安全卫生，性质稳定，能较好地保持食品原有风味，透明可见，便于检查和挑选。但玻璃罐质量大、导热性能差、质脆易碎、透光率高，不利于食品的长期贮藏。

3. 软罐

软罐是以蒸煮袋作为包装容器的罐头，蒸煮袋由一种能耐高温的复合膜制成，袋壁很薄，利于传热，杀菌时间短，有利于保持食品的色香味和营养价值。软罐质轻，体积小，便于携带，食用方便，近年来得到了很广泛的使用。但蒸煮袋易划伤划破、机械强度差、成本高、生产效率较低，有待进一步发展。

四、农林果品罐头生产

罐头生产工艺主要包括空罐和实罐生产。空罐生产由成套机械设备完成，工艺连续稳定。实罐生产因品种和原料多样化而使工艺流程也随之变化。

概括而言，农林果品罐头加工的基本工艺流程是：原料处理→分选加工→装罐→加汁→封罐→杀菌→冷却→贴签、包装→成品入库。

1. 装罐

（1）空罐的准备 空罐在使用前要进行清洗和消毒，以清除污物、微生物及油脂等，保证容器的卫生。

（2）罐液的配制 果品罐头的罐液一般是糖液。糖液的浓度依水果种类、品种、成熟度、果肉装量及产品质量标准而定。目前我国生产的糖水果品罐头，一般要求开罐糖度为14%～18%。配制糖液的主要原料是蔗糖，要求纯度在99%以上。用水要求清洁无杂质，符合饮用水质量标准。

（3）装罐注意事项

① 经预处理整理好的农林果品原料应尽快进行装罐，不应堆积过久。

② 确保装罐量符合要求，要保证质量，力求一致。

③ 保证内容物在罐内的一致性，同一罐内原料的成熟度、色泽、大小、形状应基本一致，搭配合理，排列整齐。

④ 罐内应保留一定的顶隙。

⑤ 保证产品符合卫生要求。

2. 农林果品罐头的排气

原料装罐注入填充液后，在封罐之前要进行排气。排气的目的在于减少顶隙（罐盖与液面间的空隙）的空气，使罐头在加热杀菌时，不致因空气的受热膨胀使罐身变形或罐缝松裂。此外，排除罐内的空气可以减少罐壁的氧化锈蚀和营养物质的氧化损失。罐头经过排气、封罐、杀菌和冷却之后，罐头中的内容物收缩，顶隙中的空气及其他气体收缩，因而使顶隙部分形成真空，这是罐头保藏的重要条件。

排气的方法有加热排气法和真空抽气法两种：加热排气法是将尚未封罐的实罐放于热水箱或蒸汽箱中加热升温，从而达到排气的目的；真空抽气法是用真空封罐机封罐，此机配有抽真空装置，可同时完成排气和封罐操作，此法生产效率高，制品质量好。

3. 密封

密封是使罐头与外界隔绝，不致受外界空气及微生物污染而引起败坏。显然，密封是罐头生产工艺中极其重要的一道工序，密封质量的好坏，直接影响罐头产品的质量。排气后立即封罐，是罐头生产的关键性措施。不同种类、不同型号的罐使用不同的封罐机，封罐机的类型很多，有半自动封罐机、自动封罐机、半自动真空封罐机、自动真空封罐机等。

4. 罐头食品的杀菌

罐头经过封罐后，应立即杀菌。根据原料的耐煮性、新鲜度、pH值及罐头的初温、杀菌设备性能等具体确定杀菌的温度和时间，选择杀菌方法。农林果品罐头常用的杀菌方法有两种。

(1) 常压杀菌法　杀菌温度一般为100℃或100℃以下。适用于水果类、果汁类罐头。常压杀菌一般用沸水或蒸汽为加热介质，在加热介质达到所需要的温度后，才开始计算杀菌时间。

(2) 高温短时杀菌法　适用于大多数农林果品汁罐头的杀菌，常和无菌装罐操作相结合。无菌装罐系统都是在密闭的条件下进行的，原料经过热交换器杀菌冷却后，送到装罐器，消过毒的空罐通过装罐器，装入定量的原料，送到封罐机，消过毒的罐盖落在封罐口上密封后，送出密闭系统。这种杀菌、装罐系统不仅提高了生产效率，也保证了产品质量，是一种很有发展前途的杀菌方法。

5. 冷却

(1) 冷却的目的　使罐头内容物的色泽、风味、组织结构的破坏减轻，抑制嗜热性微生物的生长，降低罐头腐蚀的反应。因此，罐头杀菌后冷却越快越好，对食品的品质越有利。

(2) 冷却的方法　罐头冷却的方法根据所需压力的大小可分为常压冷却和加压冷却两种。

① 常压冷却。常压冷却主要用于常压杀菌的罐头和部分高压杀菌的罐头。罐头可在杀菌釜内冷却，也可在冷却池中冷却，可以泡在流动的冷却水中冷却，也可采用喷淋冷却。喷淋冷却效果较好，常采用分段冷却的方法，如80℃、60℃、40℃三段。

② 加压冷却。加压冷却也称反压冷却，主要用于一些高温高压杀菌，特别是高压杀菌后容易变形损坏的罐头。冷却时要保持一定的外压以平衡其内压。

6. 罐头食品质量的检验

为确保罐头质量，必须加强罐头食品的质量检验工作。检验主要从物理检验、化学检验、微生物检验等三个方面进行，现着重介绍物理检验方法。

(1) 容器外观检查　观察商标及生产日期是否符合规定，金属罐接缝及卷边是否正常，底盖有无凹瘪、凸起现象，玻璃罐封口是否严密等。

(2) 敲打试验　用特制的金属棒或木槌敲击罐盖或罐底，从发出的声响和传递到手上的感觉来判断罐头的真空度高低及其质量的优劣。良质的罐头发出清脆的"叮叮"音，次质罐头发出混浊的"扑扑"声。

(3) 密封性试验　将罐头放入80℃热水中，观察接缝及卷边是否有成串的小气泡，若有即说明罐头的密封性不良。

(4) 真空度测定　用真空表测定，良质罐头的真空度在$2.37\times10^4\sim5\times10^4$Pa之间。

(5) 保温试验　将罐头放入保温室内，保温一定时间后，观察底盖是否有凸起现象的试验，也称膨胀试验，良质罐头无胀听现象。

（6）容器内壁检验　将罐内内容物倒出，洗净空罐，观察内壁有无锈蚀、黑斑、流胶现象。

（7）内容物的感官检查　观察内容物的色泽、组织状态、滋味和气味，以及杂质存在情况，最后称量一下固形物、汤汁质量。

7. 农林果品罐头的贮藏

罐头要充分冷却后入库贮藏，贮藏过程中特别需要注意以下几点。

（1）温度　罐头贮存的适宜温度是 $4\sim10℃$。温度过高，会加速罐头内壁腐蚀，发生胀听；温度过低，内容物冻结，影响食品的质地和风味。贮存过程中，还要避免温度的剧烈波动及变化。

（2）湿度　一般相对湿度为 70％ 左右。空气湿度过大，罐头外部易生锈。

（3）通风　要防止因湿度变化，水蒸气在罐头表面凝结，所以贮存过程中要有良好的通风条件。对贮存的罐头应经常检查，并及时检出坏罐。

五、农林果品罐头加工实例

以糖水猕猴桃罐头的加工为例。

（1）原料选择　选果型大、肉质厚、含糖多、香味浓的品种，以无毛的圆形或椭圆形品种较为适宜。加工前，将霉烂、有病虫害和机械伤、畸形、成熟过度及直径小于 30mm 的果子剔除。

（2）生产过程　原料选好后，用水充分洗净，投入浓度为 20％～25％、温度在 92～97℃ 的碱液中浸渍 3～4min 后，立即取出漂洗，并摩擦去皮。猕猴桃片按大、中、小三级分别切片，厚度 4～6mm。然后选片，装罐，注入浓度为 35％，温度为 80℃ 的热糖水。再排气，封罐。按杀菌公式 5min—15min/100℃ 杀菌，然后冷却至 40℃ 左右，擦净入库贮藏。

第六节　农林果品果汁加工技术

农林果品果汁的生产在果品加工业中历史较短，1869 年美国某公司对瓶装葡萄汁进行第一次巴氏杀菌，开始了小包装非发酵性纯果汁的商品化生产，1920 年才开始有工业化生产。1929 年在美国佛罗里达诞生了第一罐橙汁，1960 年已生产 65％ 浓缩橙汁 35 万 t。农林果品生产后保藏技术的进步，浓缩果汁加工设备和技术的发展，为鲜果加工开辟了新的出路，从而促进了农林果品果汁生产迅速发展，逐渐成为很多国家的主要饮料。

一、果汁的种类

果汁是新鲜水果经挑选和洗净、榨汁或浸提等方法制得的汁液。

1. 按形状和浓度不同分类

（1）原果汁　又称天然果汁，系由鲜果肉直接榨出的果汁，含原果汁 100％，未经浓缩。

（2）浓缩果汁　将榨取的果实原汁，经过浓缩以除去果汁中部分水分而成。

（3）果饴　又称果汁糖浆，系在原果汁加入大量食糖配制成的产品。

（4）果汁粉　是浓缩果汁脱水干燥后的产品，含水量1‰～3‰。

2. **按透明与否分类**

（1）澄清果汁　也称透明果汁，不含悬浮物质，澄清透明，制品的稳定性好，但营养损失较大，如苹果汁、葡萄汁、草莓汁、梨汁。

（2）混浊果汁　也称非澄清果汁或带肉果汁。指果汁中存在一定量的果肉微粒或色粒，如果粒橙汁等。

二、果汁加工的基本工艺

1. **果汁加工的基本工艺步骤**

原料的选择、分级和洗涤→破碎、压榨和粗滤→澄清和过滤→均质、脱气→果汁调配→包装、杀菌。

2. **工艺要点**

（1）原料的选择和洗涤　制汁原料选择新鲜、成熟、风味好、香气浓郁、色泽稳定、汁多、糖酸比适度的原料。应剔除霉烂果、病虫果、受伤变质果、未熟果和杂质，以保证果汁的质量。果汁只能从完整成熟的果实中制取，因为原料成熟度低，果汁风味不好，原料过熟，会出现乳酸和乙酸，有发酵味，使果汁风味不正，降低出汁率。

农林果品必须充分洗涤，减少杂质、微生物的污染和农药残留。浆果类软体果实清洗时须十分小心，不要损伤果实。洗涤一般先浸泡后喷淋或用流动水冲洗。

（2）原料的榨汁和浸提　榨汁是果汁加工的主要操作之一，含果汁丰富的果实，大都采用压榨法来提取果汁，含汁较少的果实，如山楂等可采用加水浸提的方法来提取果汁。除了柑橘类果汁和带肉果汁外，一般压榨取汁生产常包括破碎工序。

① 破碎和打浆。为了获得最大出汁率，果实压榨前须进行适度破碎，尤其对皮、肉致密的果实来说，破碎工序更要细心。破碎程度依果实种类而定，如苹果、梨破碎到0.3～0.4cm为宜，草莓、葡萄以0.2～0.3cm为宜，太细反而影响出汁率。破碎后的果肉榨汁前可以加热处理（60～70℃，15～30min），使果肉软化，果胶物质水解，汁液黏度降低，提高出汁率，并且有利于色素和风味物质的溶出。也可以加果胶酶制剂，分解果肉中的果胶物质，使黏度降低，提高出汁率，但需严格控制用量、作用时间及温度。

经破碎或预处理的原料即可进行榨汁，榨汁机械分间歇式和连续式两类，前者如杠杆式、板框螺旋式、水力式压榨机等，后者如连续式螺旋压榨机等。

② 榨汁。大多数水果其果汁包含在整个果实中，一般通过破碎就可榨汁。对压榨出的果渣的检查以没有汁液流出为度。生产上为提高出汁率必须缩短压榨时间，开始压榨时压力不应太大，持续压榨一定时间再加大压力，可增加出汁率。常用的榨汁机有杠杆式榨汁机、螺旋榨汁机、液压式榨汁机、离心分离榨汁机等。

果实的出汁率取决于果实的质地、品种、成熟度和新鲜度、加工季节、榨汁方法和榨汁的效能。此外，压榨饼的孔隙度、果汁的黏度对出汁率也有很大的影响。一般以浆果类出汁率最高，柑橘类和仁果类略低。

对于果汁含量较少的果实，可采用加水浸提法。例如山楂片提汁时，是先剔除霉烂果片，用清水洗净后加水加热至85～95℃，浸泡24h，滤出浸提液备用。

③ 粗滤。新鲜榨出的农林果品果汁，一般都含有各种形式和数量不同的悬浮物质，如种子、果皮和其他悬浮物等，其类型和数量依榨汁方法和植物组织结构而异，这些物质不仅

影响果汁的外观状态和风味，也会使果汁很快变质，因而需进行过滤。

过滤时首先进行粗滤，用2mm振动筛或振动筛滤机滤去粗渣和种子。这主要用于制混浊果汁，使果汁中保留均匀细微的悬浮物质，这对保持果汁的色泽和风味很重要。

对于制澄清汁，粗滤后还需进行精滤，或先行澄清后过滤，用0.1～0.3mm刮板过滤或离心过滤（内衬80目绢布），或以高速离心分离机去粗颗粒和粗纤维。

三、各种果汁制造上的特有工序

1. 澄清果汁的澄清

制澄清果汁的关键工序是澄清和过滤，通过澄清和过滤，除了去除新鲜榨出汁液中的全部悬浮物外，也需除去易致沉淀的胶粒。常用的澄清法有以下几种。

（1）自然澄清　破碎压榨出的果汁静置于密闭容器中，长时间静置，使悬浮物沉淀，果胶质逐渐水解而沉淀，从而降低了果汁的黏度。在静置过程中蛋白质和单宁也逐渐形成不溶性的沉淀，所以长时间静置可以使果汁得到澄清。但此法需时较长，易造成果汁的败坏，仅适用于由防腐剂保藏的果汁。

（2）明胶单宁法　此法是利用单宁与明胶络合成不溶性的鞣酸盐而沉淀的作用来澄清果汁，在此络合物沉降的同时，果汁中的悬浮颗粒也被缠绕而随之沉降。所用明胶和单宁溶液的浓度分别为0.5%和1.0%，使用前先进行澄清试验，而后确定使用剂量，溶液加入后，于10～15℃下静置6～12h，令其沉淀。

（3）加热凝聚澄清法　果汁中的胶体物质常因加热而凝聚沉淀。其方法是在80～90s内，将果汁加热到胶体凝聚温度80～82℃，维持1～3min，然后以同样短的时间冷却至室温。由于温度的剧变，果汁中的蛋白质和其他胶体物质变性，凝固析出，使果汁澄清。

（4）加酶澄清法　此法是利用果胶酶制剂来水解果汁中的果胶物质，使果汁中其他胶体失去果胶的保护作用而共同沉淀，达到澄清的目的。这些酶制剂的用量是根据果汁的性质、果胶物质的含量及酶制剂的活力来决定，一般用量为果汁的0.2%～0.4%。加入后约4h，果汁因果胶物质大部分被分解而得以澄清。

（5）冷冻澄清法　冷冻可改变胶体的性质，使在解冻时形成沉淀，这种胶体的变性作用是浓缩和脱水复合影响的结果。如雾状混浊的苹果汁经冷冻后常易于澄清，葡萄汁和草莓汁也有同样的情况。

2. 混浊果汁的均质

均质是混浊果汁制造上的特有工序。均质时，将粗滤果汁中的悬浮粒通过均质机孔径为0.002～0.003mm的小孔，使其中的细小颗粒进一步细微化，均匀而稳定地分散于果汁中。果汁经均质后，色泽和外观得到了改善，装瓶后也不致发生沉淀而失去浑浊度。

3. 脱气

脱气可除去果汁中的空气，抑制褐变及色素、维生素C、芳香物质和其他物质的氧化；除去附着于果汁中悬浮微粒上的气体，抑制微粒上浮，保持外观良好；减少装罐和高温瞬间杀菌时果汁起泡，提高杀菌效果；减少对罐头内壁的腐蚀等。

果汁脱气的方法有以下几种。

（1）真空脱气法　采用真空脱气机，将果汁引入真空锅的室内，然后被喷射成雾状或注射成液膜，以增大果汁面积，使果汁中的气体迅速逸出，真空锅室内真空度为88～90kPa，温度最好低于 43℃。真空脱气处理方法一般会有 2%～5% 的水分和少量挥发性香味物质损失，可以安装芳香回收装置，将气体冷凝，再将冷凝液作为香料回加到产品中。

（2）加热脱气法　将果汁温度升至 50～70℃（常温脱气温度 20～25℃），使其中的空气受热的作用而排出。

（3）氮交换法　在果汁中压入氮，使果汁在氮的泡沫流的强烈冲击下失去所带的氧，最后剩下的几乎全是氮。

此外，还有加抗氧化剂脱气法，即在果汁装罐时加入少量抗坏血酸等抗氧化剂以去除罐头顶隙中的氧。

4. 果汁的浓缩和脱水

浓缩果汁具有体积小，可溶性的物质含量高，便于贮运，节约包装及运输费用等优点，经过浓缩和调整可以克服果汁因果实采收期和品种不同所造成的成分上的差异，使产品质量达到一定的规格要求。

制作浓缩汁，需要有脱水浓缩的工序。浓缩前原果汁应经过滤脱气、杀菌和冷却等工序，防止浓缩过程中受微生物及酶的影响。

果汁浓缩主要有以下几种方式。

（1）真空浓缩法　在减压下，浓缩温度一般为 25～35℃，不宜超过 40℃。真空度约为 91kPa 左右，果汁在真空浓缩的过程中由于芳香成分的损失，制品风味趋于平淡，在浓缩后可添加部分原果汁或果皮（主要是柑橘类）的冷榨油，或将浓缩时回收的香精油，回加于浓缩果汁中都可克服以上缺点。真空浓缩常用的有真空锅浓缩法、降膜式浓缩、离心薄膜式浓缩、真空闪蒸浓缩法等。

（2）冷冻浓缩法　此种浓缩方法是先将果汁缓慢冷却，当达到与果汁浓度相应的冰点温度时，果汁中的水分形成许多比较粗大的晶柱，即可获得浓缩果汁。

冷冻浓缩法因采用低温而无明显不良影响，尤其是挥发性风味物质损失极微，产品品质比真空浓缩的产品好。

但果汁越浓，黏度越大，冻结的温度也越低，果汁与冰块就很难分离，所以，冷冻浓缩的浓缩度有一定的范围，一般用冷冻浓缩法所得的果汁其可溶性物质的含量最高只能达到 50%。此外，离心机分离时，会使部分果汁黏附在晶体柱上造成损失。再有就是费用高，机械能耗大。

（3）反渗透浓缩　这是一种现代的膜分离技术，半透膜是由醋酸纤维或芳香聚酰胺等纤维制成，须具有较大的渗透性和选择性。此种浓缩方法是将可溶性固形物浓度高的果汁用 $100～150kgf/cm^2$（$1kgf/cm^2=98066.5Pa$）的压力加压，迫使其水分通过特制的半透膜向可溶性固形物浓度低或者等于"0"的一方，从而使果汁得到浓缩。

果汁用反渗透浓缩能避免加热浓缩带来的一切不良后果，保留新鲜果汁原有的色、香、味和营养成分，并且生产费用也较低。

5. 果汁的调配

为使果汁符合一定的规格要求和改进风味，需要适当调整成分比例，但调整范围不宜过大，以免丧失果汁原来的风味。一般认为，非浓缩果汁适宜的可溶性固形物和酸分的比例约为 13：1～15：1 左右。为了使果汁饮料符合一定规格要求和风味要求。一般果汁只进行糖酸调配，也可添加适量的食用色素和香精以改进果汁的色泽与风味。

6. 果汁杀菌

农林果品果汁杀菌工艺正确与否，不仅影响到产品的保藏，而且影响到产品的质量。常用的杀菌方法有以下几种。

(1) 巴氏杀菌法　将果汁加热到 80℃，保持 30min，然后冷却。此法由于加热时间长，果汁营养物质损失大。

(2) 高温短时杀菌法　将果汁加热到 90℃，保持 30～90s，然后立即冷却。此法营养物质损失小，适用于热敏性果汁。

(3) 超高温瞬时杀菌法　将果汁在 120℃以上加热 3～10s 杀菌。此法尤其适用于蔬菜汁，杀菌效果好，营养物质损失很小。

杀菌后的农林果品果汁应迅速装罐，最好采用无菌罐装。

7. 农林果品果汁的包装

农林果品果汁的包装有冷包装和热包装，所谓冷包装即包装前后不进行加热杀菌，例如各种冷冻浓缩果汁，但大多数果汁都进行热包装，都需加热杀菌，目的是为了保持果汁优良的品质。

四、农林果品果汁加工实例

以蓝靛果汁的加工为例，介绍其工艺过程。

蓝靛果汁有混浊蓝靛果汁和透明蓝靛果汁两种。它们的基本加工工艺相同，不同的是混浊蓝靛果汁采用均质步骤，而透明蓝靛果汁采用澄清过滤步骤。

(1) 选果　剔除腐烂、病虫害、严重机械损伤等不合格的蓝靛果。

(2) 清洗　蓝靛果浸泡后用流动水洗净。

(3) 修整　有局部病虫害、机械损伤的不合格蓝靛果，用不锈钢刀修削干净，并清洗。合格的蓝靛果切瓣去果心。

(4) 破碎　用不锈钢破碎机将蓝靛果破碎成碎块，及时把破碎的蓝靛果送入榨汁机。

(5) 榨汁　用螺旋压榨机将破碎后的蓝靛果榨出蓝靛果汁。

(6) 加热　榨出的蓝靛果汁不宜存放，立即用夹层锅或管式消毒器加热灭酶，温度 85℃，然后冷却到 65℃。

(7) 均质（混浊果汁）　以 100～120kgf/cm^2 的压力进行均质。有条件的，在均质前宜先以 77kPa 以上真空脱气。

(8) 澄清过滤（透明果汁）　透明蓝靛果汁要采用澄清、过滤工艺。先用酶制剂法澄清后，再用饮料过滤机过滤，滤出的蓝靛果汁要求澄清透明。

(9) 调和　天然蓝靛果汁根据原料的糖酸度调整到成品糖度为 12%，酸度为 0.4% 左右。

(10) 装罐　有条件的工厂最好用 5104 号罐包装，内装透明蓝靛果原汁 200g，也可以用自动定量灌瓶机灌瓶。装罐（瓶）前果汁温度一般不低于 70℃。

(11) 密封　使用金属罐时用封罐机密封，使用瓶装，根据不同瓶子的要求用压盖机或旋盖机密封。密封前果汁温度不低于 65～70℃。

(12) 杀菌　密封后的果汁在 85℃的热水中杀菌，杀菌时间根据杀菌效果决定，一般以 10min 左右为宜。

(13) 冷却　杀菌后的蓝靛果汁立即转入冷水中快速冷却至常温。在使用玻璃瓶包装时，冷却水的温度不要太低，防止炸瓶。

（14）**浓缩、杀菌、包装** 一般采用低温真空浓缩法，浓缩到 65%，然后在 93℃杀菌 30s，冷却至 85℃，装瓶、排气、封罐即成制品。

第七节　果酒与果醋的加工技术

一、葡萄酒酿造技术

葡萄酒是以新鲜葡萄或葡萄汁为原料经酵母菌酒精发酵而成的低度酒。在这个酿造过程中，葡萄浆果里的糖，经酵母菌的作用，分解为酒精及其副产物，而葡萄浆果里的其他成分，如丹宁、色素、芳香物质、矿物质及部分有机酸，以不同形式转移到葡萄酒中，因而葡萄酒是一种营养非常丰富的酿造酒。

（一）葡萄酒的定义与分类

1. 葡萄酒的定义

根据国际葡萄与葡萄酒组织（OIV）的规定，葡萄酒只能是破碎或未破碎的新鲜葡萄果实或葡萄汁经完全或部分酒精发酵后获得的饮料，其酒度不能低于 8.5°。但是，根据气候、土壤条件、葡萄品种和一些葡萄酒产区特殊的质量因素或传统，在一些特定的地区，葡萄酒的最低总酒度可降低到 7.0°。

2. 葡萄酒的分类

（1）**按照葡萄酒的颜色分类**

① 红葡萄酒：用红葡萄带皮发酵，或用先以热浸提法浸出了葡萄皮中色素和香味物质的葡萄汁发酵、陈酿制成。酒的颜色为红中微带棕色，主要有紫红、深红和宝石红色。具有浓郁的果香和优雅的葡萄酒香，没有涩口或其他刺激感。

② 白葡萄酒：用白葡萄或皮红汁白的葡萄的果汁发酵制成。酒的色泽从无色到金黄，主要为微绿、浅黄、淡黄、禾秆黄。具有新鲜的果香和优美的酒香，酒味清雅爽口。

③ 桃红葡萄酒：用红葡萄或红、白葡萄混合，带皮或不带皮发酵制成。葡萄固体成分浸出少，颜色介于红白葡萄之间，主要有淡红、玫瑰红和砖红色。色泽鲜明悦目，具有明显的果香及和谐的酒香，新鲜爽口，酒质柔顺，是一种可口饮料。一般用于佐餐，但是缺乏陈化能力，难以酿出高级酒。

（2）**按葡萄酒中含糖量分类**

① 干酒：含糖量小于或等于 4g/L 或者当总糖与总酸（以酒石酸计）的差值小于或等于 2g/L 时，含糖量最高为 9g/L 的葡萄酒。

② 半干酒：含糖量大于干酒，最高为 12g/L 或者当总糖与总酸（以酒石酸计）的差值小于或等于 2g/L 时，含糖量最高为 18g/L 的葡萄酒。

③ 半甜酒：含糖量大于半干酒，最高为 45g/L 的葡萄酒。

④ 甜酒：含糖量大于 45g/L 的葡萄酒。

（3）**根据酒中二氧化碳的压力**

① 平静葡萄酒：在 20℃时，CO_2 压力小于 $5×10^4$Pa 的葡萄酒为平静葡萄酒。

② 起泡葡萄酒：在 20℃时，CO_2 压力等于或大于 5×10^4 Pa 的葡萄酒为起泡葡萄酒。

③ 起泡葡萄酒又可分为：

当 CO_2 压力在 $5 \times 10^4 \sim 2.5 \times 10^5$ Pa 时，称为低起泡葡萄酒（或葡萄汽酒）；当 CO_2 压力等于或大于 3.5×10^5 Pa（瓶容量小于 0.25L，CO_2 压力等于或大于 3.0×10^5 Pa）时，称为高起泡葡萄酒。

当 CO_2 全部来源于葡萄经密闭（于瓶或发酵罐中）自然发酵产生时，称为天然起泡葡萄酒（香槟酒为代表）。当 CO_2 是人工加入时，称为加气起泡葡萄酒。

（4）根据再加工方式

① 利口葡萄酒：在葡萄原酒中，加入白兰地、食用蒸馏酒精或葡萄酒精以及葡萄汁、浓缩葡萄汁、含焦糖葡萄酒等，酒精度为 15°～22°的葡萄酒。

② 加香葡萄酒：以葡萄酒为酒基，浸泡芳香植物（或添加其浸提物）而制成的、酒精度为 11°～24°的葡萄酒。

③ 白兰地：葡萄酒经过蒸馏而成的蒸馏酒。有些白兰地也可用其他水果酿成的酒制造，但需冠以原料水果的名称，如樱桃白兰地、苹果白兰地和李子白兰地等。

（二）葡萄酒的成分与香味

1. 葡萄酒的成分

目前，在葡萄酒中已鉴定出 1000 多种物质，其中只有 350 多种已被定量鉴定。葡萄酒成分的复杂性，给消费者带来了双重的利益：葡萄酒的成分之多，使制假者无法制造出真正的葡萄酒；同时，葡萄酒的复杂性还是其营养和保健价值的证据，它说明葡萄酒并不是一种简单的酒精水溶液。

在葡萄酒的 1000 多种成分中，包括氧化物、还原物、氧化-还原催化剂（金属或酶）、有机酸及其盐、酶及其活动底物、微生物的营养成分等。所有这些成分就成为葡萄酒的化学、物理化学和微生物学不稳定性的因素。所以，葡萄酒是一种随时间而不停变化的产品，这些变化包括葡萄酒的颜色、澄清度、香气、口感等。如在有的情况下，葡萄酒也会"生病"：它会浑浊、沉淀、失色、失光，甚至变成醋。如果将一瓶葡萄酒开启后，放置在室温下，让它与空气长期接触，它就会很自然地长出酒花或者变成醋，或者会再发酵（如果葡萄酒中含有糖）。此外，对于陈酿多年的葡萄酒，还会出现沉淀（包括色素、丹宁和酒石）。葡萄酒的这一不稳定性就构成了葡萄酒的"生命曲线"。不同的葡萄酒都有自己特有的"生命曲线"，有的葡萄酒可保持其优良的质量达数十年，也有些葡萄酒需在其酿造后的六个月内消费掉。葡萄酒工艺师的技艺就在于掌握并控制葡萄酒的这一变化，使其向好的方向发展，同时尽量将葡萄酒稳定在其质量曲线的高水平上。

2. 葡萄酒的香味

香气是给予消费者满足感所不可缺少的因素。香气在葡萄酒中具有特殊的重要性。构成葡萄酒香气的物质种类也极多。

香气使葡萄酒具有个性，使每个葡萄酒都具有其区别于其他葡萄酒的独特的风格。它决定于葡萄品种、产地，有时也决定于酿造技术。

（1）果香与酒香　酒的香气比味觉更难以把握和描述。概括地讲有八种香气：动物气味、香脂气味、烧焦气味、化学气味、（厨房用）香料气味、花香、果香、植物与矿物气味。

我们一般把葡萄酒中的香气分为两大类：果香与酒香。

　　① 果香。葡萄酒的果香来源于葡萄。果香在葡萄中是以游离态（有香气）即原生香和结合态香（无香气）两种形式存在。结合态的香气成分可通过酿造过程被释放出来，被称作次生香。这是某些品种的葡萄原来香味并不明显，但是经过发酵以后，则出现了该普通品种的独特香气的原因。因此，葡萄酒的香气不仅与葡萄之中的游离芳香物质有关，还与结合芳香物质有关，并且还受这些物质在酿造过程中的浸提和释放芳香物质的能力的影响。

　　葡萄酒中的果香主要由酯类和萜类引起，其量甚微，不容易长期保存，随着酒龄的增长而消失。果香在葡萄酒中占有重要的地位，对葡萄酒的风格有非常大的影响。

　　② 酒香。在葡萄酒的各种香气中，酒香常常占主导地位，然而酒香是什么，直到今天人们也不能明确地描述它，只知道酒香并不单是指酒精的香气，而是多种香气混合在一起，又经长时间的氧化、还原、缩合、歧化等作用形成的一种醇厚的老酒香气。

　　葡萄酒香是原料葡萄经微生物发酵之后再通过陈酿（老熟）而产生出来的特有的优美香气。其中，我们把无氧条件下产生的陈香叫作醇香，是优质红葡萄酒的特征性香味；而把有氧条件下产生的陈香叫作氧化香，即以雪利酒为代表的香味。

　　酒香是在发酵及贮存中产生和发展的，是由于发酵微生物的代谢作用和酶的作用以及贮存容器的接触作用等，使葡萄酒的成分发生了一系列的变化。引起酒香的物质有酯类、醛类、酮类、脂肪酸以及酵母自溶物等。酒香随酿造工艺不同而有变化，而且具有特定的原料和地区特点。

　　酒香是葡萄酒最主要的特性，它决定了葡萄酒的"个性与品质"。它与经过贮存而变得舒服柔和的果香综合为一体而形成该种葡萄酒的独特风格。

　　(2) 葡萄酒的香味平衡　一个酒的感官性质依赖于它的化学组分。酒可以被看作是含有醇、糖、有机酸、盐、酚类化合物和其他物质的水溶液。这些组分中，每种都有它特有的气味和滋味，在酒中融合为一个协调的整体。一个酒的质量和风味并不是这些单一物质的品质的总和，而是这些成分协调的共同性质。概括地说，酒的味是一个平衡系列的结果，即在有气味物质和有滋味物质之间达成香气和味道的协调平衡，在愉快的甜味和不愉快的酸味、苦味和咸味之间协调一致。一个质量好的酒，这些成分的协调比例必定是很适当的，不论是甜白葡萄酒、干白葡萄酒，还是不含还原糖的红葡萄酒都是这样。

　　通过添加人工制造的普通香料，去获得自然酒香的协调平衡是不可能的。若加入人工香料的量太小，会被酒的综合香气所淹没，毫无结果，若加入的量超过感观阈值，这种占优势的香气会表现出外来的非酒中香气的特征，有经验的品尝者一下子就会识别它，也很容易被气相色谱技术检测出来。

　　人们在喝酒的时候，嗅觉香气和味觉滋味是同时被感知的，统称其为香味。香气成分当然是酒体印象的重要一部分，如果把一个酒用溶剂处理，去掉所有的香气物质，这个酒将会是十分平庸乏味的。另外，若把酒中的不挥发固定物质拿掉，同样也会使香气的强度改变，这个酒将是寡淡的。

　　葡萄原料本身也有一个水果香气、木质香气、单宁香气和其他酚类化物香气的自然平衡问题，所以按照单宁含量和酿造方法的不同，可以是果香型的酒，也可以是陈酿型的酒。所以红葡萄酒可以有三个级别：新鲜型、欠浓厚型和单宁改善型。

　　总之，一个好的酒总要做到香气和口味都是平衡的。

　　3. 葡萄酒中的主要的风味成分

　　(1) 醇类　葡萄酒中含有的醇类很多，其中主要的有以下几类。

① 乙醇。发酵好的葡萄酒的乙醇含量为 8%~18%（体积分数），具有芳香和带刺激性的甜味。在水溶液里经过长期贮存，刺激味减少，甜味显出，是干酒中甜味的来源之一。

对于干酒来说，醇是给出甜味的最主要物质。每升含有 32g 醇的水溶液和每升含有 20g 葡萄糖的水溶液有相同的甜度。把蔗糖溶液轻微地醇化，它的甜味明显地增加。

乙醇在纯水溶液中的滋味阈值为 40~52mg/L，在糖溶液中的滋味阈值高，最高可达 30g/L。

乙醇溶液经过贮存刺激性减少的原因是乙醇可与水通过氢键缔合成分子团，人的感官只能被那些没有缔合的外围乙醇分子所刺激。因此，缔合度越高即分子团越大，其滋味阈值就越高，就越感觉柔和协调。

酒度的高低对葡萄酒的风味有着非常重要的影响。酒度低的酒显得平淡无味，但是若能和酸糖调和好的话，则给人以愉快的感觉，只不过找到平衡点困难一些。酒的醇香在 10.5° 以下是不容易出现的，而且乙醇含量低于 10% 的葡萄酒，容易招致微生物污染，造成酒液败坏。但是高酒度的酒（一般为超过 14°）假如没有好的平衡，会使人产生炽热辛辣的感觉，也不是好酒。

乙醇也是葡萄酒中易挥发物质的良好的溶剂。改变酒度的高低能够改变这些易挥发组分的溶解度或挥发度，因而带来了风味上的变化。所以确定某一葡萄酒的酒度应力求达到酒中各种成分的良好融合，即醇和的目的。

② 高级醇。是指比乙醇多一个或一个以上的碳原子的一元醇。可溶于酒精而难溶于水，在酒度低的时候似油状，所以在酒精工业中又叫杂醇油。主要以异戊醇、活性戊醇和异丁醇为主。

高级醇是饮料酒中不可缺少的成分，在少量时会带来受人欢迎的香味，这不单单是由于它本身的气味，同时也由于它的溶剂作用而改变了酒中香气成分的含量。高级醇还是构成酒中酯类的重要成分，会产生特殊的香气。但是高级醇含量过高时，不但使葡萄酒具有使人不愉快的气味和粗糙感，而且使人头痛易醉。在其浓度高时，刺激性明显增大。多元醇等甜味物质占优势的酒，一般是圆润的，但若缺少足够的酸度和单宁时便缺乏新鲜感和立体感。

③ 甘油。甘油可增加葡萄酒的甜度，对干酒的甜度有较大影响。甘油在水中的滋味阈值为 3.8~4.4g/L，在葡萄酒中则随 pH 值和酒度而改变，在 pH=3.4，浓度为 10% 的酒精溶液中，其滋味阈值为 10g/L。在干酒中含甘油高而总酸不太高时，往往难以区分是干酒还是半干酒。这种甜味使干酒表现出轻快圆润的感觉。葡萄酒中甘油的生成量，主要取决于酵母的种类，其次与发酵温度有关。一般葡萄酒中甘油的含量在 7~8g/L，有的甚至可以达到 20g/L。

④ 双乙酰。双乙酰主要来源于酵母代谢过程。乳酸菌也能产生较高的双乙酰。双乙酰在啤酒中有馊饭味，而在葡萄酒中只要超过 0.8mg/L（正常为 0.2mg/L）就呈强烈的酸奶油味。双乙酰经过长期贮存之后（或者工艺处理）可转化为 2,3-丁二醇。2,3-丁二醇略有甜味，滋味阈值也比较高，就不影响酒的质量了。

（2）醛类

① 乙醛。乙醛是发酵副产物之一，因而也是酒中的必然成分。但是乙醛给酒以不好的滋味（苦味和氧化味），是形成生酒味的成分之一。正常情况下新发酵葡萄酒中乙醛含量在 75mg/L 以下。乙醛在水中的滋味阈值为 1.3~1.5mg/L，而在佐餐葡萄酒中是 100~125mg/L。

② 羟甲基糠醛。羟甲基糠醛是果糖在酸性溶液中受热脱水后生成的。葡萄酒中有羟甲基糠醛存在，表明葡萄酒在酿造过程中受过热处理，含羟甲基糠醛多的葡萄酒，其量可超过 300mg/L。

（3）酯类　酯类是葡萄酒中芳香的主要来源之一，对于滋味的构成也起到重要作用。但是不管是在葡萄酒中还是在啤酒中，一定量的酯含量是必要的，但是过高就不好了。比如葡萄酒中含量最大的酯类是乙酸乙酯。当乙酸乙酯的含量在 200mg/L 以下时，有很好的香味，超过此量，就有尖锐的刺激味和令人不愉快的芳香味。另外还有乙酸异戊酯、丁酸乙酯、己酸乙酯等。

（4）有机酸类　酸味是葡萄酒的风味之中最主要的一项。葡萄酒中的酸类物质一部分来源于葡萄，有酒石酸、苹果酸和柠檬酸；另一部分来源于发酵，主要有琥珀酸、乳酸、丙酸、乙酸。葡萄酒液的酸度来源于没有解离的酸和氢离子浓度的总体反应，一般，葡萄酒的 pH 为 3.1～3.7，酸度为 0.4～0.9（100% 的柠檬酸为 100）。葡萄酒的总酸用酒石酸表示。

葡萄酒中的有机酸可分为两大类。

① 不挥发酸。指葡萄酒中不随水蒸气一起挥发的有机酸，主要有酒石酸、苹果酸、柠檬酸、琥珀酸和乳酸。不挥发酸是影响葡萄酒品质的主要因素之一。酸味对酒味和香味都有增强作用，适当高的不挥发酸含量给人以清凉爽口的感觉（活泼性），而不挥发酸含量过高的酒则显得粗糙，失去回甜，而过低时就会寡淡，呆滞。主要有酒石酸、苹果酸、柠檬酸、琥珀酸、乳酸等。

不挥发酸对葡萄酒的防腐与保持酒颜色有一定作用。

② 挥发酸。指能随水蒸气挥发而挥发的酸，主要有甲酸、乙酸、丙酸、丁酸。其中含量最大，影响最大的是乙酸。不挥发酸的量用乙酸表示。当挥发性酸含量少于 0.2g/L 时，饮用时会感到酒质欠柔，不够丰富，当含量大于 1.5g/L 时，则产生灼烧与变质感。一般以 0.25g/L 为宜。

（5）含氮物质　葡萄果汁和葡萄酒中都存在着多种含氮化合物，其中氨基氮的量占绝大多数，几乎是非氨基氮量的 80 倍。其来源是原果和酵母的自溶。葡萄汁中的含氮物质在葡萄酒发酵时对酵母增殖有益，而且在一定程度上可以增加葡萄酒的醇厚和营养。

但是评酒结果表明，超过了一定含量，酒中含氮物质含量越高，其质量就越低。有以下几个原因。

① 由于氨基酸的氧化脱氨作用，酒中提高了醛的含量而导致氧化味的出现。

② 容易滋生细菌，不利于稳定。

③ 容易产生絮状沉淀，不利于感官感受。

（6）酚类物质

① 花色苷。由花青素、花翠素和二甲花翠素与糖结合的苷。

② 类黄酮型酚类。包括儿茶酸、花色素原、黄酮醇、黄烷醇类。儿茶酸与花色素原两类物质可以聚合成缩合单宁。

③ 非类黄酮型酚类。包括白藜芦醇、没食子酸、原儿茶酸、肉桂酸衍生物等。

这些物质中可显色的酚类物质，称为色素物质。在新葡萄酒中色素物质主要为游离花色苷，以后逐渐被单宁聚合物和单宁-花色苷聚合物所代替。

色素物质特别是单宁有一种特殊的苦涩味。我们知道，甜、酸、苦、咸味是可以彼此相互掩饰的。红葡萄酒之所以没有白葡萄酒那么酸，也正是因为红葡萄酒中的单宁苦味掩饰了它的酸味。

(7) 糖类 干葡萄酒中所含的糖主要是残留的少量的葡萄糖、果糖和蔗糖（加糖发酵）。糖是甜葡萄酒甜味的主要来源。葡萄酒中的糖有增加甘甜、醇厚感的效果。糖、酸、酒配合好，使人感到爽顺、舒适。如果糖高而酸低，则会腻。糖低（或无）酸高则涩口。在葡萄酒中酒、酸、糖三者的比例恰当，干浸出物再配合好，则称之为协调。

(8) 浸出物 浸出物是指葡萄酒中不随水一起蒸发的物质。把这些不蒸发成分的总量减去糖分就是葡萄酒的干浸出物含量。干浸出物含量的多寡表现为口味上的浓淡，直接影响酒的典型性和醇厚感。当含量高时，在滋味上多出现浓的感觉，反之则感觉淡薄。但也不是含量越高越好，要与酒精、酸、单宁等成分配合好。葡萄酒的干浸出物含量一般为 20g/L 左右。因此干浸出物含量少就有可能掺假了。为了保证酒的质量，天然葡萄酒的干浸出物含量必须大于 14g/L。

(9) 无机盐 葡萄酒中的无机成分对酿造过程中的微生物生长和化学反应有着重要的作用，对葡萄酒的澄清和风味也产生着重要影响。

① 作为酵母生长繁殖的营养物质。

② 是葡萄酒干浸出物的组成成分。

③ 适当含量有利于葡萄酒协调丰富的口味。

④ 可以参加酿造过程的氧化还原反应（催化剂），加速酒的成熟。

⑤ 对葡萄酒的胶体稳定性不利。特别是铜和铁离子的作用尤为明显，所以一般在葡萄酒中铜离子限量在 2mg/L 以下，铁离子限量在 10mg/L 以下。

(10) 二氧化硫 二氧化硫在现代葡萄酒酿造中，常用于选菌、防腐和作为抗氧化剂。二氧化硫溶于酒中后一部分呈游离态，叫游离二氧化硫，另一部分与醛类物质相结合，叫结合二氧化硫。适量的二氧化硫对滋味无影响。但是过量使用，造成游离二氧化硫过多时，对鼻腔和口腔有刺激感，有类似蛋白腥味和臭鸡蛋味。如果结合态的二氧化硫过多，在酒咽下时，口中有苦的感觉。此外由于二氧化硫与乙醛的结合，影响到酒的陈酿。所以对葡萄酒中二氧化硫的要求是总二氧化硫要在 250mg/L 以下，游离二氧化硫要在 50mg/L 以下。

（三）酿酒葡萄

在所有水果中葡萄是最适合酿造果酒的，有以下原因。

① 葡萄汁含有的糖分的量，是酵母最适合作用的范围。

② 葡萄皮上带有优良的天然的酿酒酵母。

③ 葡萄汁里含有丰富的酵母生长、繁殖所需要的全部营养。

④ 葡萄汁的酸度较高、能抑制细菌生长，但是其酸度仍在酵母的适宜生长范围。

⑤ 由于葡萄汁的糖度高，发酵而得的酒度也高，再加上酸度高，从而保证了酒的生物稳定性。

⑥ 葡萄有美丽的颜色和或浓郁或清雅的香气，酿成酒色香味俱佳。

1. 葡萄的主要成分

葡萄包括果梗和果粒两个部分，其质量百分比约为果梗 4%～6%，果粒 94%～96%。

(1) 果梗 在酿造葡萄酒时，必须把葡萄的果梗除去，有以下原因。

① 果梗中所含有的单宁与果皮中的单宁不同，而且果梗中所含有的单宁具有粗糙的苦涩味，会败坏葡萄酒的风味。另外果梗中的木质素和树脂也有苦味。

② 果梗含糖很少，含水量又较多，所以会稀释葡萄酒。

③ 发酵时果梗的存在，会由于部分花色苷固定在果梗上，对酒的色泽不利。

④ 除掉果梗会减少发酵醪液体积，减少发酵容器的体积，便于输送，提高输送效率。

（2）果粒 果粒包括果皮、葡萄籽、果肉三个部分。

果皮中的单宁和花色苷对红葡萄酒的酿造非常重要。另外还有很丰富的芳香物质和碳、氮、无机盐和维生素，是酿造红葡萄酒不可缺少的一部分，对白葡萄酒则应根据所要酿造的葡萄酒成品的要求而判定。

葡萄籽所含有的单宁与果皮中的单宁不同，具有粗糙的苦涩味，会败坏葡萄酒的风味。葡萄籽中的脂肪会破坏葡萄酒的口感并影响其稳定性，所以在破碎葡萄时要尽量避免葡萄籽的破碎。

（3）果肉 果肉是酿造葡萄酒的主要汁液来源，含有还原糖、无机盐、苹果酸、酒石酸、单宁、含氮物质、果胶质等丰富的成分。当然，含量最大的是水分，要占据整个果粒质量的 85% 左右。

2. 葡萄一年的生长周期

无论是什么类型的葡萄酒，都是以葡萄浆果为原料生产的。葡萄浆果的成熟度决定着葡萄酒的质量和种类，是影响葡萄酒生产的主要因素之一。

因此了解葡萄果实的成熟现象和果实中的成分及其在成熟过程中的转化，并根据需要进行控制，是保证葡萄酒质量的第一步。

当春天的温度上升到 10℃ 时，葡萄一年的生长周期就开始了：新芽萌发，然后出现第一片新叶，接着新梢开始生长。到五六月份，花瓣开始形成，接着就是开花，形成幼果（坐果）。葡萄浆果从坐果开始至完全成熟，需要经历不同的阶段。

（1）幼果期 这个时期持续的时间从坐果开始，到转色期结束。在这一时期，幼果迅速膨大，并保持绿色，质地坚硬。糖开始在幼果中出现，但其含量不超过 $10\sim20g/L$。相反，在这一时期中，酸的含量迅速增加，并在接近转色期时达到最大值。

（2）转色期 转色期就是葡萄浆果着色的时期。在这一时期，浆果不再膨大。果皮叶绿素大量分解，白色品种果色变浅，丧失绿色，呈微透明状；有色品种果皮开始积累色素，由绿色逐渐转为红色、深蓝色等。浆果含糖量直线上升，由 $20g/L$ 上升到 $100g/L$，含酸量则开始下降。

（3）成熟期 从转色期结束到浆果成熟，大约需 $35\sim50d$。在此期间，浆果再次膨大，逐渐达到品种固有大小和色泽，果汁含酸量迅速降低，含糖量增高，其增加速度可达每天 $4\sim5g/L$。

（4）过熟期 在浆果成熟以后，果实与植株其他部分的物质交换基本停止。果实的相对含糖量可以由于水分的蒸发而提高（果汁浓度增大），浆果进入过熟期。过熟作用可以提高果汁中糖的浓度，这对于酿造高酒度、高糖度的葡萄酒是必须的。

从开花到果实成熟通常需要 $90\sim100d$，到了秋末，随着气温的降低，葡萄开始落叶，然后进入冬季休眠期。

在与所要酿造的葡萄酒种类相适应的葡萄成熟的最佳阶段进行采收，应是葡萄酒工艺师的第一位的任务。

浆果的成熟度可分为两种，即工业成熟度和技术成熟度。所谓工业成熟度，即单位面积浆果中糖的产量达到最大值的成熟度；而技术成熟度是根据葡萄酒种类，浆果必须采收时的成熟度，通常用葡萄汁中的糖（S）/酸（A）比（即成熟系数 M）表示。这两种成熟的时间有时并不一致，而且在这两个分别代表产量和质量的指标之间，通常存在着矛盾。

现在，通常在葡萄转色后定期采样进行分析，并绘制成熟曲线，根据最佳条件（即葡萄酒质量最好时），确定采收时的 M 值，从而确定采收期。对于同一地块的葡萄，在不同的年份，应使用相似的 M 值。

成熟度差的葡萄原料，缺乏果胶酶，因而果粒硬且汁少，不仅增加压榨的难度，而且葡萄汁中大颗粒物质含量高，影响葡萄酒的优雅度。此外，不成熟的葡萄原料中，富含氧化酶（影响葡萄酒的颜色和味道），脂氧化酶活性高（形成生青味），苦涩丹宁和有机酸含量高，缺乏干浸出物、色素和芳香物质。

在葡萄的成熟过程中，重要质量成分（酚类物质、花色素苷、芳香物质）的变化与糖的变化相似，即在成熟过程中，它们的含量也不断地上升。所以，糖是葡萄成熟的结果，随着它的含量的升高，所有其他的决定葡萄酒风格和个性的口感及香气物质都不停地上升，而实践证明，这些物质之间的平衡，即对应于最好的葡萄酒的原料中这些物质之间的平衡，只有在最优良的生态条件下在最良好的年份才能获得。

这些生物化学的研究结果，具有重要的实践意义。它们表明，用加糖发酵的方式来弥补由于不成熟原料含糖低的缺陷是不行的，因为成熟原料中除糖以外，还含有其他决定葡萄酒风格和个性的物质。即只有用成熟的原料才能酿造出优质的、独具风格的葡萄酒。

3. 葡萄品种对葡萄酒质量的影响

葡萄酒的特点首先决定于葡萄园的一系列因素。在这些因素中，气候和土壤是自然因素，它们一方面限制了葡萄栽培区域，另一方面又决定了葡萄酒的成分。在某一地理范围内，气候条件决定了可生产的葡萄酒种类（甜型、起泡、普通、白或红葡萄酒等），而土壤条件则会使在以上各种情况下的最终产品获得其特殊的个性。在一些特殊的自然条件下，就可以生产出一些特殊的、在世界上享有很高声誉的产品，如波尔多葡萄酒、波尔图葡萄酒以及赫雷斯白葡萄酒等。

栽培技术在一定范围内，也能影响葡萄的生理状况和生长发育，从而影响浆果和最终产品的特征。栽培技术决定于葡萄种植者，他们可以在气候和土壤条件允许的前提下，通过栽培技术的控制，获得所需产品的特性。

除以上因素外，所使用的葡萄品种，对葡萄酒的特征和质量起着决定性的作用。对于同一类型葡萄酒，不同的葡萄品种具有不同的浆果成分，因此，用之生产的葡萄酒的特点亦不相同，葡萄品种间颜色、风味、稠度等方面的差异，必然在其葡萄酒中反映出来。因此，根据原料的不同，可以生产出白葡萄酒、红葡萄酒，以及在酒度、酸度、芳香性、优雅度等方面各异的产品。如：糖度高、酸度低，易于过熟的葡萄品种，适于生产甜型葡萄酒；酸度高、糖度低的葡萄品种，适于生产起泡葡萄酒或蒸馏酒；糖度、酸度均高的葡萄品种，适于生产耐贮、需成熟的葡萄酒等等。

因此，葡萄品种对葡萄酒的质量、个性、风格，都有很大的影响。在以产地命名葡萄酒的国家和地区，每一个产区都规定了只能用某一些品种，而不能用另一些品种生产葡萄酒。这也表明在这些地区，品种起着决定性的作用。

葡萄品种的遗传特性，决定了其糖、酸、芳香物质、酚类物质以及其他物质的含量和产量，从而决定了它是否适于生产某类产品。所以，品种的选择必须与生产目标相适应。如果生产单品种葡萄酒，则可选用单一的品种，如波尔多的缩味浓；相反，如果需要各个品种葡萄酒之间能相互取长补短，则应选用一系列葡萄品种，如波尔多红葡萄酒的梅尔诺、赤霞珠、品丽珠等。

总之，在影响葡萄酒质量的各种因素中，最重要的是葡萄品种，但是品种并不是决定产品质量的唯一因素，它只能在与之完全适应的生态条件（包括气候、土壤条件）和栽培技术条件下，才能充分在葡萄浆果中表现出其优良特性，即表现出品种的潜在质量。而葡萄浆果的质量又仅仅是葡萄酒的潜在质量，这一质量的表现，决定于与之完全相适应的酿造方式和方法。

4. 常用酿酒用的葡萄品种

（1）白葡萄酒品种　主要为霞多丽、琼瑶浆、白雷司令、长相思、白麝香、灰雷司令、白品乐、米勒、白诗南、赛美蓉、西万尼、贵人香。

（2）红葡萄酒品种　赤霞珠、美乐（梅鹿辄）、黑品乐、西拉、品丽珠、佳美、味而多、宝石、神索、歌海娜、弥生、桑娇维塞、蛇龙珠。

（3）其他葡萄品种　汉堡麝香（玫瑰香）、白羽、佳利酿、白玉霓、烟73、烟74、玫瑰蜜、红麝香（红玫瑰）、晚红蜜、巴柯等。

（四）葡萄酒的加工工艺

葡萄酒的酿造，离不开葡萄原料、酿酒设备及酿造葡萄酒的工艺技术，三者缺一不可。要酿造好的葡萄酒，首先要有好的葡萄原料，其次要有符合工艺要求的酿酒设备，第三要有科学合理的工艺技术。原料和设备是硬件，工艺技术是软件。在硬件规定的前提下，产品质量的差异就只能取决于酿造葡萄酒的工艺技术和严格的质量控制。

1. 红葡萄酒工艺概述

红葡萄酒必须由红葡萄来酿造，品种可以是皮红肉白的葡萄，也可采用皮肉皆红的葡萄。酒的红色均来自葡萄皮中的红色素，绝不可使用人工合成的色素。

红葡萄酒的酿造方法有很多，共同特点都是去梗、压榨，再将果肉、果核、果皮统统装进发酵桶中发酵，发酵过程中酒精发酵和色素、香味物质的提取同时进行。发酵桶或罐都需要先用低剂量的二氧化硫处理，以防微生物污染。葡萄汁在大桶中发酵生成酒精的同时，果皮和果肉经过在葡萄汁中浸泡，5～7d内便发酵产生一定浓度的酒精并释出葡萄的色素。

红葡萄酒的酿造方法一般为传统发酵法（另外还有旋转罐法、二氧化碳浸渍法、热浸提法和连续发酵法）。

（1）工艺流程　葡萄采摘→破碎→除梗→主发酵→压榨葡萄渣→后发酵→澄清→陈酿→过滤→装瓶。

（2）成品要求　优良的干红葡萄酒应具有以下特点。

① 有自然宝石红色、紫红色、石榴红色等。

② 有该品种干红葡萄酒的典型性。这取决于葡萄的完好性和成熟情况，一般葡萄汁的相对密度至少在1.090～1.096的条件下，才能形成。

③ 葡萄酒含酸量应在5.5～6.5g/L，最高不应超过7.0g/L。

④ 葡萄酒中单宁含量少，不应使葡萄酒产生收敛过涩的感觉（在发酵过程中，渣与酒接触时间长，酒中会溶入一部分单宁）。

⑤ 葡萄酒应尽可能发酵完全。残糖量在0.5%以下。

⑥ 有浓郁回味悠长的酒香，口味柔和，酒体丰满，有完美感。

⑦ 葡萄酒味浓而不烈，醇和协调，没有涩、燥或刺舌等邪味。

2. 白葡萄酒工艺简介

（1）工艺流程　葡萄采摘→破碎→除梗→抽取自流汁→压榨葡萄渣→主发酵→澄清→后发酵→陈酿→过滤→装瓶。

（2）白葡萄酒和红葡萄酒的主要区别　如果将一粒红葡萄从中切开，就会发现只有葡萄皮是红色的，而葡萄果肉是白色的。这说明葡萄的红色素只存在于葡萄皮中。所以如果要生产白葡萄酒，就应将葡萄汁迅速压出，防止葡萄皮中色素溶解在葡萄汁中；而要想生产红葡萄酒，则应使葡萄皮中红色素溶解在葡萄汁中，即必须将葡萄汁和葡萄皮混合在一起，使葡萄汁对葡萄皮进行的浸渍作用。因此，红葡萄酒与白葡萄酒生产工艺的主要区别在于，白葡萄酒是用澄清葡萄汁发酵的，而红葡萄酒则是用皮渣（包括果皮、种子和果梗）与葡萄汁混合发酵的。所以，在红葡萄酒的发酵过程中，酒精发酵作用和固体物质的浸渍作用同时存在，前者将糖转化为酒精，后者将固体物质中的单宁、色素等酚类物质溶解在葡萄酒中。因此，红葡萄酒的颜色、气味、口感等与酚类物质密切相关。

白葡萄酒是用白葡萄汁经过酒精发酵后获得的酒精饮料，在发酵过程中不存在葡萄汁对葡萄固体部分的浸渍现象。此外，干白葡萄酒的质量，主要由源于葡萄品种的一类香气和源于酒精发酵的二类香气以及酚类物质的含量所决定。所以，在葡萄品种一定的条件下，葡萄汁取汁速度及其质量、影响二类香气形成的因素和葡萄汁以及葡萄酒的氧化现象即成为影响干白葡萄酒质量的重要工艺条件。

归纳起来，红葡萄酒和白葡萄酒的主要区别如下。

① 根据葡萄的颜色不同，可将葡萄品种分为白色品种（白皮白肉）、红色品种（红皮白肉）和染色品种（红皮红肉）三大类。用白色品种只能酿造白葡萄酒，染色品种只能酿造红葡萄酒，而用红色品种可酿造从白色到深红色的颜色各异的各种葡萄酒。

② 白葡萄酒是用白葡萄汁发酵而成，红葡萄酒是用葡萄汁（液体部分）与葡萄皮渣（固体部分）混合发酵而成，其颜色的深浅决定于液体部分对固体部分浸渍的强度：浸渍越强，颜色越深。

③ 固体部分带给葡萄酒的不仅是色素，同时带给葡萄酒的还有与色素一样同为酚类物质的单宁，葡萄酒的颜色越深，其由色素和单宁构成的酚类物质的含量也越高。

3. 酿造设备和厂房的配置要求

葡萄酒是供人饮用的酿造酒。饮用好的葡萄酒给人美的享受和艺术欣赏。葡萄酒应该具备酿造葡萄本身的果香和口味，后味洁净。"洁净"二字是衡量葡萄酒质量好坏的重要指标。人的嗅觉器官和味觉器官是相当灵敏的，在葡萄酒酿造过程中，任何污染和过失给葡萄酒带来的异杂味都是葡萄酒本身无法掩盖的，甚至是"致命的缺陷"。

所以，酿造葡萄酒的厂房，必须符合食品生产的卫生要求。要根据生产能力的大小设计厂房和选购设备。发酵车间要光线明亮，空气流通。贮酒车间要求密封较好。葡萄酒厂的地面，要有足够的坡度，用自来水刷地后，污水能自动流出去。车间地面不留水沟，或者留明水沟，水沟底面的坡面能使刷地的水全部流出车间。车间的地面最好是贴马赛克或釉面瓷砖，车间的墙壁用白色瓷砖贴到顶。厂房要符合工艺流程需要。从葡萄破碎、分离压榨、发酵贮藏，到成品酒灌装等，各道工序要紧凑联系在一起，防止远距离输送造成的污染和失误。

葡萄酒的加工设备，主要有葡萄破碎机、果汁分离机、果汁压榨机、高速离心机、灌酒机等，贮藏容器主要有发酵罐、贮酒罐等。要根据生产能力的大小，选择设备型号和容器规格，各种设备的生产能力和贮藏容器要配套一致。每种设备和容器，凡是与葡萄、葡萄浆、葡萄汁接触的部分，要用不锈钢或其他耐腐的材料制成，防止铁、铜或其他金属污染。

4. 葡萄浆和葡萄汁的制取

（1）原料分选　葡萄酒的质量，七成取决于葡萄原料，三成取决于酿造工艺，很难说这种估计是否绝对精确，但可以说葡萄原料奠定了葡萄酒质量的物质基础。葡萄酒质量的好坏，主要取决于葡萄原料的质量。

所谓葡萄原料的质量，主要是指酿酒葡萄的品种、葡萄的成熟度及葡萄的新鲜度，这三者都对酿成的葡萄酒具有决定性的影响。

不同的葡萄品种达到生理成熟以后，具有不同的香型、不同的糖酸比，适合酿造不同风格的葡萄酒。世界上著名的葡萄酒，都是选用固定葡萄品种酿造的。一般来说，酿造白葡萄酒的优良品种有贵人香、雷司令、索味浓、白诗南、赛美蓉等；酿造红葡萄酒的优良品种有佳丽酿、赤霞珠、蛇龙珠、梅鹿辄、增芳德、法国蓝等。实践证明，葡萄品种决定葡萄酒的典型风格。

葡萄的成熟度是决定葡萄酒质量的关键之一。众所周知，用生青的葡萄是不能酿造出好葡萄酒的。葡萄在成熟过程中，浆果中发生着一系列的生理变化，其含糖量、色素、芳香物质含量不断增加和积累，总酸的含量不断降低，达到生理成熟的葡萄，其浆果中各种成分的含量处于最佳的平衡状态。葡萄的采收期，应综合考虑生理成熟期和技术成熟期。

葡萄的新鲜度及卫生状况，对葡萄酒的质量具有重要的影响。葡萄采收后，最好能在8h内加工。加工的葡萄应该果粒完整，果粒的表面有一层果粉，不能混杂生青病烂的葡萄。为此需要在果园里采摘葡萄时做好分选工作，先采一等葡萄做优质葡萄酒，然后再采二等的葡萄或等外葡萄，做普通的葡萄酒或蒸馏酒精。

品种选定以后还要注意原料的分选，在破碎榨汁之前应仔细挑除成熟不好的绿穗、病穗和有伤的穗粒。尤其要去除原料中的腐烂、发霉和变质的穗粒。

（2）破碎、除梗、取汁　葡萄只有经过破碎，使果汁与酵母接触以后，才可以发酵。红葡萄酒的酿造只要除梗后将果实压破，使之成为葡萄浆即可。白葡萄酒还要进行皮汁分离。

分选后的原料要及时进行破碎取汁。在大型生产厂家中，这些工序均由专门的机械进行，一般小型或家庭生产葡萄酒多用手工操作，但总的原则是：每粒都要破碎完全，破碎时不伤及种子及果梗，因为种子、果梗中含有丹宁、油脂及糖苷，这些物质进入酒内会产生苦、麻、涩等异味。同时要注意的是破碎设备和容器的质量，凡是与葡萄果汁接触的部分不能使用铁、铜质制品，而应使用硬木质、铝、不锈钢等制品，因为果汁一旦与铁、铜接触会使葡萄酒产生铁、铜败坏病，并且增加葡萄酒中的重金属离子的含量。在使用天然酵母酿造白葡萄酒时，应避免果汁与皮渣过长时间接触。

小型生产破碎可在瓷缸或瓮中进行，并同时去除果梗和种子。大型生产需要采用破碎除梗机（图5-1）。

（3）酿造白葡萄酒工艺中的压榨和榨汁的分离　白葡萄酒的质量也决定于主要口感物质和芳香物质之间的平衡。但白葡

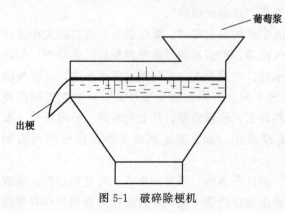

葡萄浆

出梗

图5-1　破碎除梗机

萄酒的平衡与红葡萄酒的平衡是不一样的，白葡萄酒的平衡一方面决定于品种香气与发酵香气之间的合理比例，另一方面决定于酒度、酸度和糖之间的平衡。多酚物质则不能过多介入，要的是清爽性和优雅性。

为了获得白葡萄酒的这些感官特征，应尽量减少葡萄原料的固体成分，特别是多酚物质。因为多酚物质是氧化反应的底物，而氧化可破坏白葡萄酒的颜色、口感、香气和果香。

此外，从原料采收到酒精发酵，葡萄原料会经历一系列的机械处理，这会带来两方面的问题：一方面，这会破坏葡萄浆果的细胞，使之释放出一系列的氧化酶及其氧化底物——多酚物质、作为氧化促进剂并能形成生青味的不饱和脂肪酸；另一方面，还可形成一些悬浮物，这些悬浮物在酒精发酵过程中，可促进影响葡萄酒质量的高级醇的形成，同时抑制构成葡萄酒质量的酯的形成。

因此，白葡萄酒的酿造工艺就十分清楚了。用于酒精发酵的葡萄汁应尽量是葡萄浆果的细胞汁，用于取汁的工艺必须尽量柔和，以尽可能减小破碎、分离、压榨和氧化的负面影响。

此外，应严格防止外源铁的进入，以防止葡萄酒的氧化和浑浊（铁破败）。所以，所有的设备最好使用不锈钢材料。

在取汁时，最好使用直接压榨技术，也就是将葡萄原料完好无损地直接装入压榨机，分次压榨，这样就可避免葡萄汁对固体部分的浸渍，同时可更好地控制对葡萄汁的分级。利用直接压榨技术，还可用红色葡萄品种（如黑比诺）酿造白葡萄酒。

（4）二氧化硫处理 为了保证酵母菌发酵纯正，防止或抑制其他杂菌的活动，必须进行二氧化硫处理。二氧化硫可以抑制大部分杂菌、霉菌的活动，但又不影响正常酵母的活动，因此它有净化葡萄酒和控制发酵的双重作用。由于二氧化硫的独特作用，它在葡萄酒的生产和贮藏中具有不可替代的作用，善于使用二氧化硫是酿造葡萄酒的一个重要的技术诀窍。

二氧化硫常在破碎时或果汁入罐发酵前一次性加入，这样杀菌效果较好。一般常用 6％ 的亚硫酸（H_2SO_3）来获得 SO_2，除了亚硫酸外，还可用液体二氧化硫来处理。一般用量是每升葡萄汁加入 100～200mg/L 左右的亚硫酸，具体加入量要根据发酵时葡萄的质量状况而定。

5. 葡萄浆（汁）的改良

要想酿造出优质的葡萄酒，首先要选择优质的适合酿造个性酒的葡萄。但是在很多时候，葡萄的品质往往有不同的缺陷，因而就需要进行葡萄汁的改良以提高品质，主要是调整糖分和含酸量。

（1）调整含糖量 糖是生成酒精的原料，按照发酵公式与实际测定，生成1°酒精需要 1.7g 葡萄糖。成品酒的酒精度一般为 13％ 以上（13％～18％），所以一般需要葡萄汁内含糖量应在 22.1％ 以上。若葡萄含糖量高则不需另行加糖，否则应该调汁加糖。我国各地酿酒葡萄一般糖度都不高，所以发酵前均进行加糖处理。但为了保证葡萄酒的质量，加糖量应控制在 2 个酒精度以内（即每升葡萄汁加糖量不高于 34g）。提高果汁含糖量的最好方法是加入浓缩葡萄果汁予以补充，而我国目前多以添加精制砂糖为主。

补加糖的多少要按要求达到的酒精浓度而定。如要求葡萄酒酒精达到13°，则理论上每升葡萄汁中应含 13×1.7 = 22.1g 糖，若果汁实际含糖量为 17％，则每千克果汁应补加 221－170＝51g 糖。但事实上按这样的量添加砂糖，加糖后每升含糖达不到 22.1g，这是因为每千克砂糖溶解后体积增加了 625mL，因此正确的加糖量应按下面的公式计算：

$$砂糖加入量 = \frac{葡萄汁质量 \times (所需酒度 \times 1.7 - 每 100mL 葡萄汁含糖量)}{100 - 所需达到的酒度 \times 1.7 \times 0.625}$$

例如 100kg 含糖量 13％的葡萄汁要发酵成含酒精 13°的葡萄酒，加糖量为：

$$加糖(kg) = \frac{100 \times (13 \times 1.7 - 13)}{100 - 13 \times 1.7 \times 0.625} = 10.56kg$$

一般生产中，为了计算方便常用经验公式来计算加糖量，方法是：

果汁含糖量高于 15％时，砂糖加入量＝(23－葡萄汁含糖量)％×1000；

果汁含糖量低于 15％时，砂糖加入量＝(24－葡萄汁含糖量)％×1000。

如上例，因含糖量低于 15％，故每 1kg 果汁加糖量为：(24－13)％×1000g＝110g。

给果汁加糖时要注意两点：酵母菌在含糖 20％以下的果汁中活动旺盛，在糖分过高时活动就受到影响，因此在酿造高酒度的葡萄酒时应采用分次加糖的方法。

用冷葡萄汁溶解砂糖后加入，千万不能化成糖浆后加入，每次补加的糖以醪液糖度不超过原葡萄汁糖度为限；补加糖不宜过晚，否则会因为酵母活力过高而残留过多糖；也可以添加浓缩葡萄汁。浓缩葡萄汁是把天然葡萄汁在真空条件下蒸发去水分，浓缩至原体积的 1/5～1/4，用浓缩汁中高含量的糖来调节糖分。根据需要，有的浓缩汁要进行降酸处理，而且要注意因为其他成分的变化带来的对葡萄酒酿造的不利因素。另外还可以直接添加葡萄酒精。酒精可在发酵的前或后加入，也可以在主发酵时分次加入。加入早会有利于浸提。

(2) 调整含酸量　酸对葡萄酒的口感、稳定性、色泽、贮存性都有影响。所以各种葡萄酒对含酸量都有一定要求。但是葡萄中的含酸量很不稳定，所以要调节。

① 增酸：若葡萄果汁酸度低于 6g/L 时，一般添加酒石酸（先加）或柠檬酸（后加）。

② 降酸：若含酸量高于 10g/L 时降酸。有调配法（用不同酸度葡萄汁混合）、物理降酸法（即酒石沉淀法）、化学降酸法（碱式盐中和法）、生物降酸法（苹果酸-乳酸发酵法）。

6. 发酵

(1) 葡萄酒发酵概述　发酵是葡萄酒酿造的生物过程，也是将葡萄浆果转化为葡萄酒的主要步骤。它涉及酵母菌将糖转化为酒精和发酵副产物以及乳酸菌将苹果酸分解为乳酸两个生物现象，即酒精发酵和苹果酸-乳酸发酵。只有当葡萄酒中不再含有可发酵糖和苹果酸时，它才被认为获得了生物稳定性。

对于红葡萄酒，这两种发酵必须彻底。苹果酸-乳酸发酵是必须的：苹果酸-乳酸发酵可降低酸度（将二元酸转化为一元酸），同时降低生酒的生青味和苦涩感，使之更为柔和、圆润、肥硕。

而对于白葡萄酒情况则较为复杂：对于含糖量高的葡萄原料，酒精发酵应在酒-糖达到其最佳平衡点时中止，同时避免苹果酸-乳酸发酵；对于干白葡萄酒，有的需要在酒精发酵结束后进行苹果酸-乳酸发酵，而对于那些需要果香味浓、清爽的干白葡萄酒则不能进行苹果酸-乳酸发酵。总之，对于那些需要进行酒精发酵和苹果酸-乳酸发酵的葡萄酒，重要的是酒精发酵和苹果酸-乳酸发酵不能交叉进行，因为乳酸菌除分解苹果酸以外，还可分解糖而形成乳酸、醋酸和甘露醇，这就是乳酸病。

葡萄酒工艺师的任务就是，使酒精发酵迅速、彻底，并且在酒精发酵结束后，（在需要时）立即启动苹果酸-乳酸发酵。所以，需要促进酵母而暂时抑制乳酸菌的活动。但是对乳酸菌的抑制也不能太强烈，否则就会使苹果酸-乳酸发酵推迟，甚至完全抑制苹果酸-乳酸发酵。

目前，二氧化硫几乎是葡萄酒工艺师所能使用的唯一的细菌抑制剂。但在使用时，必须考虑其对酒精发酵的作用。

葡萄的酒精发酵可自然进行。这是因为在成熟葡萄浆果的表面存在着多种酵母菌。这些酵母菌在葡萄破碎以后会迅速繁殖。因为各种酵母菌抵抗二氧化硫的能力不同，所以二氧化硫对酵母菌有选择作用，也可抑制所有的酵母菌。因此，在多数情况下，可通过选择二氧化硫的使用浓度，来选择优质野生酵母，也可杀死所有的野生酵母，而选用特殊的人工选择酵母。

二氧化硫的用量根据原料的卫生状况、含酸量、pH 值和酿造方式不同而有所差异，一般为 30～100mg/L（葡萄汁）。由于二氧化硫还具有抗氧化、抗氧化酶和促进絮凝等作用，所以在酿造白葡萄酒时，其用量较高，以防止氧化，并促进葡萄汁的澄清。

当葡萄原料通过二氧化硫处理和加入选择酵母后，葡萄酒工艺师就应促进酵母菌的生长及其发酵活性。在这个过程中，葡萄酒工艺师应对两个因素进行控制。

一个因素是温度。温度一方面影响酵母菌的繁殖速度极其活力，另一方面影响酒精发酵。温度高于 40℃，酵母菌就会死亡；温度高于 30℃，发酵中止的可能性就会加大。因而，符合酵母菌生物学要求和葡萄酒工艺学要求的温度范围为 18～30℃。

另一个因素是氧。在添加酵母前的一系列处理过程中，葡萄汁所溶解的氧，很快就被基质中的氧化酶所消耗。留给酵母菌的氧则很少。因而酵母菌的繁殖条件至少一部分为厌氧条件。在厌氧条件下，影响酵母菌的生存和繁殖的主要因素为细胞中的固醇和非饱和性脂肪酸。但这两者的生物合成就必须有氧参与。因此，必须为酵母菌供氧。供氧的最佳时间为入罐后酒精发酵以前。在这个时候，如果我们希望酒精发酵迅速彻底，就必须进行一次开放式倒罐。

酒精发酵并不仅仅是将糖转化为乙醇，它同时对香气起着非常重要的作用。正是在这一阶段，才使葡萄汁具有了葡萄酒的气味。一般认为，葡萄酒芳香物质的含量为其形成的酒精量的 1% 左右。工艺师的作用就是促进这些芳香物质的形成，并且防止它们由于二氧化碳的释放而损失。

在葡萄酒发酵的过程中，酵母菌把葡萄果汁中的还原糖发酵成酒精和二氧化碳，这是葡萄酒发酵的主要过程。在生成酒精的发酵过程中，由于酵母菌的作用，及其他微生物和醋酸菌、乳酸菌的作用，在葡萄酒中形成其他的副产物，如挥发酸、高级酸、脂肪酸、酯类等。这些成分是葡萄酒二类香气的主要构成物。控制葡萄酒的发酵过程平衡地进行，就能保证构成葡萄酒二类香气的成分，在葡萄酒中处于最佳的协调和平衡状态，从而提高葡萄酒的感官质量。

如果发酵速度过慢，一些细菌和劣质酵母的活动，可形成具有怪味的副产物，同时提高了葡萄酒中挥发酸的含量。如果发酵温度高，发酵速度过快，二氧化碳的急剧释放会带走大量的果香，因而所形成的发酵香气比较粗糙，质量下降。所以有效地控制发酵过程，是提高葡萄酒产品质量的关键工序。

发酵期间管理工作的重点是保证发酵顺利进行到底，并获得对产品质量最有利的代谢产物以及葡萄原料中的良好成分。

为此，温度的控制最重要，另外就是醪液的泵循环和适当地通风。

在酒精发酵结束以后，接着登场的就是乳酸菌。由于葡萄酒的酸度高、pH 值低、酒度高，不利于乳酸菌的活动，苹果酸-乳酸发酵的控制就比较困难。为了促进苹果酸-乳酸发酵的顺利进行，可在酒精发酵时，对几罐原料不进行二氧化硫处理，并进行轻微的化学降酸，在酒精发酵结束后，用这几罐葡萄酒与其他罐的葡萄酒混合，同时防止温度过低，应将温度控制在 $18\sim20$ ℃。在苹果酸-乳酸发酵结束后，应立即进行二氧化硫处理，防止乳酸菌分解戊糖和酒石酸。

在发酵结束后，葡萄酒的生物化学阶段也就结束了。酿造的第二阶段则是物理化学阶段。这一阶段的作用是将生葡萄酒转化为可供消费者享用的成熟葡萄酒。

（2）发酵前的准备　大型酒厂发酵多在发酵池或发酵罐中进行，而且是发酵与贮存共用一池（罐），对此在使用前应进行认真清洗，并用 SO_2 熏蒸消毒。

小型发酵多用缸、瓮、罐、桶等，无论用什么容器，总的要求是不渗漏、能密闭、无铜或铁与酒接触。容器在使用前要认真消毒，最常用的方法是硫黄熏蒸，每 100L 体积用硫黄 $5\sim10g$，将其置于一金属盒或瓷盆内点燃熏蒸，一定要注意的是硫黄决不能落入桶内，而且接触过硫黄的手一定要洗净，防止任何点滴硫黄落到果汁内。

利用缸、瓮、罐作发酵容器的可用含 2% 的 SO_2 的亚硫酸冲洗，然后缸口朝下使亚硫酸流净，放置一夜后使用。

（3）装汁　将经过破碎、SO_2 处理、糖酸调整后的葡萄果汁装入发酵桶（缸、罐）中，一般只装至五分之四的程度，留下五分之一预防发酵时皮渣外冲。然后扣上发酵栓进行蜡封密闭发酵。发酵栓的作用是只许内部发酵产生的 CO_2 排出，而防止外界空气进入。

（4）添加活性干酵母　无论是发酵红葡萄酒，还是发酵白葡萄酒，葡萄浆或葡萄汁入发酵罐以后，都要尽快地启动发酵，缩短预发酵的时间。因为葡萄浆或葡萄汁在进入发酵以前，一方面很容易受到氧化，另一方面也很容易遭受野生酵母或其他杂菌的污染。所以在澄清的葡萄汁或葡萄浆中最好是及时添加活性干酵母。

要注意的是，活性干酵母的种类并不相同，有的适合红葡萄酒的发酵，有的适合白葡萄酒的发酵，有的适合香槟酒的发酵。同样是适合白葡萄酒发酵的活性干酵母，不同的活性干酵母产酒风味也有差异。因此，应该根据所酿葡萄酒的种类和特点，来选购活性干酵母。

活性干酵母的添加量，按每万公升葡萄汁或葡萄浆，添加 1kg 活性干酵母。做白葡萄酒，澄清汁入发酵罐以后，立即添加活性干酵母。添加的方法是，将 1:10 的活性干酵母与 1:1 的葡萄汁和软化水的混合物混合搅拌，即 1kg 活性干酵母与 10L 葡萄汁和软化水的混合液（其中 5L 葡萄汁，5L 软化水）混合搅拌 1h，加入盛 10t 白葡萄汁的发酵罐里，循环均匀即可。

红葡萄酒发酵，添加活性干酵母的数量及添加方法与白葡萄酒相同。只是红葡萄酒是带皮发酵，刚入罐的葡萄浆，皮渣和汁不能马上分开，无法取汁，应该在葡萄入罐 12h 以后，自罐的下部取葡萄汁，与 1:1 的软化水混合。取 1 份质量的活性干酵母与 10 份的葡萄汁和软化水的混合物混合搅拌 1h 后，自发酵罐的顶部加入，然后用泵循环，使活性干酵母在罐里尽量达到均匀分布状态。

（5）酒精发酵

① 发酵生热。酒精发酵是放热反应。理论上，每升高一度酒，发酵液升温 2.5℃，但是实际上达不到理论值。

影响升温的因素有发酵容器的大小、导热系数、传热面积、气体蒸发的程度、原料的含糖量、发酵速度以及环境温度。所以实际每生成一度酒发酵液升温约为 $1\sim1.5$ ℃。但是这对多种类型的葡萄酒来说仍然是不能允许的。

可以采用顶部循环喷淋冷却、板式或套管式换热器冷却、冰块（塑料袋密封放入）或干冰冷却等方法对发酵液降温；也可以采用低温采摘葡萄，用小型发酵容器和降低发酵速度的方法来进行工艺降温。

② 葡萄汁发酵。经过前加工和预处理得到的葡萄汁，被泵入到发酵容器，添加酵母之后就开始发酵了。

发酵容器可以用大小不等的桶、池、罐。但是都要注意两点：每批发酵的葡萄汁为容器容量的 $80\%\sim85\%$，发酵罐上要装有发酵栓以释放 CO_2（如图 5-2）。

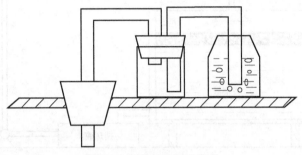

图 5-2　发酵栓装置示意图

葡萄汁发酵时的起始温度为 $18℃$，中期温度为 $22℃$ 左右，后期温度恢复为 $18℃$ 左右。发酵时间为 $7\sim10d$。

发酵结束后，要迅速将酒液降温到 $10\sim12℃$，静置一周后倒桶除去酒脚。

葡萄汁发酵产物（一般为白葡萄酒）的质量决定于主要口感物质和芳香物质之间的平衡。但白葡萄酒的平衡与红葡萄酒的平衡是不一样的，白葡萄酒的平衡一方面决定于品种香气与发酵香气之间的合理比例，另一方面决定于酒度、酸度和糖之间平衡。多酚物质则不能介入。对于红葡萄酒，要求与深紫红色相结合的结构、骨架、醇厚和醇香，而对于白葡萄酒，则要求清爽、果香和优雅性，一般需避免氧化感和带琥珀色色调。为了获得白葡萄酒的这些感官特征，应尽量减少葡萄原料的固体成分，特别是多酚物质的溶解。因为多酚物质是氧化的底物，而氧化可破坏白葡萄酒的颜色、口感、香气和果香。

此外，从原料采收到酒精发酵，葡萄原料会经历一系列的机械处理，这会带来两方面的问题：一方面，这会破坏葡萄浆果的细胞，使之释放出一系列的氧化酶及其氧化底物——多酚物质、作为氧化促进剂并能形成生青味的不饱和脂肪酸；另一方面，还可形成一些悬浮物，这些悬浮物在酒精发酵过程中，可促进影响葡萄酒质量的高级醇的形成，同时抑制构成葡萄酒质量的酯的形成。

因此，白葡萄酒的酿造工艺就十分清楚了。用于酒精发酵的葡萄汁应尽量是葡萄浆果的细胞汁，用于取汁的工艺必须尽量柔和，以尽量减小破碎、分离、压榨和氧化的负面影响。此外，应严格防止外源铁的进入，以防止葡萄酒的氧化和浑浊（铁破败）。所以，所有的设备最好使用不锈钢材料。在取汁时，最好使用直接压榨技术，也就是将葡萄原料完好无损地直接装入压榨机，分次压榨，这样就可避免葡萄汁对固体部分的浸渍，同时可更好地控制对葡萄汁的分级。利用直接压榨技术，还可用红色葡萄品种（如黑比诺）酿造白葡萄酒。

③ 葡萄浆发酵。用葡萄浆发酵葡萄酒是传统的红葡萄酒发酵方法。在发酵的过程中，葡萄固体的成分也不断溶解出来。葡萄浆发酵时的起始温度为 $20℃$，中期温度为 $25℃$ 左右，后期温度恢复为 $20℃$ 左右。发酵时间为 $7\sim10d$。

通常采用以下几种发酵方法。

a. 开放式浮帽发酵。开放式浮帽发酵即发酵池顶部不加盖，由气体顶起的葡萄皮自然形成盖子（浮帽），酵母生长旺盛，葡萄浆表面发酵旺盛，有害菌容易污染，葡萄皮中的色素浸提不充分。所以需要进行人工捣池或者泵循环，可起到散热、充氧和浸提作用。并可以同时进行加二氧化硫、补充酒母、加糖的工艺操作（图5-3）。

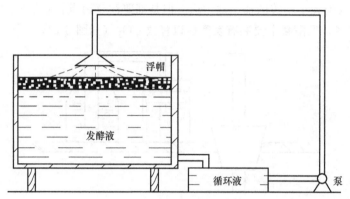

图 5-3　开放式浮帽发酵示意图

b. 开放式浸帽发酵。浸帽即"帽"在葡萄醪液之中，由空隙为0.5cm的木条（篦子）压入，葡萄汁高出篦子6～10cm。发酵旺盛时，葡萄皮被压得很实，上下液对流难以进行，因而浸提效率降低。另外池底部酵母活力差，所以也要揭池并进行泵循环。

c. 密闭式发酵。即发酵容器加盖，在密闭的环境中发酵，通过泵循环溶解氧和浸提色素。

d. 自动发酵池发酵。原理：利用发酵生成的二氧化碳的压力作为动力进行循环来增加浸提和溶氧。水封阀门可以调节二氧化碳的压力。无需动力，自动浸提，溶氧，排除二氧化碳。而且可在升液管上加一套冷凝器来进行发酵液的降温操作（图5-4）。

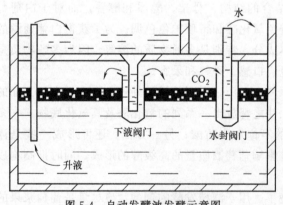

图 5-4　自动发酵池发酵示意图

④ 发酵浸提终点确定。当酒精发酵结束时，白葡萄酒的残糖要控制在2g/L以下，红葡萄酒的残糖要控制在5g/L以下。但是因为红葡萄酒的发酵是与葡萄皮中色素的浸提同时进行的，浸提终点不容易确定，受酿酒类型、葡萄品种和质量、发酵温度等很多因素影响。浸提的质量对葡萄酒的各种特性起到非常重要的作用，但是又很难通过量来确定浸提终点。所以主要还是以经验作为依据。据此有两种终点确定方法。

a. 定时法。依据规定的葡萄品种、质量，发酵温度得出规定的时间。

b. 对应法。因为发酵温度难以控制，所以与酒精度（残糖）相对应，可分为提前下酒、同步下酒与延迟下酒。

（6）后发酵（苹果酸-乳酸发酵）　很久以前，人们就发现在酒精发酵之后的贮酒期间，有些酒又出现了CO_2逸出的现象，并伴随着酒液的重新浑浊，酒的颜色也稍有减退，有时能察觉出不良气体的出现，但是几个星期之后就消失了，人们曾以为这是酵母的二次发酵引起的。后来才知道这是苹果酸-乳酸发酵。

苹果酸-乳酸发酵是乳酸菌活动的结果。当基质的条件有利于苹果酸-乳酸发酵时，乳酸菌可以把苹果酸分解成酸和二氧化碳。因为苹果酸是双羧基酸，酸性强，口味尖，而乳酸只含有一个羧基，酸性弱，口味柔和，所以苹果酸-乳酸发酵是一种生物降解过程。

① 苹果酸-乳酸发酵的必要性。苹果酸-乳酸发酵可以降低葡萄酒的酸度，使酒变得柔顺，香味丰富，并可提高生物稳定性，这对提高大部分葡萄酒的质量非常有利，但是苹果酸-乳酸发酵所产生的香味复杂化对某些类型的葡萄酒也会产生不利的影响。因此，苹果酸-乳酸发酵的必要性根据以下几个因素来确定。

a. 产品类型。对于所有红葡萄酒来说，进行苹果酸-乳酸发酵总是有好处的；对于白葡萄酒，苹果酸-乳酸发酵难免会损害香味的清净优雅，大多数产品以不进行为好；对于桃红葡萄酒，则要看其偏向，偏向于红葡萄酒就需要，偏向于白葡萄酒就以不进行为好；对于起泡酒一般要完成这一发酵，才有益于进行二次酒精发酵。

总之，如果希望获得醇美、丰满、适于贮藏的葡萄酒，就应该完成苹果酸-乳酸发酵，如果想获得爽、净，尽早上市的葡萄酒，则应防止这一发酵的进行。

b. 葡萄酒的含酸量。葡萄酒的含酸量高时，苹果酸-乳酸发酵可以作为降酸的手段，这种手段的灵活运用，即使对于干白葡萄酒质量的提高有时也有益。但是如果葡萄酒的含酸量太低时，无论什么酒都要慎重对待这一发酵是否进行。

c. 葡萄品种。有些品种的葡萄酒如果进行苹果酸-乳酸发酵，就会使其典型的果香味消失，因而不能进行这一发酵；但是也有一些品种的葡萄酒，其天然果香太浓，会使葡萄酒不协调，而苹果酸-乳酸发酵可以改善其香味，使其更加完满。

② 苹果酸-乳酸发酵的自然发生和管理。苹果酸-乳酸发酵是葡萄酒生产中的重要环节。当这一发酵有益时，在新酒中进行这一发酵的时间是越早越好，并且应该在冬季来临之前完成，以避免第二年春天的细菌重新活动，提早使酒成熟。

苹果酸-乳酸发酵的自然发生开始时间并不一致，它有时是在酒精发酵结束的时候，在人们延长酒在发酵罐内的滞留期的时候发生；有时候是在第一次倒桶之后发生；也有些是很晚，在第二年春季或者是夏季发生。

在葡萄酒酒度超过13°以及pH值小于2.9时很难发生苹果酸-乳酸发酵，pH值在3.1~3.3时，有一半的样品发生，pH值大于3.3时，绝大部分的样品都发生这一发酵。另外还与葡萄的品种以及发酵的周围环境和温度有关。

由此可知，影响苹果酸-乳酸发酵自然发生的主要因素是酒度、pH、葡萄品种以及生产环境，以及酒精发酵时的工艺处理。

因此要促进这一发酵的自然发生，也应该从使酒度不过高、pH合适、酒精发酵之后的倒桶适当延长、贮酒温度适当以及保持良好的环境等几个方面入手。

③ 苹果酸-乳酸发酵剂的使用。依赖苹果酸-乳酸发酵自然发生，在管理上带来了许多麻烦，并且也不可靠。此外对于某些已经经过预处理的葡萄酒（SO_2、热浸提）也是不可能的。因此需要使用发酵剂。

常用方法有：把苹果酸-乳酸发酵发生早的贮酒桶之中的葡萄酒作为发酵剂使用，宜在同时生产的同类酒之中进行；将本品种葡萄皮上的苹果酸-乳酸发酵菌经过培养后用作发酵剂，培养方法是将完整的苹果酸-乳酸发酵菌含量高的葡萄粒直接加入到酒精发酵结束后的葡萄酒之中；优选一些耐酒度、耐酸的有用乳酸菌经过扩大培养之后制成菌剂使用。

④ 苹果酸-乳酸发酵结束后的处理。苹果酸-乳酸发酵结束情况，通过纸色谱法来分析苹果酸的情况来确定。当纸色谱法鉴别无苹果酸斑点时，应迅速进行 SO_2 处理并倒桶去掉酒脚，不然的话，原来因为 pH 值低而被抑制的耐酸性的有害乳酸菌就有了繁殖机会，它们能将甘油转化成丙烯醛而使葡萄酒呈现苦味。

当糖分与苹果酸完全消失之后，葡萄酒的发酵过程就结束了。

7. 发酵结束后的处理

发酵刚结束获得的葡萄原酒，质量粗糙，原酒需要经过贮藏，才能变得口味柔和。所以，严格控制贮藏过程的工艺措施，使原酒在最佳的成熟条件下发生一系列的物理化学变化，逐渐达到最佳的饮用质量。

(1) SO_2 的控制 SO_2 具有抗氧和杀菌作用。在葡萄酒酿造的不同阶段，合理地使用 SO_2，是酿造优质葡萄酒的重要保证。白葡萄酒酒精发酵刚结束，立即加入 150mg/L 的 SO_2，其中约有 2/3 的 SO_2 是以游离态存在，即游离 SO_2 在 100mg/L 左右。随着贮藏时间的延长，游离 SO_2 逐渐消耗。当游离 SO_2 降到 30mg/L 时，再补加 45mg/L 的 SO_2，控制白葡萄酒在装瓶时游离 SO_2 在 50mg/L。红葡萄酒在酒精发酵结束以后加入 120mg/L 的 SO_2。在贮藏过程中，游离 SO_2 逐渐消耗。当游离 SO_2 降到 20mg/L 时，补加 40mg/L 的 SO_2。控制红葡萄酒在装瓶时游离 SO_2 在 40mg/L。无论是白葡萄酒还是红葡萄酒，加 SO_2 时应该一次加足，这样杀菌效果最好。

(2) 酒度调整 原酒倒桶（缸）后开始陈酿，这时若因主发酵时果汁中糖度不足使酒精度仍未达到 12°～13° 时，就要先予调整酒精度数，一般多用白兰地、白酒或食用酒精，"调酒"时加入的酒精或白酒量按下列公式计算：$调酒量 = \dfrac{原酒量 \times (需达到的酒度 - 原酒酒度)}{所用调酒酒度 - 需达到的酒度}$。

例：现有 100kg 酒度为 8 的原酒，要调到 13°，问需加入 60° 白酒多少？

按上式带入：

$$60°酒酒量 = \frac{100kg \times (13-8)}{60-13} = 10.6kg$$

即是将 10.6kg 的 60° 白酒加入原酒中则成。

要注意的是调酒时不能猛然倒入，而是用弯管漏斗（即漏斗下接一弯曲透明胶管）慢慢将浓酒添入，使浓酒在原酒上浮着，渐渐渗入白酒。调好的酒在低温处静置，进行初步陈酿，经过一个阶段陈酿，酒质更加澄清发亮。

(3) 酸度的控制 当葡萄原酒中总酸的含量高于 7.5g/L，就需要进行降酸处理；当葡萄原酒中总酸的含量低于 5g/L 就需要进行增酸处理。葡萄原酒增酸和降酸处理，都应该在原酒转入贮藏以后到冬季自然冷冻以前进行处理。

降酸处理可以采用物理撤离法进行冷冻，促进酒石酸盐沉淀。当物理方法达不到降酸的要求时，需要进行化学方法降酸。即在葡萄原酒中加入强碱弱酸盐，中和其中过量的有机酸，从而降低酸度。最常用的降酸剂有碳酸钙、碳酸氢钾，其中以碳酸钙最有效，而且最便宜。1g/L 的碳酸钙，可降低总酸 1g/L（以硫酸计），或可降低总酸 1.5g/L（以酒石酸计）。

如果葡萄原酒需要增酸，最好加入酒石酸。由于葡萄酒中柠檬酸的总量不得超过 1g/L，用柠檬酸增酸有很大的局限性，且其易被乳酸菌分解导致细菌性病害。通常柠檬酸增酸添加量一般不能超过 0.5g/L。

　　（4）澄清处理　葡萄酒中含有的蛋白质分子，是葡萄酒不稳定、早期混浊沉淀的主要因素之一。因此除去葡萄酒中的蛋白质分子，是提高葡萄酒稳定性的重要措施。葡萄原酒中添加皂土（膨润土）是除蛋白质的有效方法。皂土的用量在 2 万～10 万单位之间。由于葡萄品种、葡萄产地不同、皂土的用量也不同。皂土用于葡萄酒澄清的具体用量，可通过试验确定。

　　生产上在使用皂土之前，一定要把皂土制成均匀的浆状，用水浸泡 24h，因为皂土粉末的粒度太细，与水均匀混合很困难，所以生产上使用皂土，一定要采用机械搅拌来制浆。其方法是，先把水注入搅拌罐里，开机将水搅起来，然后缓慢定量加入皂土。制浆时皂土的添加量按照水：皂土＝10：1 的比例添加。皂土加入后，连续搅拌 1h，静置 0.5h，再搅拌，再静置。然后静置浸泡 24h 后，再把皂土浆搅拌均匀，即可按计算比例，把皂土浆均匀地加入到葡萄酒中。

　　一般白葡萄原酒，只强调澄清和除去多余蛋白质为目的，单纯加入皂土即可。红葡萄酒还要除去多余的单宁，减小苦涩味。所以在进行澄清处理时，要先加入明胶，除去多余的单宁，再加入皂土，除去多余的蛋白质。

　　8. 贮酒

　　新酿造的葡萄酒放在贮酒桶里，经过一定时间的存放，酒的质量能够得到改善，这个过程称为酒的老熟或陈酿。

　　（1）贮酒的几个阶段　葡萄酒在贮存过程中主要经过以下几个阶段。

　　① 成熟阶段。结束了酒精发酵和色素浸提的葡萄酒，在有一定空气或氧化剂存在的情况下，经过氧化还原作用及酯化作用等化学反应，以及聚合沉淀等物理化学作用，使葡萄酒中的不良风味物质减少，芳香物质得到增加和突出，蛋白质、聚合度大的单宁、果胶质、酒石等沉淀析出，从而改善了酒的风味，表现出酒的澄清透明和醇正口味。

　　这个过程红葡萄酒一般要经过 6～10 个月的时间，有的酒（含干物质和单宁较多）将持续更长的时间。优良白葡萄酒要经历 3～6 个月时间。

　　② 老化阶段。成熟以后的葡萄酒，如果继续在隔氧条件下贮存，随着酒中含氧量的减少，在还原作用下产生芳香物质，主要表现为醇香的生成和滋味的进一步柔和。

　　适度老化的葡萄酒可以得到精美醇厚的效果。

　　这个过程优质红葡萄酒一般要经历 2 年以上，优良白葡萄酒要经历半年以上的时间。

　　③ 衰老阶段。贮酒时间或贮酒方式不当，葡萄酒由最高品质开始下降，随着时间的延长，会使酒体越来越瘦弱，口味无力。由于理论上的缺乏，贮酒的控制主要还是依据经验进行。不同的葡萄酒，其成熟、老化需要的时间也不同，也可以说有自己的生命史。贮酒的管理工作就是要根据不同酒的特性，设法加速酒的成熟，提高老化质量，延长酒的"壮年"时代。

　　（2）关于橡木桶　贮酒的过程尤其是成熟阶段最好是在橡木桶中进行。

　　在橡木桶中，葡萄酒表现出深刻的变化：其香气发育良好，并且变得更为馥郁，橡木桶可给予葡萄酒很多特有的物质；橡木桶的通透性可保证葡萄酒的控制性氧化。因此，橡木桶不仅仅是只能给葡萄酒带来"橡木味"的简单的贮藏容器。

　　由于橡木桶的通透性和能给葡萄酒带来水解单宁，使葡萄酒发生一系列的缓慢而连续的氧化，从而使葡萄酒发生多种变化。在此条件下，可以认为，所有的红葡萄酒都能承受由这一贮藏方式带来的变化。如果葡萄酒的酿造工艺遵循了一系列原则（原料有良好的成熟度、浸渍时间足够长），在橡木桶中的陈酿，可以使葡萄酒更为柔和、圆润、肥硕，完善其骨架和结构，改善其色素稳定性。相反，如果葡萄酒太柔和，多酚物质含量太低，在橡木桶中的陈酿，则会使其更为瘦弱，降低其结构感，增加苦涩感，大大降低红色色调、加强黄色色调。

在葡萄酒的陈酿过程中，很多橡木内酯、香草醛、丁子香酚等橡木的成分会溶解在葡萄酒中，这些成分与来源于葡萄原料的成分有着不同的结构和特性。

在橡木桶中的陈酿过程中，除能给葡萄酒带来一系列成分外，主要有以下三方面的改变。

① 澄清和出气作用。橡木桶的容积通常较小，木桶壁具有通透性，便于葡萄酒的自然澄清和除去二氧化碳气体。

② 对口味的影响作用。橡木桶是通过影响葡萄酒中胶体物质而影响葡萄酒的稳定性和口感的。在冬季，由于温度的降低，葡萄酒中的酒石析出、沉淀。但葡萄酒中的胶体物质可阻止酒石的沉淀。所以，葡萄酒中的酒石长期处于超饱和状态，需要连续的几个冬季和冷处理，才能达到其相对稳定性。同在不锈钢罐中一样，在橡木桶中陈酿时，色素在低温下也沉淀。葡萄酒中的色素可分为两个部分。一部分可溶于水，另一部分则溶于甲醇。在葡萄酒的成熟过程中，可溶于水的色素含量逐渐降低，这部分色素主要是钾盐、铁盐和降解花色素苷；而溶于甲醇的色素含量则逐渐上升，该部分色素主要为丹宁-多糖、单宁-盐复合物。由细胞壁（特别是微生物细胞壁）释放的一些多聚体，可软化葡萄酒中的单宁。对于涩味重的红葡萄酒，加入 1g/L 橡木锯末，贮藏 3 个月后的软化效果，相当于加入 200mg/L 酵母多糖的效果。在降低葡萄酒的涩味的同时，葡萄酒中中性多糖的含量也上升 50～150mg/L。这说明在葡萄酒的陈酿过程中，橡木的木质降解，可参与改善葡萄酒的口感质量。

③ 控制性氧化和酚类物质结构的改变。葡萄酒在橡木桶中的氧化为控制性氧化。由于橡木桶壁的通透性，氧可缓慢而连续地进入葡萄酒，使葡萄酒中的溶解氧的含量在 0.1～0.5mg/L，氧化-还原电位在 150～250mV。由含量低但连续的溶解氧的进入和木桶单宁的溶解，导致了一系列的反应。这些反应的结果主要表现在：色素的稳定，颜色变暗，丹宁的软化。在用木桶陈酿的过程中，单宁的缩合度（用 HCL 系数表示）提高，涩味（明胶系数）下降；花色素总量下降，但单宁-色素复合物（T-A）的比例提高，使颜色更为稳定。与在不锈钢罐中陈酿的葡萄酒比较，在橡木桶中陈酿的葡萄酒的颜色更暗，但色度提高，红色色调更强。此外，橡木桶多糖的介入，明显提高葡萄酒的肥硕感。

橡木桶，特别是新橡木桶，还会给葡萄酒带来一系列有利于控制性氧化的物质。除对香气的影响（与对白葡萄酒的影响相似）之外，橡木桶特有的水解单宁，比葡萄酒中的大多数成分更易被氧化。所以。它们首先消耗溶解氧，从而保护葡萄酒的其他成分。它们还能调节葡萄酒的氧化反应，使之朝着使葡萄酒中的酚类物质的结构缓慢变化的方向发展。在这种情况下，明显地减慢了氧化性降解，从而获得在密闭性容器中不可能获得的结果。此外，来自橡木桶壁的多糖逐渐地溶解在葡萄酒中，使之更为肥硕，并明显减弱其涩味。

总之，大多数红葡萄酒须在橡木桶中陈酿，橡木桶可使葡萄酒带有橡木味，有时还有优质名酒所需的烟熏味。而且陈酿型的干白葡萄酒也可在橡木桶中酿造和陈酿。而对于需要口感清爽的干白葡萄酒而言，因为橡木桶会致使干白葡萄酒的口感复杂化，因而大多不采用。

（3）贮酒工艺操作　橡木桶贮酒工艺操作有以下基本条件。

① 温度。在一定的范围内,温度对葡萄酒的老熟影响很大。低温下成熟慢,但是有利于澄清与安全;高温下成熟快,但是不利于酒的澄清与安全。所以一般选择 12~15℃ 的贮酒温度。地窖比较合适。

② 湿度。不可过干,会增大酒的损失;不可过湿,会使环境发霉并且弄淡酒味。以 85% 为佳。

③ 通风。保持空气新鲜,葡萄酒会释放不良气味以及二氧化碳,应在清晨经常通风,但是不可过于强烈。

④ 卫生。要保持清洁的卫生状况,切忌蚊蝇等昆虫入内。

⑤ 添桶。由于降温、二氧化碳释放以及酒的蒸发,经常出现液面下降,使酒大面积接触空气。因此必须随时将桶填满。可在酒桶的上部装玻璃贮酒瓶用以观察与添桶。添桶时要用相同的原酒,然后再用高度白兰地或精制酒精覆盖一层。一般需要半个月至一个月添桶一次。

⑥ 换桶。换桶是为了使已经澄清的葡萄酒与酒脚分开。酒脚中含有较多的不良有害物质,长期与酒接触会影响到酒的质量,甚至产生异味,所以应该及时分开。另外还可以在一定程度上释放出二氧化碳,溶解适量的新鲜空气,加速酒的成熟。开始桶贮以后,当酒液澄清时,即进行第一次换桶(大约一个月),第二次换桶时间约为 3~4 个月之后,可根据需要大约 5~6 个月之后进行第三次换桶。换桶可用虹吸法,口要朝上。应选择无风,气压高,气温低的天气(或环境)进行。

⑦ 二氧化硫的使用。贮酒过程中使用二氧化硫主要是为了防止酒的过度氧化和微生物的侵染。二氧化硫的用量为红葡萄酒中游离二氧化硫为 20mg/L 左右,白葡萄酒中游离二氧化硫为 40mg/L 左右。当原酒酒度高(12°以上)、酸含量高(0.6% 以上)和贮酒温度低(15℃ 以下)时可适当降低用量。

桶贮结束后还需要半年以上的陈酿,之后再行调配、装瓶和销售。陈酿能使葡萄酒更加醇厚、芳香。在陈酿过程中,继续发生着一系列生物化学变化,从而形成许多高级酯类化合物等芳香物质,使酒体饱满、香味醇厚、风味典型。

9. 葡萄酒装瓶前的质量控制

好的葡萄酒,在发酵和贮藏的过程中,其各项理化指标,就应该达到该产品技术标准的要求。如果原酒的理化指标达不到产品的技术标准,就应该进行冷冻以及调整成分,如调酸、调糖、调酒度等,最后进行过滤。

(1) 冷冻 葡萄酒在装瓶以前,要进行冷冻处理,除去多余的酒石酸盐,增加装瓶以后的稳定性。冷冻的温度,应该在葡萄酒的结冰点以上一度,如 12° 的葡萄酒结冰点在 -5.5℃,这样的葡萄酒冷冻温度应控制在 -4.5℃。冷冻温度达到工艺要求的温度后应该维持这个温度,保温 96h。

(2) 过滤 冷冻保温时间到了之后,要趁冷进行过滤。冷冻过滤的目的,一方面要达到澄清,另一方面要达到除菌。所以可将硅藻土过滤机和板框式除菌板过滤机连用,使冷冻的酒,先经过硅藻土过滤机进行澄清过滤,接着经过板框过滤机除菌过滤,就可以达到装瓶前的成品酒的要求。

10. 无菌灌装

前几年低度葡萄酒的灌装,多采用装瓶后杀菌的工艺,近几年这种工艺已经淘汰,采用无菌灌装的工艺。这种工艺要求空瓶洗净以后,要经过 SO_2 杀菌,无菌水冲洗,保证空瓶无菌。输酒的管路、盛成品酒的空压桶、连接高压桶和装酒机的管路及装酒机等，都要经过严格的蒸汽灭菌，保证输酒管路和装酒机无菌。无菌的成品酒在进入装酒机以前，还要经过膜式过滤器，再进行一次除菌过滤，防止有漏网的细菌或酵母菌装到瓶中。

葡萄酒的质量千差万别。好的葡萄酒宛如一种艺术品，给人美的享受。如果能够把葡萄酒的酿造过程，做为一种精益求精的艺术加工过程，严格地、科学地控制酿造工艺的每一个环节，就一定能把葡萄酿造成一种艺术品。

（五）山葡萄酒的酿制

山葡萄又名野葡萄，是葡萄科落叶藤本。果为圆球形浆果，黑紫色带蓝白色果霜。花期5～6月，果期8～9月。山葡萄喜生于针阔混交林缘及杂木林缘，在长白山海拔200～1300m间经常可见，主要分布于安图、抚松、长白等长白山区各县。山葡萄含丰富的蛋白质、碳水化合物、矿物质和多种维生素，生食味酸甜可口，富含浆汁，是美味的山间野果，更是酿制果酒的良好原料。

和其他葡萄酒相比山葡萄酒具有以下突出特点。

① 山葡萄酒中富含的糖、有机酸、多种维生素和无机盐等250多种成分的营养价值已经得到充分的肯定。特别是山葡萄酒中含有大量的原花青素和白黎卢醇等多种能防治心血管疾病作用的元素。

② 氨基酸是葡萄酒中的重要营养成分，与欧亚种葡萄酒比较，山葡萄酒是人体必需的八种氨基酸含量较高的酒种。

③ 矿物质是人体中重要的功能性成分，在山葡萄酒中含有多种矿物成分。山葡萄酒中矿物质含量除钠外均比欧亚种葡萄酒高。

④ 干浸出物是葡萄酒的重要质量材料，是特定葡萄汁含量的依据，与欧亚种葡萄酒比较山葡萄酒干浸出物含量高。

由于山葡萄皮色素及单宁含量较高，如果与醪液接触时间太长，会使酒色泽太深，涩味过重。所以，通常发酵分三个阶段进行。另外，因山葡萄汁含糖低，发酵时必须加糖和脱臭酒精，加糖一般分两次进行。

1. 工艺流程

山葡萄采摘→破碎→除梗→葡萄浆改良→初发酵→压榨葡萄渣→一次汁发酵→压榨葡萄渣→葡萄渣二次发酵→压榨葡萄渣→二次汁发酵→混合调配→贮存。

2. 山葡萄分选、破碎

把山葡萄分成一、二等。二等品用于酿制散酒或白兰地。破碎机两辊间距离不能过大或过小，以5～6mm为宜。

3. 葡萄浆的改良

（1）加糖　加糖至糖度11%～12%左右为宜。原酒酒度高些有利于酒石酸盐析出，提高稳定性。葡萄汁总酸在3%以上时，可加糖水。

（2）加脱臭酒精　通常使葡萄浆的酒度调整到4°～5°为宜。加酒精的葡萄浆，发酵后的原酒味正、爽口、香浓，而不加酒精只加砂糖发酵的原酒，味正浓厚，但香气较差，有粗糙感，纯原汁自然发酵的酒，风味都不及前两者优良。

4. 发酵

（1）带皮发酵（初发酵）　在上述已调整成分的葡萄浆中，加8%酒母。发酵温度低于25℃，发酵时间与酵母强弱及糖度高低有关，一般为3～4d。

（2）一次汁发酵　由葡萄浆发酵后第一次分离所得的一次汁，按发酵后酒度达15°～16°加砂糖，分两次加，第一次加1/2～3/4。在20～25℃下，发酵3～4d后，加剩余的糖，再发酵3～4d。在主发酵的6～8d内，每天捣汁一次，每次30min。后发酵为密闭发酵，发酵期20～30d。发残糖至0.5％以下时，停留2～3d。再换桶一次，即为1号原酒。

（3）葡萄渣二次发酵　葡萄浆发酵后的渣，加入糖水进行二次发酵，糖水加量为渣量的1/3，使糖度调整为4％～5％，发酵2～3d。

（4）二次汁发酵　由葡萄渣二次发酵所得的二次汁，仍需加砂糖发酵，要求发酵后酒度达15°以上，即2号原酒。主要操作同1号原酒。

经二次发酵的渣，加渣量1/3的糖水调糖度为5％，发酵后，酒度为4°～5°。经过分离，加入脱臭酒精，使酒度达17％，贮存半年后蒸白兰地，也可做散葡萄酒。

5. 山葡萄酒贮存

贮存室室温要求8～15℃。东北地区地下贮酒室要低于地面3.5～4m。若贮酒室单独存在，房顶保温层厚度必须超过冻土层，即2m以上。或在室内安装暖气片。在酒窖入口处有套间。窖内一般放两排桶，过道为2m左右，桶间距为0.3m左右。天棚与顶棚距离在1m以上。窖内有风机排除二氧化碳。贮存期为2年以上。第一年换一次桶，第二年换桶两次，头两次换桶可接触空气。2年以上的原酒，每年换一次桶。换桶前，空桶用硫黄熏。在输酒的胶管头上，安一个有孔的挡板，使酒液成雾状，接触二氧化硫烟。

在配制酒前、后各过滤一次。成品酒杀菌温度为65℃以上，保持15～20min。

二、桦树汁酒酿制工艺

桦树汁就是白桦树干中流出的汁液，是一种无色或微带淡黄色的透明液体，有清香气息，含有人体必需且易吸收的碳水化合物、氨基酸、有机酸及多种无机盐类，含有香精油、桦芽醇、皂角苷化合物、细胞分裂素等等。天然桦树汁是目前世界上公认的营养丰富的生理活性水，具有抗疲劳、抗衰老的保健作用，是21世纪最具希望的功能饮料之一，被欧洲人称为"天然啤酒"和"农林饮料"。

（一）桦树汁的采集

桦树直径一般在16cm以上即可取汁，采汁时间每年以春季为宜，约三月中旬到四月中旬，流量与直径成正比，直径20cm以上的桦树一昼夜可以取汁20kg。一个采汁期约需十天，长期流汁可能造成桦树枯死现象，取汁以向阳面最好。美国、加拿大、捷克的科研人员证明正常采汁对桦树的影响不大，可采10～20年。桦树的单株年产汁量可达31～150kg，每公顷产汁量20～60t。国内外经验证明，采1～3年对直径伸长、木材结构、桦树营养成分及植物状况总体影响不大，连采4年桦树的生长只下降20％。我国对采汁桦树观察到除发芽晚3～5d外，其他无明显变化。取汁工具以木工手摇钻为最简便，以离地40～60cm高度为宜，向南面或两树之间钻孔，流量最大。孔径在1～1.5cm，深度6cm左右为宜，导液设备采用大于钻孔的无毒无害导管和食品容器如塑料壶等作接汁器。

（二）桦树汁的营养成分

桦树汁含有丰富的营养物质。桦树汁的pH值为5.69～6.44、总糖含量为11％～14％（以果糖和葡萄糖为主）、总酸含量为25～55mg/100mL、干物质含量为1.36％～1.42％、总氮含量为4.5～9.5mg/100mL、总氨基酸含量为20～30mg/100mL，其中含量比较多的有苏氨酸、谷氨酸、甘氨酸、丙氨酸、缬氨酸、异亮氨酸、亮氨酸、酪氨酸、苯丙氨酸、组氨酸、赖氨酸等。桦树汁中的微量元素也很丰富，对人体有益的钾、钠、钙、镁、铁、锰、锌等含量较高，而铜、铅等微量元素含量很低，且还含有丰富的维生素 C、维生素 B_1、维生素 B_2、维生素 PP 等。

（三）桦树汁的贮藏与保鲜

桦树汁中含有丰富的糖、蛋白质等营养物质，很容易引起微生物污染，导致腐败变质。桦树汁采收后的短时间内保存，可利用简陋的冰窖或地下室及带有荫蔽棚、填满冰雪的土坑。气温不超过 5℃的情况下，汁液保鲜 3～5 昼夜。装料桶每次用后必须清洗消毒。为避免维生素 C 与单宁氧化变色，一定要用石蜡密封。

（四）桦树汁干白的酿制

桦树汁含有丰富的糖分，可用作微生物发酵原料，生产发酵食品。

1. 工艺流程

桦树汁→加糖→主发酵→换缸→后发酵→陈酿→装瓶→杀菌→成品。

2. 操作要点说明

（1）原料　选用新鲜的含糖量高的桦树汁。

（2）调整成分　参照葡萄酒酿造中的调整果汁时加糖的公式将含糖量调整为 21％。要在发酵前以及发酵过程中分三次加入糖液。

（3）主发酵　每 100kg 桦树汁加入 10g 焦亚硫酸钾杀菌。也可用熏硫的方法，将二氧化硫通入缸中，同时将桦树汁泼入缸内，当桦树汁中含有 0.1％的二氧化硫时，即可抑制杂菌活动。将果汁倒入釉缸，其体积为缸容量的五分之四，加入 5％～10％的酵母液，并充分搅拌，使酵母均匀地分布于发酵液中。发酵正常液温在 20℃左右，如温度较高，所得果酒香气较差。经过 2～3 周发酵，尝一尝汁液，甜味变淡，酒味增加，则说明大部分糖已变为酒精，主发酵结束。

（4）换缸　主发酵结束后，用虹吸管吸出澄清的新酒，转入经洗刷和杀菌处理后的另一发酵缸内进行后发酵。

（5）后发酵　发酵时间大约 25～30d。后发酵期间，酒温应控制在 12～15℃之间，后发酵结束的新酒中要加入二氧化硫，使含硫量达 0.01％。若酒度过低，可加食用酒精，使酒度达 12°以上。

（6）陈酿　优质桦树汁酒陈酿需两年左右，普通酒也要一年之久。中间需倒缸几次，并过滤，除去浑浊物质。

（7）装瓶、杀菌　将桦树汁酒装入经沸水消毒的玻璃罐，加盖时不得漏气，然后在 70～72℃的热水中加热杀菌。

3. 产品质量指标

（1）感官指标

① 色泽：酒液澄清透明，有桦树汁酒特有的色泽。

② 香气：具有桦树汁香、陈酒酯香。

③ 口味：纯正柔和，绵软爽口，无其他刺激性异味。

④ 风格：具有桦树汁酒的独特风格。

（2）理化指标　酒度（20℃体积分数）12％～14％；总糖 0.5％以下；总酸 0.2g/

100mL 以下；挥发酸（以乙酸计）0.07g/100mL；单宁为 0.07g/100mL 以下。

三、海棠酒的酿制

蔷薇科苹果属植物海棠的品种较多，东北主要为西府海棠。西府海棠果实通常就叫海棠果，也有小海棠果、沙果的别称。海棠果通常呈卵形，直径 2～2.5cm，果皮红色，无灰白斑点，果肉黄白色，气香，味甘、微酸。中医认为海棠果具有生津、消食、主口渴、食积的功效。海棠果中含有丰富的维生素 A、硫胺素、尼克酸、维生素 C、维生素 E 等维生素以及多种无机盐。尤其是糖类含量比较高，很适合酿酒。

（一）工艺流程

原料→选择→清洗→破碎及硫处理、酶处理→成分调整→前发酵→分离→发酵→陈酿→澄清→处理→调配→贮存→过滤→灌装→检验→成品。

（二）操作要点说明

1. 原料选择与处理

选用充分成熟、颜色鲜红、糖度达到该品种最高含量的海棠果为佳，剔除腐烂果并用清水洗净。用破碎榨汁机对果实进行处理，注意破碎不宜过细，以免压破种子，出现苦涩味，影响酒的品质。破碎的同时，加入 100mg/kg 的偏重亚硫酸钾进行杀菌处理。同时，为提高出汁率，可加入 0.2％～0.3％的果胶酶处理，或加入 5％白酒大曲粉末。

2. 皮渣处理

压榨后的皮渣，用清水漂洗，这样种子自然沉入水底，使种子与皮渣分离。或皮渣与汁液一起发酵 4d 之后，去掉皮渣。皮渣用作饲料，或加适量水发酵、蒸馏，制成果实白酒，供调酒度时用。

3. 前发酵

将分离出的海棠汁转入发酵池，同时加入 5％～10％的酵母液充分搅拌，进行发酵，控制较低的温度。当发酵液中的糖度降至 5％左右时，进行补糖发酵。补加糖的量要依要求的酒度而定。待糖度降至 1g/100mL 时，前发酵结束。

4. 后发酵

后发酵品温控制在 16～20℃，发酵时间 30d 左右，待糖度降至 0.2g/100mL 时，后发酵结束。

5. 陈酿及澄清处理

将新酒泵入洗净消毒的贮酒容器中，装满并用栓塞紧，避免新酒接触空气而氧化。新酒陈酿期间应采取澄清处理措施，并及时换桶，使清酒与酒脚分离，防止酒脚给原酒带来异味和有害微生物。贮酒温度≤20℃。

（三）产品质量指标

1. 感官指标

① 色泽：桃红色，色泽鲜艳，清亮透明。

② 香气：具有海棠果独特的果香和清雅的酒香。

③ 口味：纯正柔和，绵软爽口，无其他刺激性异味。

④ 风格：具有海棠酒的独特风格。

2. 理化指标

酒度（20℃，体积分数）16%～18%；总糖 1%以下；总酸 0.48g/100mL；挥发酸（以乙酸计）0.02g/100mL；SO_2 残留量（以游离 SO_2 计）0.24g/kg。

四、山楂酒的生产工艺

山楂为蔷薇科植物山楂、山里红或野山楂的果实。果实较小，类球形，直径 0.8～1.4cm。山楂除含有丰富的维生素、矿物质、糖类等营养成分之外，还含有绿原酸、咖啡酸、山楂酸、齐菊果酸、槲皮素、熊果酸、齐墩果酸、金丝桃苷、表儿茶素等特殊成分，具有很高的营养价值。

山楂除鲜食外，可制成山楂片、果丹皮、山楂糕、红果酱、果脯、山楂酒等。

（一）工艺流程

山楂原料→清洗→破碎→成分调整→主发酵→压榨→后发酵→陈酿→澄清。

（二）操作要点说明

1. 山楂原料

山楂果实富含有机酸和糖，但水分少。宜选成熟度好、新鲜、无病害、不烂的果实。

2. 清洗

用清水漂洗干净，最好用流水池。

3. 破碎

一般压破裂成数瓣即可。

4. 成分调整

用水把糖化成 15～18°Bx 的糖水，再按照山楂与糖 1∶3 左右的比例，加在一起加热，浸泡。

5. 主发酵

加入果胶酶处理，使果胶分解，果汁黏度下降。加入耐酸葡萄酒酵母，发酵温度控制在 22～25℃，发酵时间约 1 周。残糖降到 5g/L 以下，发酵液中无气泡产生时，发酵结束。

6. 压榨

发酵结束后，将浆作压榨处理，使发酵果汁与果渣分离。

7. 后发酵

压榨后，发酵果汁尚有少量糖分，且与果渣分离操作时带入氧，使酵母恢复活力，可将残糖继续发酵。后发酵过程中，发生缓慢的氧化还原作用，并促使醇酸酯化，这对改善酒的口味有很大作用。后发酵的管理工作主要是定期测定糖浓度、酒精度及温度。正常后发酵，糖浓度是不断下降的。

8. 陈酿

糖浓度降到 2g/L 以下时，后发酵即结束。后发酵结束后进行第一次换桶。换桶后进入陈酿期。添桶与换桶都是陈酿过程中的必要操作过程。添桶是为了避免菌膜及醋酸菌生长，必须随时使贮酒桶中的酒装满，不让酒液表面与空气接触。换桶即从一个容器换入另一容器。换桶是为了分离酒脚，使澄清的酒和沉淀物分离。酒在贮存过程中发生一系列的变化，可以保持果香味和酒体醇厚。

9. 澄清

澄清方法有下胶净化、离心澄清、过滤等。澄清即保持酒的澄清透明。如下胶澄清，可用白明胶与鞣酸。鞣酸与明胶的加入量可通过小型试验确定。使用这类澄清剂时，一定先加鞣酸，后加明胶。

（三）产品质量指标

1. 感官指标

① 色泽：深红色，色泽鲜艳，清亮透明。

② 香气：具有山楂独特的果香和清雅的酒香。

③ 口味：纯正柔和，绵软爽口，无其他刺激性异味。

④ 风格：具有山楂酒的独特风格。

2. 理化指标

酒度（20℃，体积分数）8%～10%；总糖0.5%以下；总酸0.6g/100mL；挥发酸（以乙酸计）0.02g/100mL。

五、黑加仑酒的酿造

黑加仑又名黑醋栗、黑豆果，学名黑穗醋栗，为虎耳草目茶藨子科小型灌木的果实。果实成熟后为黑色小浆果，内富含维生素C、磷、镁、钾、钙、花青素、酚类物质。黑加仑的保健功效包括预防痛风、贫血、水肿、关节炎、风湿病、口腔和咽喉疾病、咳嗽等。黑加仑可以鲜食，也可以加工成果汁、果酱、果酒等。

黑加仑酒属浆果酒，色浓，含酸高，具有特别风味。

（一）工艺流程

原料→分选→破碎→一次发酵→补糖→二次发酵→后发酵→贮存→调配→成品。

（二）操作要点说明

1. 原料处理

分选去掉霉烂果实；两天内破碎完，破碎度达98%以上。

2. 主发酵

（1）一次原酒的制造　果浆入桶后加水（每100L果浆加20kg），加糖（调至21%）→混匀→加酵母液10%→发酵（25～28℃）→酒度达8°～9°，残糖4%～5%时分离→分离出的酒第二次加糖，所加糖的量按最终酒度为16%计算→当酒度13%以上时送入地下室后发酵。

（2）二次原酒的制造　将第一次原酒的酒渣，加水30%，调整糖度为22%，进行二次发酵（25～28℃，时间36～48h），当酒度达6°～7°，残糖3%～4%时，分离酒液，分离出的酒液按15°酒加糖继续发酵，当酒度达12°时，即送地下室后发酵。

3. 后发酵

（1）清洗容器　严防漏酒，作涂蜡处理。

（2）熏硫　熏硫量为每立方米1～1.5g硫黄。

（3）发酵　酒汁被抽入桶中后，加上发酵栓发酵，投料量为总容积的90%，发酵温度为18～20℃，时间为25～30d。

酒度达到要求，还原糖达0.5%以下时倒桶，停止后发酵。

4. 陈酿澄清

（1）装桶　必须装满不准有空隙，贮藏桶要经过硫处理。

（2）换桶　必须注意同品种果酒用桶，不准乱用桶。3年以上的酒换桶时，严防接触空气。

（3）添桶　换过桶的原酒，经化验酒精不足 15％，用脱臭的优质酒精补充。如发现发霉、长膜现象，及时报告。

（4）下胶　一般用明胶。

（5）冷冻处理　采用自然冷冻法。自然冷冻季节，是在冬季温度－20℃时。降温 2～3d，冰点上 0.5℃保持 2～3d。酒的冰点为 ［（原酒酒度/2）－1］℃。

（三）产品质量指标

1. 感官指标

① 色泽：深紫红色，清亮透明。

② 香气：具有黑加仑独特的果香和清雅的酒香。

③ 口味：纯正柔和，绵软爽口，无其他刺激性异味。

④ 风格：具有黑加仑酒的独特风格。

2. 理化指标

酒度（20℃，体积分数）12％～14％；总糖 0.5％以下；总酸 0.8g/100mL；挥发酸（以乙酸计）0.02g/100mL。

六、其他果酒酿制工艺

（一）蓝莓酒

蓝莓又名越橘，属于杜鹃花科越橘属植物。由于果实呈蓝色，原产和主产于美国而俗称美国蓝莓。蓝莓果实除供鲜食外还有极强的药用价值及营养保健功能，国际粮农组织将其列为人类五大健康食品之一。

蓝莓果实平均重 0.5～2.5g，最大重 3.5～5.0g，果实色泽美丽、悦目、呈蓝色并被 1 层白色果粉，果肉细腻，种子极小，甜酸适度，且具有香爽宜人的香气，可食率为 100％，为一鲜食佳品。

每 100g 蓝莓鲜果中含蛋白质 400～700mg、脂肪 500～600mg、糖类 12.3～15.3mg，维生素 A 高达 81～100IU、维生素 E 2.7～9.5μg，各种维生素含量都高于其他水果。蓝莓的微量元素也很高，每克鲜果中含钙 220～920μg，磷 98～274μg，镁 114～249μg，锌 2.1～4.3μg，铁 7.6～30.0μg，锗 0.8～1.2μg，铜 2.0～3.2μg。

蓝莓果实不仅营养价值高，还含有大量对人类健康有益的物质，概括起来主要有以下几个方面的保健作用。

① 蓝莓果实的 VMA（花色苷色素）对眼睛有良好的保健作用，能够减轻眼的疲劳及提高夜间视力。

② 具有保护毛细血管及抗氧化的作用。

③ 延缓脑神经衰老，增强记忆力。

④ 具有良好的消除体内炎症的作用，尤其对尿路感染、慢性肾炎的作用最为显著。

⑤ 具有抗癌作用。

国际上鲜果的零售价很高，未能及时作为鲜果销售的蓝莓可速冻成为冷冻果。冷冻果可加工制成果脯、干果、果酱、饮料等，以及冰淇淋、奶制品等的添加剂。而用蓝莓酿制成的果酒更是酒中之上品。

蓝莓酒的酿造可参照山葡萄酒的酿造进行。

（二）蓝靛果酒

蓝靛果又名羊奶子、黑瞎子果、山茄子果、蓝果，属忍冬科，忍冬属，多年生落叶小灌木，果实为浆果，呈暗蓝色，有白粉，椭圆或长圆形。花期 5～6 月，7～9 月果实成熟。蓝靛果容易栽培，资源丰富，主要分布在我国吉林省长白山、黑龙江省大兴安岭东部山区以及华北、西北、四川等地，此外，俄罗斯西伯利亚地区、日本及朝鲜北部等地都有分布。

蓝靛果果味酸甜，含 7 种氨基酸、多种维生素、丰富的活性物质，如花青苷、芸香苷、儿茶酸等，具有很高的药用价值，可生食，又可提供色素，还可酿酒、做饮料和果酱。

蓝靛果酒的酿造可参照黑加仑酒的酿造进行。

七、果醋酿制工艺

果醋是以水果，包括苹果、山楂、葡萄、柿子、梨、杏、柑橘、猕猴桃、西瓜等，或果品加工下脚料为主要原料，利用现代生物技术酿制而成的一种营养丰富、风味优良的酸味调味品。

水果中含有丰富的糖质资源，是酿醋用的上等原料，与粮食醋相比，果醋的营养成分更为丰富，其富含醋酸、琥珀酸、苹果酸、柠檬酸、多种氨基酸、维生素及生物活性物质，且口感醇厚、风味浓郁、新鲜爽口、功效独特，能起到软化血管、降低血脂的作用。果醋呈酸性，经人体吸收代谢后生成碱性物质。

果醋具有以下保健功效。

① 果醋中的挥发性物质及氨基酸等具有刺激大脑神经中枢的作用，具有开发智力的功效。医学研究发现，人脑的酸碱性与智商有关，大脑呈碱性的孩子较呈酸性孩子智商高，而体液的酸碱性可通过饮食来调节。

② 果醋可提高肝脏的解毒机能，调节体内代谢，提高人体的免疫力，具有很强的防癌、抗癌作用。

③ 果醋中的酸性物质可使消化液分泌增多，从而起到健胃消食、增进食欲、生津止渴之功效。饮酒前后饮用果醋，可使酒精在体内分解代谢速度加快，因此果醋极具解酒功效。

④ 果醋在美容护肤方面有独到之处，对血液循环系统有调节之功效。它的微酸性对皮肤有柔和的刺激作用，可以平衡皮肤的 pH，亦可控制油脂分泌。

⑤ 果醋不仅使糖类与蛋白质等在人体内新陈代谢顺利进行，还可以使人体内过多的脂肪燃烧，防止堆积。长期饮用具有减肥疗效，抑制和降低人体衰老过程中过氧化脂质的形成，延缓衰老。可软化血管、降血压、养颜、调节体液酸碱平衡、促进体内糖代谢、分解肌肉中的乳酸和丙酮酸而消除疲劳。

（一）山葡萄果醋的加工

1. 工艺流程

原料选择→去梗→破碎→调整成分→酒精发酵→喷淋醋酸发酵→压榨→醋液→兑制→过滤→灭菌→灌装→成品。

2. 操作要点说明

（1）原料选择　剔除病虫果、腐烂果。

（2）去梗破碎　用除梗机除梗，然后用果蔬破碎机破碎。破碎时注意籽粒不能被压破，汁液不能与铁、铜等金属接触。

（3）成分调整　含糖量如果不足 15%，可用白砂糖补足。

（4）酒精发酵　先把干酵母按 8% 的量添加到灭菌的用 500mL 三角瓶装的果汁中进行活化，加果汁 97g，温度 32～34℃，时间为 4h；活化完毕后，按果汁 5% 的量加入广口瓶中进行扩大培养，时间 8h，温度为 30～32℃；扩大培养后按 10% 的量加入到 50L 的酒母罐中进行培养，温度 30～32℃，经 12h 培养完毕。将发酵好的酒母添加到发酵罐中进行发酵，接种量为 10%，温度保持在 28～30℃，经过 3～5d 后皮渣下浮，醪汁含糖<4g/L 时酒精发酵结束。

（5）醋酸发酵　将醋酸菌接种于由 1% 的酵母膏，4% 的无水乙醇，0.5% 冰醋酸组成的液体培养基，盛于 500mL 的三角瓶中，装液量为 100mL。培养时间为 36h，温度 30～34℃，然后按 10% 的量加入扩大液体培养基中。培养基由酒精发酵好的果醪构成，再按 10% 的量加入到酵母罐中进行培养。酵母成熟后，将其按发酵醪总体积的 10% 的量加入进行醋酸发酵。发酵罐应设有假底，其上要先铺酒醪体积 5% 的稻壳和 1% 的麸皮，当酒醪加入后皮渣与留在酒醪上的稻壳和麸皮混合在一起，酒液通过假底流入盛醋桶，然后通过饮料泵由喷淋管浇下，每隔 5h 喷淋半小时，5～7d 后检查酸度不再升高，停止喷淋。

（6）调配　对产品进行检验，调节酸度，保证纯正的果醋风味。

（7）过滤　用不锈钢网过滤。

（8）杀菌　将果醋加热到 75～80℃之间保持 15min。

3. 成品特色

成品色泽呈宝石红色，具有葡萄特有香气，酸味柔和，微甜不涩，无异味，无悬浮物、杂质、白醭，清凉透明。

（二）五味子果醋的酿造

五味子果醋加工包括三种加工工艺：全固态发酵法、全液态发酵法和前液后固发酵法。

1. 五味子果醋全固态发酵

（1）工艺流程　五味子果粒→剔除腐烂颗粒→去梗→清洗→破碎→加少量稻壳、酵母菌→固态酒精发酵→加麸皮、稻壳、醋酸菌→固态醋酸发酵→淋醋→灭菌→陈酿→成品。

（2）操作要点说明　选择成熟度好的新鲜果实用清水洗净，破碎后称重，按原料质量的 3% 加入麸皮和 5% 的醋曲，搅拌均匀后堆成 1～1.5m 高的圆堆或长方形堆，插入温度计，上面用塑料薄膜覆盖。每天倒料 1～2 次，检查品温 3 次，将温度控在 35℃ 左右。10d 原料发出醋香，生面味消失，品温下降，发酵停止。

完成发酵的原料称为醋坯。将醋坯和等量的水倒入下面有孔的缸中（缸底的孔先用纱布塞住）泡 4h 后即可淋醋，这次淋出的醋称为头醋。头醋淋完以后，再加入凉水，淋醋一般将二醋倒入新加入的醋坯中，供淋头醋用。固体发酵法酿制的果醋经过 1～2 个月的陈酿即可装瓶。装瓶密封后需置于 70℃ 左右的热水中杀菌 10～15min。

2. 五味子果醋全液态发酵

（1）工艺流程　五味子果粒→剔除腐烂颗粒→去梗→清洗→破碎、榨汁（除去果渣）→粗果汁→接种酵母→液态酒精发酵→加醋酸菌→液态醋酸发酵→过滤→灭菌→陈酿→成品。

（2）操作要点说明　选择成熟度好的新鲜五味子果实用清水洗净。先用破碎机将洗净的五味子果破碎，再用螺旋榨汁机压榨取汁，在果汁中加入 3%～5% 的酵母液进行酒精发酵。发酵过程中每天搅拌 2～4 次，维持品温 30℃ 左右，经过 5～7d 发酵完成。注意品温不要低于 16℃，或高于 35℃。将上述发酵液的酒度调整为 7°～8°，盛于木制或搪瓷容器中，接种醋酸菌液 5%左右。用纱布遮盖容器口，防止苍蝇、醋鳗等侵入。发酵液高度为容器高度的 1/2，液面浮以格子板，以防止菌膜下沉。在醋酸发酵期间控制品温 30～35℃，每天搅拌 1～2 次，10d 左右即醋化完成。取出大部分果醋，消毒后即可食用。留下醋坯及少量醋液，再补充果酒继续醋化。

3. 五味子果醋前液后固发酵

(1) 操作要点说明　五味子果粒→去梗→清洗→破碎→调整成分→酒精发酵→喷淋醋酸发酵→压榨醋液→兑制→过滤→灭菌→灌装→成品。

(2) 技术要点

① 原料处理：选择成熟度好的新鲜五味子果实用清水洗净。用除梗机剔除果梗，果蔬破碎机破碎，破碎时籽粒不能被压破，汁液不能与铜、铁接触。

② 成分调整：主要是用白砂糖调配，使含糖量至 15%。

③ 酒精发酵：先把 1g 干酵母添加到灭菌的 500mL 三角瓶中进行活化，加五味子汁 100g，温度 32～34℃，时间为 4h；活化完毕后按果汁量 5%加入广口瓶中进行扩大培养，时间 8h，温度 30～32℃；扩大培养后按 10%的量加入到 50L 酵母罐中进行培养，温度 30～32℃，经 12h 培养完毕。将培养好的酒母添加到发酵罐中进行发酵，温度保持在 28～30℃，经过 4～7d 后皮渣下沉，醪汁含糖≤4g/L 时酒精发酵结束。

④ 醋酸发酵：将醋酸菌接种于由 1%的酵母膏、4%的无水乙醇、0.1%冰醋酸组成的液体培养基，盛于 500mL 的三角瓶中，装液量为 100mL，培养时间为 36h，温度 30～34℃，然后按 10%的量加入扩大液体培养基中（培养基由酒精发酵好的果醪组成），再按 10%的量加入到酵母罐中进行培养。酵母成熟后，将其按发酵醪总体积的 10%的量加入进行醋酸发酵。发酵罐应设有假底，其上先要铺酒醪体积 5%的稻壳和 1%的麸皮，当酒醪加入后皮渣与留在酒醪上的稻壳和麸皮混合在一起，酒液通过假底流入盛醋桶，然后通过饮料泵由喷淋管浇下，每隔 5h 喷淋半小时，5～7d 后检查酸度不再升高，停止喷淋。

⑤ 兑制：对产品进行检验，调整酸度，保证纯正的果醋风味，先用不锈钢网过滤，然后将果醋加热到 75～80℃保持 15min。

4. 五味子果醋的质量要求

色泽呈石榴红色，具有五味子特有香气，酸味柔和，味甜，无异味，无悬浮物等杂质，无白醭，清凉透明。

第八节　农林果品调理加工技术

切割农林果品（fresh-cut）又名半加工农林果品、调理农林果品、轻加工农林果品（minimally processed fruits and vegetables）。切割农林果品是以新鲜农林果品为原料，经清洗、去皮、切割或切分、修整、包装等加工过程，再经过冷藏运输而进入超市冷柜销售的即食农林果品制品。它与罐装农林果品、速冻农林果品相比，具有品质新鲜、食用方便、营养卫生等特点。

切割农林果品作为一种新兴食品工业产品，20 世纪 50 年代起源于美国，当时大部分是供给团体和快餐业的。近年来，随着人们生活水平的不断提高，现代生活节奏的加快，对切割农林果品的需求量增加很快。鲜切农林果品具有新鲜、营养、卫生、方便、可食率达

100％等特点，因此可作为一种旅游休闲食品和餐后甜点。在欧美、日本等发达国家和地区日益受到消费者的青睐。目前，美国鲜切产品产业市场规模已达800亿美元，其中鲜切果蔬产业涉及125亿美元，且发展得如火如荼。随着我国人民生活水平的不断提高及生活节奏的加快，鲜切水果产品将形成产业化发展模式，具有潜在的发展前景。鲜切水果在国外已成为果品采后研究领域中的重要方向之一。近几年在国内的一线大城市也已经成为一种成熟的消费品了。

切割农林果品必须具有品质新鲜、一致、无病害、色泽均匀等特点，其中绝对要避免颜色的变化（即褐变），否则会直接影响消费者的兴趣。影响切割产品质量的因素很多，主要有原料（包括原料的种类、品种和采收期），原料的处理与加工及加工成成品后在贮藏、运输、销售环节中的温度和湿度管理。所有这些因素都会影响切割农林果品产品的营养、风味、质地和货架期。因此，为确保切割农林果品的品质，应从原料的生产、选择、加工、贮藏、运输、销售直至消费者消费的整个过程中，努力做好每一个环节的管理，使之达到最佳组合。

第六章　农林油料植物加工技术

油脂是人类生活需要的主要营养物质之一，也是重要的工业原料。特别是植物油脂对人体健康有着极其重要的作用。油脂、蛋白质、糖类都是人类食物的主要营养物质，油脂的构成元素是大量的碳和少量的氧，与糖类、蛋白质的组成有显著的不同，因此油脂在人体内比蛋白质、糖类能释放出更大的热量。1g脂肪完全燃烧后能释放出41580J的热量。而1g蛋白质只能释放出23520J，1g糖类只能释放出17220J，脂肪放出的热能比蛋白质、糖类几乎高一倍。油脂不仅可食用，而且在工业中的应用也极为广泛。用油脂生产肥皂、蜡烛等生活日用必需品；制润滑油，制造硬化油、油漆、涂料等。如房屋、机器、船舶、日用器具等，经过油漆的涂刷后，不仅美观、悦目，而且经久耐用，容易保持清洁。

油脂经过分解会得到脂肪酸和甘油，在工业上很重要的硬脂酸和油酸都是油脂的水解产物。硬脂酸在日用化工中用来制造化妆品，在橡胶工业中用来促进硫化，还可用来生产蜡纸、蜡笔、复写纸等文教用品，在纺织印染工业中用作润滑打光剂，在皮革工业中用来制作上光剂和制造保革油，在电镀工业中常用硬脂酸来制造抛光膏，在食品工业中作糖果、饼干的乳化剂，在化学工业中又广泛地作为用于制造铝、镁、钙、钡、锶等的硬脂酸盐以及丁酯、白油脂等硬脂酸脂类，这些都是塑料工业、制药工业的重要原料。油酸的用途也很大，如复写纸、蜡纸、圆珠笔油、润滑油、合成洗涤剂、乳化剂、防水剂、防腐剂、洗毛剂、皮革渗透剂、金属切割油等，均需油酸作原料。甘油的用途更大，硝酸甘油是著名的无烟火药，在国防工业和采矿工业中不能缺少。此外在食品工业、医药工业、化学工业、纺织工业、皮革工业、造纸工业、金属加工工业、油漆油墨工业等中，也都需大量的甘油供应。由此可见，油脂与国民经济建设有着极为密切的关系。

各种油料植物所含油脂性质不同，它的经济意义也就不一样。如人类主要食用油来自大豆、花生、油菜、玉米、向日葵、油橄榄等，而工业用油主要是来自亚麻、蓖麻、油桐、油棕、椰子等。这些油用植物多数是草本，是早已被人们驯化栽培的。据统计，2001—2021年的20年间，世界油脂增加了将近63%，其中主要是植物油脂，尤其是食用植物油脂的增长更突出。随着人口的增长，人们生活水平不断提高，对油脂的需求量还是有增无减。我国同其他国家一样单靠栽培植物生产油脂，还不能满足人们生活和工业用油的需要。我国2021年消费食用油4254.5万吨，是2012年消费食用油量的1.67倍。我国耕地面积只占全国土地总面积的12.5%，尤其是人口不断增多和工业迅速发展，人均耕地面积越来越少的情况下，不可能再扩大油料作物的种植面积。而且我国各类山地有493万多平方千米，约占全国总面积的51.3%，解决食油和工业用油的出路，在于大力发展栽培木本油料植物。

我国野生油料植物资源非常丰富，据统计，我国油料植物有800多种，它们分属于近100个科，其中尤以樟科、大戟科、芸香科、豆科、蔷薇科、菊科、山茶科、忍冬科、卫矛科、十字花科等植物种类最多，油脂含量也丰富。这些植物都可作为工业原料，而且一部分可食用。有些农林产品种类的含油量不低于栽培油料作物，有的大大超过一般油料作物，如广西的铁力木、东北的榛子、亚热带的樟树、黄连木等60多种，其含油率达50%～60%以上。含油率在20%以上的有300多种，如播娘蒿、无患子、梧桐等。而栽培的油料作物如花生含油率仅40%～50%，芝麻仅45%～55%，大豆仅16%～25%。因此农林油料植物在农业生产上占有不可忽略的地位。

目前，在开发新的油源、油料植物化学分析和种类的筛选等方面已经取得了一定的成绩。近年来广西植物研究所先后对160种植物的油脂成分作了分析。此外，各省区也积极综合利用野生油用资源。云南省土产公司及该省保山地区不仅重视香果油的利用，而且还抓好香果林的垦复管理工作；辽宁生产的野生榛子作为出口物资，每年有上千吨外销。可见发展农林油料资源的前景是可观的。为了充分利用我国丰富的农林资源，特别是对一些含油较高、经济价值大的种类，应切实贯彻保护和利用相结合的原则，积极开展引种驯化和选种研究，变野生种为栽培种，为人类生活和工业生产提供原料。

第一节　农林油脂加工概述

一、农林油脂概述

农林油脂，特别是木本植物油近几年备受青睐，农林油脂的加工主要强调安全、无污染以及最大限度地保留天然营养成分不受破坏。

油脂是人类食物中的主要营养物质之一。它不仅供给人们热量和脂溶性维生素，而且在人体中参与合成肾上腺皮质激素，使人们能抵抗外来的刺激和病菌的感染。人们如长期缺乏油脂食物，则将引起严重的机能混乱并丧失劳动能力。因此油脂对保证人们的身体健康有着重要的意义。

功能性油脂是指一类具有特殊生理功能的油脂，是为人类营养所需要，并对人体的健康有促进作用的一大类脂溶性物质。许多农林油脂被列入功能性油脂，如茶油、橄榄油、山核桃油、沙棘油、枸杞籽油、葡萄籽油、猕猴桃籽油等，这些新开发的食用油脂正在逐渐进入市场。

二、油脂的其他用途

油脂除食用外，在工业上亦有极其广泛的用途，如制造肥皂、供照明、制润滑油和涂料等。油脂经过加水分解得到的脂肪酸和甘油是工业上很重要的化工原料。

硬脂酸：在日用化工中用来制造化妆品；橡胶工业中用来促进硫化，使橡胶软化和防止老化；文教用品工业中用来生产蜡笔、复写纸；纺织印染工业中用作润滑打光剂；皮革工业中用作上光剂和保革油；电镀工业中常用硬脂酸来制造抛光膏；食品工业中用作糖果、饼干的乳油剂；化学工业中广泛地用以制造铝、镁、锂、钙、铁、锶等的硬脂酸盐以及丁酯、白油脂等硬脂酸类。这些都是塑料工业、制药工业的重要原料。

油酸：用途也很广，如复写纸、蜡纸、圆珠笔油、润滑油、合成洗涤剂、乳化剂、防水剂、防腐剂、洗毛剂、皮革渗透剂、金属切割油等均需油酸作原料。

甘油：用途更大，硝酸甘油是著名的无烟火药，在国防工业及采矿工业中均很重要。此外，在食品、医药、化妆品、纺织、皮革、造纸、金属加工、油漆、油墨等工业中，也都需要大量的甘油。

油脂工业的副产品饼粕是优良的饲料和肥科，油料的种壳还可以综合利用等。随着社会的发展，油脂生产在国民经济中所占的地位也将逐步提高。农林油脂植物较多，特别是农林木本油脂当前越来越受到关注，如橄榄油、核桃油等。

三、油脂的生理功能

油脂在人们生活和经济发展中具有重要地位。天然油脂通常是由许多脂质组成的复杂混合物。营养学上将脂肪与糖类、蛋白质并列为人体必需的三大基本营养成分。在物态上，油脂是液态的油、固态的脂和半固态的软脂或白脂的合称。

人们很早就认识到油脂与人类的生存和发展密切相关。人体若长期缺乏油脂会导致严重的机能混乱。随着文明的进步和社会发展，人们发现了油脂的种类与摄入量及其伴随物（维生素 E、磷脂以及植物甾醇等）在健康中的作用与影响。作为三大基本营养成分之一，油脂具有许多生理功能。

1. 贮存与释放能量

油脂是食品组分中更为浓缩的能源，以同样质量贮存的脂肪而产生的能量相当于同样质量的糖类或蛋白质的 2.25 倍。研究表明，身体最直接的能量来源于三羧酸循环中被脂肪酶从甘油三酯释放出来的游离脂肪酸。人体细胞除红细胞和某些中枢神经系统细胞外，均能利用脂肪酸作为能源。人体空腹时，体内所需的能量的 59% 来自体脂，禁食情况下能量的 85% 由体脂提供。现代饮食观发展使人们过分顾忌过多脂肪的摄入，但过低的脂肪摄入会影响人体的健康。因此世界卫生组织建议每日摄取的脂肪热量应不低于总热量的 15%。脂肪的这一功能使其成为重体力劳动者、灾民以及非常规野外作业人员等的食物供应中优先考虑的营养素。能量作为影响婴幼儿和青少年生长发育的首要因素，脂肪的供给量也显得尤为重要。

2. 提供必需的脂肪酸

亚油酸和 α-亚麻酸是人体不能合成的必需脂肪酸，而只能从食物中获得。人体必需脂肪酸参与合成并以磷脂形式作为线粒体和细胞膜的重要成分，促进胆固醇和类脂质的代谢，合成前列腺素前体，有利于动物精子的形成，保护皮肤以避免由 X 射线引起的损害等。研究证明，油脂中的 α-亚麻酸和它的长链衍生物 DHA（二十二碳六烯酸）对人体特别是在幼年时期是必不可少的。在怀孕期的最后 3 个月和出生后的最初 3 个月中，DHA 和花生四烯酸会快速沉积在婴儿的脑膜上，在完全发育的大脑和视网膜上含有高含量的 DHA。

3. 作为机体的成分

饮食中脂肪、糖类和蛋白质均能转变成体脂，体脂过多使人肥胖，导致心理和生理上的负担，并与高血压、冠心病、糖尿病等直接相关。许多研究者认为，高脂肪膳食促进肥胖及其并发症。但是，摄入脂肪过多在肥胖原因中起的作用仍未确定。体脂起着支撑和保护器官、减缓冲击与震动、调节体温、保持水分等作用，并有助于其他脂质在细胞内的运输。其中磷脂还是细胞膜结构的重要组成部分。

4. 平衡膳食

油脂与健康已经成为当代人们关注的热点。近几年，许多研究表明，摄入脂肪的种类对血清胆固醇水平有显著影响。含饱和脂肪酸和胆固醇较多的猪油明显增加血清胆固醇。除了考虑膳食中脂肪摄入提供的能量比例，还要考虑饱和脂肪酸、单不饱和脂肪酸和多不饱和脂肪酸在膳食中的配比。我国多数学者认为，膳食摄入的脂肪酸应以饱和脂肪酸相对少一些的植物油为主，占脂肪总摄入量的 50%～60%，饱和脂肪酸、单不饱和脂肪酸和多不饱和脂肪酸的合理比例为 1:1:1，日本为 3:4:3，美国现行饮食指导饱和脂肪酸、单不饱和脂肪酸和多不饱和脂肪酸提供能量的百分比分别为 9%、10%和 8%，荷兰供能量的百分比分别 4%、4%和 2%。

第二节　农林油脂的加工技术

随着近代仪器分析方法的发展，现代工程技术水平和手段的革新，以及各学科领域的渗透交叉而形成的边缘学科的兴起，在油脂化学、生物学、工程学等领域研究人员实践和理论工作的推动下，油脂制取及深加工获得了很大发展。提取与加工工艺的设计更适合于油料种类与特性，取油方法从压榨法到浸出法、水代法到水剂法、干法熬制到湿法熬制，以及每一方法手段的变更，如超临界流体浸出、挤压膨化、膜分离、微波、远红外干燥及生物技术等在油脂工业的应用，无一不体现出制油技术蓬勃发展的态势。改进与革新均建立在生物化学、物理化学、油脂化学、胶体化学和化学工程学理论与方法的基础之上，共同目的都是为了获得收率高的高质量油脂和高附加值的副产品，并有利于操作简便，降低成本，提高经济效益，保护环境。因此，在油脂生产现有应用技术简介与探讨的基础上，跟踪脂质化学、化学工程学和生物技术等领域的研究进展与成果，无论是对传统油脂工业的改造和新兴油脂制品的高起点开发都是很有必要的。

一、预处理

农林油脂主要是木本油脂，也有一部分为草本油脂资源。就每一种油脂而言，它的制备都有其特殊性，尤其是在预处理阶段。无论哪一种制油方法，都须进行提取油脂前的一系列准备工序，这些工序统称为预处理。控制好预处理阶段的每一工序对提高油脂获得率，改善成品油质量、增强设备处理能力、降低能源损耗等具有重要意义。

植物油料预处理方法比较多，国内对植物油料的预处理视原料的不同而采用不同的方法，与国外挤压膨化预处理相比原理比较简单，易于操作。因此这里着重介绍植物油料的挤压膨化预处理。

植物油料的预处理比较新的方法是挤压膨化预处理。挤压膨化技术自 20 世纪初问世以来，在粮食、食品、饲料等工业获得了广泛应用，引入油脂工业领域则始于 1965 年美国 Anderson 公司发表的 "米糠膨化和浸出" 的论文及 1966 年申请获批的 "米糠膨化作为溶剂浸出预处理" 的专利，随后巴西 Samrig 公司购进此膨化机进行了米糠、玉米胚芽及大豆挤压膨化试验，至 70 年代初研制 203mm 的油料挤压膨化机，用于棉籽膨化浸出，并陆续被引进到美国、墨西哥等 10 多个国家。到 20 世纪 80 年代末期，美国油脂企业约有 60%的大豆和 50%的棉籽采用挤压膨化预处理，而到 1997 年，则有 90%的棉籽和 80%的大豆都经过挤压膨化预处理。我国现仅有少数厂家采用此技术，一些单位从 20 世纪 90 年代初开始进行了油料挤压膨化机的研制、推广试验和应用，取得了一些进展。当前，全世界迅速应用的挤压膨化技术，被认为是油脂工业近二三十年来最有意义的进展及有溶剂浸出历史以来最重要的一种新技术，是油脂加工技术发展的一个里程碑。国际上主要生产厂家如美国 Anderson 公司、巴西 Tecnal 公司等已针对不同油料和产量设计生产了一系列膨化机设备。因此，在引进吸收国外先进技术设备的基础上，改进油料挤压膨化机械和推广技术已刻不容缓。

含有一定水分的油料胚片由喂料螺旋输送机送入挤压膨内，在被向前推进的过程中受到挤压、揉搓、剪切等机械作用，并在物料密度不断增大、物料与螺旋轴及机腔内壁摩擦生热和直接蒸汽湿热作用下，得到充分混合、胶合、糊化而产生细胞破坏、油脂外露等组织结构变化。在挤压膨化机末端的出口模板处，高温高压物料经槽孔出来时因压力突然下降，导致水分迅速从组织结构中蒸发逸出，物料也因急剧膨胀而形成无数个有微小孔道的、组织疏松的膨化料粒。整个过程是一个高温瞬时处理过程，由于蒸汽喷入和压缩作用，料胚在数秒内可达到 125℃左右，在机内停留时间短，出口化成"条索状"体。油料挤压机有三种类型：干式挤压膨化机、湿式挤压膨化机和高油料挤压膨化机。干式挤压膨化机是在油料膨化前预先调整水分含量，湿式挤压膨化机是在挤压过程中喷入蒸汽来调节水分含量，高油料挤压膨化机则是在通过控制速度、压力、水分的情况下，完成部分出油相挤压膨化过程。

此外，植物油脂原料的预处理还有酶解法。该法主要是利用纤维素酶、半纤维素酶、果胶酶、淀粉酶和蛋白酶等水解植物细胞壁的骨架使包裹在植物细胞壁内的油脂游离出来。

二、取油

取油是农林油脂加工的重要环节，也是保证农林油脂安全、无污染的重要操作过程。目前植物类原料的取油大致包括压榨、浸提及水代等方法。

1. 压榨

压榨即是借助机械外力作用使得油脂从油料中挤压出来的流体动力过程。其发展经历了木榨、水压机榨和螺旋榨油机榨三个阶段，这一方法的长期使用使其理论研究、工艺设备改进、普及应用程度都达到了较高的水平，该方法的使用目前在一些中小型油脂企业中仍占有相当的比例。在浸出取油方法中，高油料也采用预榨后浸出方式以提高浸出效果。对有特殊要求的高油料如接骨木、山核桃等压榨仍有积极的一面。压榨法取油的效果除与压榨本身的因素有关外，还取决于入榨料的水分、温度、蛋白质变性程度等因素，这一方法主要用于植物油料。

2. 水代

水代法是利用油料中非油成分对油和水的亲和力的不同，在准备好的油料中加入适量的水，经过一系列的工艺程序，将油脂和亲水性的蛋白质、糖类等分开，这一方法一般适用于高油料，如接骨木、山核桃等，典型产品为小磨麻油，优点在于安全性好，操作简便，油的风味保持好。提高其生产效率和渣粕的经济价值是发展这一方法的关键。

3. 浸出

浸出法实质就是油脂的萃取，其过程是利用在一定条件下油脂能溶于某类选定溶剂的特性，通过润湿渗透、分子扩散和对流扩散等作用，将料胚或榨饼中的油脂浸提出来。浸出法取油的突出优点是油脂收率高、干粕残油低、毛油质量高、粕蛋白变性小。因此，目前国内已得到推广和应用，同时，围绕这一方法进行的理论和工业实践的研究也纷纷展开，其中包括浸出设备的设计、溶剂损耗的降低、安全操作的措施、脱溶工艺的改进、负压生产、预处理方式的影响等等。但最受关注的还是溶剂问题，特别是近年来，环境保护与健康的关系愈来愈受到人们的关注，对油脂理想溶剂的寻求量已达 20 多种。从浸出效率、毛油与油渣分离效果等方面来看，以正己烷为主要成分的溶剂已是油脂工业最常用的溶剂。但由于正己烷被列为有害气体污染物（HAP）之列及其易燃、不可再生的缺点，许多研究单位都在寻求一种能替代它的溶剂。醇类特别是乙醇和异丙醇已被作为油脂浸出的潜在溶剂之一，但醇溶蛋白与醇类溶剂的结合使饼粕残留溶剂高。近几年，人们研究发现，异己烷作为油脂浸出的溶剂比正己烷和正庚烷具有更多优点，因为未被列入 HAP 之列，它的健康危害性小、沸点较低、浸出脱溶温度低，能节约蒸汽能源、降低成本，是最有可能替代正己烷的浸出剂。通过现代工程技术的进展发现超临界二氧化碳流体、丙烷、丁烷在油脂浸出中的独特优越性，但其应用于普通食用油脂工业尚需一段时间。

近几年，由于浸出法生产植物油的溶剂成本较高，而出油率也较高，不少小型加工厂采用工业苯为溶剂进行食用油的生产，由于溶剂残留问题，此法不适合生产安全、无污染的高级农林油脂。

三、油脂的精炼

采用压榨、水代及浸出法提取出的动植物油脂被称为毛油（粗油），其中含有不同数量的非甘油三酯物质，采用一系列手段将这些物质分离，以提高油脂品质、使用价值和保证贮藏稳定性的精制过程统称为精炼。整个过程包括磷脂、游离脂肪酸、蜡、色素及引起油脂滋味、气味变化的物质的分离。现代油脂工艺学表明，精炼的目的不仅在于将这些物质与甘油三酯分离，而且应保存它们的生物性质，特别是一些具有较大利用价值的成分如生育酚、植物甾醇、磷脂、脂肪酸等。甚至有时为更好地捕集副产物中的有益成分和不破坏其生理功能，对精炼工序要作适当调整，典型的如脱臭馏出物的收集、米糠油皂脚的利用等。

现代仪器分析技术的发展使我们能更好地了解原料的成分特性，从而在精炼中能针对性地采取措施，这也使油脂精炼成为一项比较灵活而又错综复杂的工程。油脂精炼方式有间歇精炼和连续精炼，前者适合于生产规模小或油品更换频繁的企业，后者则适用于大型企业，精炼方法大体可分为机械法、化学法和物理化学法。在中国及欧洲，油脂精炼工艺一般包括毛油预处理、脱胶、脱酸、脱蜡、脱色和脱臭等工序。

1. 毛油的预处理

采用沉降、过滤、离心分离等方法分离毛油中的固体悬浮物，如饼渣、料胚粉末、泥沙、纤维以及一些胶溶性杂质。这些单元操作工序已建立了较为成熟的理论与方法，在油脂精炼的后续阶段和深加工中因其可靠性也被应用，如过滤分离脱色油中的白土、氢化油中的催化剂及固体脂等。值得指出的是，此工序中的沉降法已较少采用，或一般作为过滤或离心分离的辅助措施，原因主要是其容量及效率低，而且沉降物中残油含量高。

2. 脱胶

应用物理、物理化学和化学方法将毛油中的胶溶性杂质脱除的工艺过程称为脱胶。脱胶目的是清除油中的全部胶质及生产有价值的副产品。脱胶的具体方法有水化脱胶、酸炼脱胶、吸附脱胶、热聚脱胶和电聚脱胶等，应用最为普遍的是水化脱胶和酸炼脱胶。前者适合于磷脂含量多或含非水磷脂的油脂，而对于含有大量蛋白质、黏液质的粗油或处理裂解用油及要求制成胶质油或高级食用油，则必须采用酸炼脱胶，如精炼米糠油、蚕蛹油等。在水化脱胶工艺中，中国油脂工作者研究成功的喷射水化连续脱胶是国内水化工艺中较为先进的一种，其精炼率较高，工艺流程简化，一次合格，生产成本低，缺陷在于油脚含盐而使浓缩磷脂应用受到限制。对食用油脂，酸炼脱胶中用的酸主要是磷酸，其方式有与碱炼相结合的脱胶和磷酸独立脱胶。目前，前种方式较为多见，因而常常把磷酸处理归于脱酸工序。此外，脱胶工艺的选择和设计必须满足后续工序的要求，例如为适应物理精炼法的胶质含量低、热敏性色素含量少的要求，酸炼脱胶也常和脱色结合进行。

3. 脱酸

脱酸即是脱除毛油中的游离脂肪酸，因为这一过程可能是导致中性油损失最大的一步，而且在很大程度上影响精炼成品油的最终质量，所以它是精炼过程中最关键的阶段。尽管已有溶剂萃取酯化、二甲苯磺酸钠碱炼等脱酸方法用于某些特定油脂，但最为广泛应用的还是碱炼和水蒸气蒸馏法。在碱炼方法中，近年发展起来的较先进的技术是离心连续碱炼法、混合油碱炼法和泽尼斯法。其中第一种方法在发达国家中应用比例最大，我国近些年发展也较快，其优点在于精炼率高，生产费用低，处理量大，占地面积小，有利于环保，油脂质量稳定等。混合油碱炼方法特别适合于精炼高游离脂肪酸含量的毛油，与之相反，泽尼斯法只适用于低酸价油的脱酸。水蒸气蒸馏方法通常又称为物理精炼，其原理是根据甘油三酯和游离脂肪酸相对挥发度的不同，在高温高真空下通过水蒸气蒸馏出游离脂肪酸。它特别适合于椰子油、棕榈油、动物脂等高酸价、低胶质油脂的精炼。在这一方法的设计、推广过程中，人们也总结出它与化学精炼法相比的优劣。其突出优点在于有利环保，工艺简单，设备及辅助材料少，精炼率、产品质量高。缺点在于对脱酸油的要求高而且对于深度氧化油脂，以及游离脂肪酸含量低的油脂和热敏性油脂，物理精炼并不适用，此时，碱炼是唯一有效的脱酸方法。

4. 脱色

油脂中混入的色素包括类胡萝卜素、叶绿素等天然色素及油脂加工或贮存过程中产生的非天然色素，脱除这些色素以改善油脂色泽的工艺过程即为脱色。除主要脱除色素外，还可以将微量金属、皂粒、多环芳烃、残留农药等有效脱除。其方法有溶液萃取、吸附、加热、氧化、还原、氢化、离子交换等，其中以吸附脱色法在工业上应用最为广泛，它是利用某些具有较强选择性吸附作用的物质，在一定条件下吸附色素和其他杂质以进行净化的方法。必须指出，油脂脱色的目的并非理论性地脱尽所有色素，而在于获得油脂色泽的改善和为油脂脱臭提供合格的原料。因此，需从油脂及其制品质量要求和力求在最低损耗下获得油色最大程度改善的角度出发，制订油脂脱色的色度标准。目前用于油脂工业脱色的吸附剂主要有天然漂土、活性白土、活性炭，其中活性白土应用较广。油脂脱色工艺有间歇式和连续式，目前国内大部分油厂采用前者，后者因能维持一定的油-吸附剂接触时间，能获得较好的脱色效果，吸附剂的用量可以减少，还可以使进出脱色塔的油进行热交换，节约能量。其中管道连续脱色工艺在脱色效率的提高上取得显著进步。脱色是一个受诸多因素影响的复杂过程，从许多方面寻求对脱色的优化和针对性工作尚未停止，其中包括环保所要求的对吸附剂的处理。

5. 脱臭

油脂中的各种气味统称为臭味，它包括类脂物、烃类、醛、酮、低分子脂肪酸以及油脂等的气味，再加上过程中产生的工艺异味，如焦煳味、白土气味、溶剂味、氢化异味等。脱除这些臭味组分的精炼过程就是脱臭，其机理是基于在相同条件下，臭味组分的蒸汽压远大于甘油三酯的蒸汽压。其目的在于通过此过程改善其烹调和使用价值，同时可兼并脱除游离脂肪酸、过氧化物和一些热敏色素，以及一些多环芳烃和残留农药等，从而使油脂稳定度、色泽、品质都有所改善。脱臭通常是在高真空条件下，通过水蒸气与含臭味组分的高温油脂紧密接触，使得水蒸气被臭味组分所饱和，并按其分压比例逸出，最终达到脱臭目的。

油脂脱臭方式有间歇式、半连续式和连续式，前者用于小规模生产（12t 以下）。半连续式和连续式脱臭工艺效果好，生产周期短，能量损耗低。二者区别在于连续式不需分批进料及排放各槽油脂，操作简单，不需断续性地加热和冷却，处理量大；半连续式则能方便地切换原料，能防止油脂可能的短路，能保证产品质量。

6. 脱蜡

脱除油脂中蜡质的工艺过程称为脱蜡。方法有常规法、溶剂法、表面活性剂法、凝聚剂法、脲包合法、静电法及脱胶、脱酸结合在一起的方法等多种。其基本原理都是依据蜡与油脂的熔点差及蜡在油脂中的溶解度（或分散度）随温度降低而变小的物理特性，通过冷却析出晶体蜡（或蜡与助晶剂的混合体），经离心或过滤达到蜡油分离的目的，其目的在于改善油脂质量（特别是透明度），提高食用油脂营养和工业使用价值，以及充分利用植物油蜡源。这一过程对米糠油、葵花籽油、红花籽油等含蜡质较高的油脂显得尤为重要。实际上蜡质存在对脱胶、碱炼、脱色、脱臭都有不利的影响，故设计在毛油脱胶之后进行脱蜡处理较为合理。

四、油脂的深加工

随着生活水平的提高和油脂及食品工业的发展，人们对食品专用油脂的需求剧增，对其质量的要求也越来越高。因此，采用各种工艺技术手段以适应这一形势，也是油脂科学与工程的重要组成部分和发展的推动力。目前看来，采取的方法及相关制品上要包括分提、氢化、酯交换、油脂的调和、粉末化油脂等。

1. 分提

近代对天然油脂化学组成的探索，大大促进了作为油脂主体的甘油三酯的分离、离心和定性鉴别技术的发展，也使我们认识到由于不同甘油三酯理化性质的差异而表现出的产品个性。首先利用的便是根据不同类型甘油三酯的熔点差异，或在不同温度下互溶度的不同，或是一定温度下在某种溶剂中溶解度的不同，而采取的分提技术，即将油脂中性质不同的甘油三酯进行分级的过程，其目的是生产起酥油、人造奶油、代可可脂等，充分开发、利用固体脂肪，同时提高液态油品质，改善其低温贮藏性能，生产色拉油，有时在食用油脂的加工上，将其称为脱脂（或脒化），即是以干法低温分离少量固体脂和液态油的过程。油脂分提方法主要有常规法、溶剂法、表面活性剂法、液萃取法、密度法、分子蒸馏法等。其中常规法在油脂分提中用得较多，溶剂法分提所用溶剂以己烷、丙酮最为常见（也有采用异丙醇、异丁醇）。

2. 氢化

油脂氢化是指在催化剂存在的条件下，将氢加到不饱和甘油三酯的双键上，而产生相应化学转变（如异构化）的过程。油脂氢化的目的有二：一是提高熔点，二是提高抗氧化能力，改善油脂的气味和质量。

自 20 世纪初氢化技术在油脂工业应用以来，它的发展水平已成了油脂工业是否现代化的一个重要标志。作为一种将液态油变为塑性脂或固体脂的加工手段，它的重大意义在于使许多原料的利用特别是鲸鱼油的利用成为可能，弥补了固体脂肪的不足，对农业、渔业经济产生了巨大的影响，对丰富油脂产品的物理特性，改善油脂制品稳定性起到了不可替代的作用。油脂氢化不仅用于食用油脂工业，而且也广泛用于肥皂用油及工业用油，区别只是氢化程度的不同。食用油脂的深加工产品如起酥油、人造奶油、代可可脂的原料脂。一般采用选择性氢化，以控制油脂中各脂肪酸的反应速度，而获得产品所要求的一些物化特性。一方面，消费者的要求是多方面的；另一方面，氢化反应产生的反式脂肪酸也是当前营养学所不主张的，尤其是导致了顺式亚油酸的生理活性丧失。这些是氢化油脂加工食用可塑性油脂中急待解决的重要课题。

油脂氢化反应是一种多相催化反应，即固相催化剂分散在液相油脂中，然后通入氢气，在温度为 $180\sim220℃$，压力为常压及搅拌的条件下进行的双键加氢反应。可简写如下：

$$—CH=CH—+H_2 \longrightarrow —CH_2—CH_2—$$

表面看来反应简单，实际上该反应很复杂并且常常需要催化剂来催化反应。

由于油脂甘油三酯组成和脂肪酸分布的多样性决定了氢化反应的复杂性，因此，在有用氢化油生产中必须进行精细的操作与管理。现代工厂对氢化操作的严格控制及高度的选择性带来的机械方面的难度，加之大多数工厂都要生产多种基料，就使已设计的一些油脂连续氢化工艺的工业应用极为有限。但人们对于最经济地使用空间、劳力和能源的期望使这一研究和应用工作仍在进行，在几乎所有的选择性氢化的工业生产中都适用的间歇式氢化装置已朝着改善效率、高度自动化的方向发展。

油脂氢化反应的关键是选用合适的催化剂。在我国硬化油生产已有几十年的历史。使用的铜镍二元催化剂，生产成本低、操作简便、催化活性好、生产稳定。食用氢化油的生产历史较短，对催化剂的要求又较高。目前大多数厂家使用的是几种进口的镍基催化剂。因此研制高活性高选择性的食用油氢化催化剂是当前我国油脂氢化领域中急待解决的问题，也是目前研究的热点。

3. 酯交换

油脂的酯交换是指甘油三酯与脂肪酸、醇或酯作用而引起的酰基再分配或分子重排过程。它作为与氢化、分提并列的油脂改性三大基本工艺之一，丰富了改善油脂物理性质的手段。更重要的是，酯交换反应不但不降低油脂的不饱和程度，不会产生异构化及生成反式脂肪酸，保持了油脂中天然脂肪酸的营养价值，而且还可获得天然油脂中所缺少的甘油三酯组分。这一方法在猪油和某些植物油改性制造起酥油、人造奶油、代可可脂等食用油脂领域获得广泛应用。此外，油脂酯交换在精细化工、能源工业上也得到迅速发展。

4. 油脂的调和

上述三种深加工技术在起酥油、煎炸油、人造奶油、代可可脂及其他食品专用油脂生产中发挥了重要作用，这些油脂深加工制品在世界范围内获得了不同程度的发展。此外，一种以大众消费需求为主导的新的油脂制品——调和油的生产也日益兴起。它的加工技术极为简单，就是在一定温度下，通过搅拌，根据产品用途按一定比例将两种或两种以上的优质食用油脂混合配制即得调和油。所以，全精炼油脂工厂勿须增添新设备即可组织生产，原料一般采用高级烹调油或色拉油，其核心是根据消费群体食用习惯、油脂膳食平衡营养观点、食品工业性能需求等来设计配方，包括添加抗氧化剂等。如风味调和油、煎炸调和油、营养调和油等商品名称都是基于使用目的，营养调和油是为克服单一油脂脂肪酸组成和其他一些生理活性物质的缺陷而设计的，这一产品的开发对丰富油脂品种，发展我国的加工业是极为有利的。

5. 油脂的粉末化

鉴于传统的固体脂、液体油和可塑性油脂的物化特性在使用、贮存、运输等方面给食品工业带来的不便，从而出现了外观、形状截然不同的固体粉末油脂，它在食品生产中对改善质构与光泽、赋香呈味、防黏及赋予乳化、脱模、搅拌混合等性能和强化营养方面体现出独特的优点，而且它的突出优点在于几乎不受四季气温的影响，可以长期保持品质稳定。世界性的粉末油脂产品（特别在日本、美国及欧洲）种类与规格都得到了很大的发展，市场也日益扩大。产品类型总体上可分为"全脂型"和"部分脂型"两类，前者采用固化冷却法和喷雾冷却法生产，而后者的生产方法则有喷雾干燥法、撒布混合法、冻结干燥法、流化床法、微胶囊法等，市场产品大多采用喷雾干燥，即将原料经乳化、杀菌、均质工序处理再进行喷雾干燥，然后经冷却、筛分即得成品。作为一种方便型油脂制品，具有不同功能或用途的粉末油脂产品的不断开发极大地扩展了油脂在食品及医药等工业中的应用范围，特别是它解决了备受关注的油脂氧化问题。

第七章　农林色素植物加工技术

第一节　概　　述

一、天然色素利用概况

食品中能够吸收和反射可见光波进而使食品呈现各种颜色的物质统称为食品色素。

天然色素作为食品的着色剂已有悠久的历史。我国古代的《食经》和《齐民要术》等书中，就有关于利用天然植物色素为食品和酒着色的记载，如用艾青做青饺，用红米和茜草科植物使食品着色。12世纪以前，大不列颠阿利克赛人喜欢在糖果中加入天然植物色素使糖果呈现各种不同的颜色，如玫瑰色、紫色等。到了19世纪中期，分类学家Peing记载了罗马帝国时代使用天然着色剂的情况，当时常常采用一种含有色素的浆果来为酒和面包着色。人类最早采用的天然着色材料有茜草和胭脂虫，为食品和化妆品着色。

1856年英国首次合成了有机色素苯胺紫后，揭开了在食品加工中使用化学合成色素的历史。化学合成色素通常比天然植物色素色泽鲜艳、坚牢度大、性质稳定、着色力强，且可任意调色，再加上成本较低、使用方便，因此，19世纪以来，化学合成色素发展很快。到20世纪初，世界各国用于食品着色的化学合成色素已达80余种，天然植物色素逐渐被化学合成色素所代替。但鉴于使用合成食用色素具有潜在的危险，世界各国在色素添加剂的研究中，对毒性的把控越来越严格。因此，人工合成食用色素中能够应用的品种也越来越少。近20年来，世界上一些发达国家，如英、美、日等，相继颁布了适合本国使用的合成色素立法条例，严格限制合成色素的使用。我国也有相应的合成色素标准规定，许可使用的只有苋菜红、胭脂红、柠檬黄及靛蓝等四种，严格限制使用合成色素。世界食品添加剂发展的总趋势是向天然食用色素方向发展，而合成食用色素逐渐受到越来越严格的限制。应该看到，天然食用色素还有不足之处。但是，总的看来，大力发展天然食用色素这种趋势是不可阻挡的。

近年来，天然食用色素发展迅速，其主要原因有：一是天然食用色素的安全性高，深受广大消费者的信赖；二是天然食用色素种类较多，能更好地模仿天然颜色，着色的色调也比较自然；三是天然食用色素对人体有一定的营养价值，并且有抗菌、防治疾病等作用。这些特点不仅满足了人们生理的需要，而且也满足了人们对色、味、香的要求。随着食品科学的发展和食品卫生要求的提高，人们对色素需求量及质量的要求也越来越高。色泽对人们具有很强的吸引力，并给人以美的享受。所以，颜色、色泽在人们对食品的评价中起着重要作用。

二、天然色素的分类与资源

食品色素按结构的不同可分为：四吡咯色素（或卟啉类衍生物），如叶绿素和血红素；异戊二烯衍生物，如类胡萝卜素；多酚类衍生物，如花青素、花黄素等；酮类衍生物，如红曲色素、姜黄素等；醌类衍生物，如虫胶色素、胭脂红素等。食品中应用的人工合成着色剂中有一些发色团中有—N ═N—结构，另一些则无此结构，由此常将它们分为偶氮类化合物，如胭脂红、柠檬黄等，非偶氮类化合物，如赤鲜红、亮蓝等。

色素按来源的不同可分为天然色素和人工合成色素两大类，其中天然色素分为：植物色素，如叶绿素、类胡萝卜素、花青素等；动物色素，如血红素、卵黄和虾壳中的类胡萝卜素；微生物色素，如红曲色素。此外，按溶解性能可分为：脂溶性色素（如叶绿素和类胡萝卜素）及水溶性色素（如花青素）。

三、天然色素的应用

在世界范围内，食品添加剂使用原则是 FAO/WHO（联合国粮食和农业组织与世界卫生组织）制定的一个国际性的食品添加剂使用原则。FAO/WHO 关于天然使用色素没有制定 ADI（每人每日摄入量），因为天然食用色素大部分经毒性试验，安全性较高。目前，FAO/WHO 列举的天然色素有 23 种，美国批准使用的天然色素有 19 种，日本批准使用的天然色素有 25 种，我国批准使用的天然色素有 40 余种。

天然植物色素的来源比较广泛，各种植物都有代表其特征的天然色素。由于天然食用色素性质不同，所使用的方法和着色的对象也各有差异。所以，我们在应用天然食用色素时，应注意以下几个方面的问题。

① 先要考虑被加工食品的 pH 值范围，然后选用相应的色素。

② 食品中，含有的蛋白质成分常与天然食用色素作用而发生变色。

③ 天然食用色素用于饮料、冷饮及其他食品时，应考虑色素对金属离子、光、热、氧化剂、还原剂等各种因素的影响。

④ 对耐热性或耐光性差的天然食用色素，有时需要与不同色素配合使用，这样才能得到希望的色调。

⑤ 天然食用色素即使属同一系列色素，由于生产厂家不同，色素的色价或色调也有一定的差别，在使用时，需要预先做着色试验。

⑥ 如果混合使用两种以上的色素，调配另一种颜色时，每一种色素应具有符合使用目的、有着同等程度的稳定性，否则经放置后，难以维持色调的平衡。

⑦ 天然食用色素用于饮料时，由于色素是天然物质，残留很多黏液质、蛋白质、有机酸和糖等成分，易产生沉淀。

⑧ 如果混合两种以上天然食用色素，想得到另一种颜色时，如产生沉淀，一般在使用前先过滤才能使用。必要时，做一做预备试验。

⑨ 选择使用天然食用色素时，应注意色素保存期是否超过及是否潮湿、氧化等。

第二节 天然食用色素的原料及提取

一、天然食用色素原料的分类

天然食用色素原料按来源可分为以下三类。

1. 植物色素原料

如叶绿素原料、黄栀子（栀子黄色素）、红辣椒（辣椒红色素、辣椒玉红色素）。

2. 动物色素原料

肌肉中的血红素，蟹、虾表皮中的虾红素、虾黄素。

3. 微生物色素原料

红曲霉中的红曲素。

从上述三方面来源看，天然食用色素原料最主要来源是植物色素原料。

自然界许多植物都含有色素，特别是植物的花、果部位，几乎都含有某种色素，其中许多植物色素含量丰富，是生产天然食用色素的好原料。

从生长地区看，无论寒带或热带植物都含有色素，但从含有色素植物品种来看，由于热带植物生长更为茂盛，品种更丰富，所以热带生长的植物色素原料种类更多，资源更丰富。

二、天然食用色素的植物原料资源

1. 树木资源

主要是各种乔木资源，例如槐树花、多穗科树叶等。

2. 野生植物资源

主要是林区覆盖地或野外生长的各种野生植物，一般自生自长，自然繁殖，例如蓝锭果、姜黄、越橘等。这类植物原料品种多，资源丰富，是发展天然食用色素生产寻求新原料的主要来源，但需要做较多的毒理实验工作。

3. 栽培植物资源

主要是已被人们作为蔬菜、水果植物而进行人工栽培的植物，例如红辣椒、苋菜、芭蕉树叶等。这类植物可根据生产需要而建立人工栽培基地，需要较大投资，原料成本较高，但由于人们早就长期食用，对人体无害，不需做很多的毒理实验工作。

三、天然食用色素生产对原料的要求

很多动、植物体中都含有色素，但要作为能满足某种生产需要即能够用作天然食用色素生产的原料是有限的，因为天然食用色素生产对原料有一定的要求。

① 原料中所含的色素和由此原料提炼制成的色素产品对人体应是无害的，长期食用对人体器官也应是没有任何损害，即有较高的安全性。所以在天然食用色素生产上采用某种新的原料时，应认真进行各项毒理试验，确定有较好的安全性以后，呈报并经国家食品添加剂标准委员会批准才能使用。

② 原料中有一定的色素含量并能通过某种工艺方法进行提取和精制而能制成产品。原

料中色素含量不能过分低，否则原料成本高，而且提取困难。由于各种原料所含色素种类不同、性质不同，在食品添加剂所起的作用效果也不相同，所以对能够作为天然食用色素原料的色素最低含量不能做统一规定，而应视具体情况而定。

③ 原料中所含色素色泽要鲜艳，物理化学性质对使用有利，稳定性要好。从该种原料制取的色素产品应用范围广，使用价值高，成本低，能较好地满足食品添加剂的要求。使用这些原料生产天然食用色素，产品才有利用价值。

④ 原料资源要丰富、生长容易、迅速。这样才能有足够的原料数量满足生产需要，由于一般原料中色素含量比较低，每生产1t天然食用色素消耗的原料量较大，没有充足的原料资源就不能保证工厂常年正常生产。

⑤ 原料要便于贮存。由于天然食用色素生产的原料很多是植物的花、果、叶，这些原料采收期较短，水分含量高，不易贮存，为了常年生产，贮存原料又是必不可少的，必须能够采用适当干燥的方法贮存这些原料。

⑥ 原料要集中，资源要稳定，最好有原料基地，便于专门管理、采集、运输，原料质量也容易得到保证，运输成本也低，有利于工厂生产。

四、我国天然食用色素原料资源特点

1. 资源丰富

我国幅员辽阔，位处寒、温、亚热、热带地区，各种资源，特别是植物资源丰富，品种多，许多品种产地集中，有利于建厂。从北到南都有天然食用色素生产的原料，都可以加以利用。

2. 资源未被充分利用

我国天然食用色素资源虽然丰富，品种繁多，但已被正式利用的只有20余种，还有很多未被充分利用。特别是野生植物资源，由于研究工作薄弱，大量野生植物资源白白浪费掉，如能充分利用将大大满足我国食品色素的生产需要。

3. 缺少有较高使用价值的花青素原料品种

花青素类色素原料所含色素色泽鲜艳，颜色多种多样，是生产天然食用色素的好原料。我国许多原料含有花青素色素，但由于花青素稳定性差，精制困难，吸湿性强，作为食品添加剂使用受到限制，所以目前可使用的花青素色素原料还不多。如果加强开发新的原料，寻求使用价值高的花青素色素原料，或改进已有花青素原料中色素的性能以适应使用需要，花青素色素原料必将得到更充分的利用。

4. 原料的分析检验工作很缺乏

尽管我国拥有许多天然食用色素原料，但对每一种原料所含色素种类、含量、基本性质既缺乏调查，更缺乏研究，所以作为天然食用色素的原料缺少许多基本的研究数据，这对发展我国天然食用色素工业是不利的。加强对原料的调查和研究应该得到充分的重视。

五、农林植物食用天然色素的提取

农林植物食用色素存在于植物的不同器官和部位中。这些色素大多数溶于水、酒精或其他有机溶剂。为了保持天然植物色素的固有优点和产品稳定性、安全性，一般多采用物理方法来提取。生产设备要求凡接触原料者均用不锈钢、耐酸碱陶瓷或玻璃制品。生产用水也需净化，严防金属离子污染产品。

（一）野生植物食用色素的提取方法

1. 粉碎法

工艺流程：原料采集→筛选→水洗→干燥→粉碎→提取→制品化。

此方法主要用于可可色素的提取。

2. 浸提法

工艺流程：原料采集→筛选→水洗→干燥→提取→浓缩→干燥→粉末化→制品化。

此法应用最多，适用范围也广。利用水、酒精、有机溶剂等浸提色素，再精制为产品。

3. 酶反应法

工艺流程：原料采集→筛选→水洗→干燥→提取→酶反应→提取→浓缩→干燥→粉末化→制品化。

由于国内酶制剂产品有限，故此法应用较少。

（二）浸提法提取植物色素的工艺要求

浸提法即利用植物色素的溶解性，用水、酒精、有机溶剂等进行浸提，使植物色素溶解于溶剂中，然后进行分离、精制。这种提取法适用范围广、工艺简单、产品质量高，所以目前大多数植物色素都采用这种方法进行提取。

1. 原料处理

原料的优劣是产品质量的基础，没有好的原料，难以生产出优质产品。尤其是在天然色素的生产中，原料色素的含量与品种、栽培条件、生长发育阶段及采收、贮存条件等密切相关。例如，山葡萄皮中的色素因不同品种不同产地而差别较大；玫瑰茄色素的含量与花萼成熟度有关，幼嫩花萼表面颜色紫红，说明含量较低。对收购到的优质原料，需及时晒干或烘干，存放于阴凉、通风、干燥的地方，严防霉变和鼠虫危害。某些品种原料更需要特殊的前处理，否则将影响生产效率。不同的天然植物色素性质各异，亦要求不同的处理方法。

2. 浸提

使用这一方法提取色素时，首先应选用理想的萃取溶剂。优良的萃取溶剂的条件如下。

① 提取效率高（色素在该溶剂中溶解度大，其他非色素成分如多糖、蛋白质溶解度小）、价格低廉、不影响色素的性质和产品质量等，并且在回收或废弃时不会污染环境。常用的萃取剂有水、乙醇、丙酮、乙醚、石油醚等。

② 应采用适当的萃取方式。大型工业化生产应采用进料与溶剂成相反梯度运动的逆流连续作业，即用最新溶剂浸提最后的原料，用含色素最浓的溶剂浸提首次待萃取的原料，这样可以提高萃取效率，并节省溶剂。

浸提方法有散浸或袋浸。可根据工厂的浸提设备、条件和原料的性质，选用不同的浸提方法。一般采用加热浸提，色素溶解速度快，溶解度高。但是，与此同时非色素类物质如多糖、蛋白质等溶解量亦增多，给以后的处理增加困难。应根据情况，选用适当的浸提温度。在生产中，多采用蒸汽直接加热或夹层锅加热，对耐热性好的原料，可用真空减压回流的浸提方式，进行较长时间的浸提，温度保持在 60℃。

3. 过滤

过滤技术是天然植物色素提取的关键之一，常常由于过滤不当，成品溶液浑浊或产生沉淀，使色素溶液的透明度降低，影响产品质量。为了提高过滤速度和产品质量，除了采用普通的离心过滤、抽滤之外，还采用超滤技术。国产超滤机已应用于天然食用色素的生产中。

此外，为了提高过滤效果，往往采用物理化学方法，如调节 pH，用等电点的方法静置澄清除去蛋白质，用酒精除去水提液中的果胶质。在果汁色素的生产中也有用压滤的方法。

4. 浓缩

色素浸提过滤后，若含有机溶剂，须先回收，以降低产品成本，减少溶剂损耗。可采用真空减压设备先回收溶剂，然后浓缩成浸膏状。若无有机溶剂，为加快浓缩速度，可用高效薄膜蒸发设备和离心薄膜蒸发机进行初浓缩，然后在真空减压锅内或敞口式蒸汽夹层锅内浓缩。在浓缩过程中，根据色素的性质，尽量采用较低的浓缩温度和较短的浓缩时间，隔绝氧气，以保证产品质量。

5. 干燥

为使产品便于贮藏、包装和运输，应尽可能把产品制成粉剂。而我国现有产品多数是液体，仅少数产品如萝卜红、甜菜红用塔式喷雾干燥法制成粉剂。由于多数产品未能找到合适的载体，故当用酸或糖作为色素喷雾干燥的载体，或不加载体直接以色素浸提液喷雾干燥时，制成的粉剂都易吸潮，尤其是花青素类色素。目前，粉剂的生产成本较高，用简便的设备难以生产。干燥方法除塔式喷雾干燥外，还有离心喷雾干燥、真空减压干燥（主要对一些易发泡的产品）、冷冻干燥。

6. 包装

包装材料应选择轻便、牢固、安全、无毒的物质。目前，国内外对液体产品多用不同规格的聚乙烯塑料瓶包装，粉剂产品多用薄膜袋包装。无论何种剂型和使用何种包装材料，为了保持色素产品质量，一般宜放在通风、干燥、阴凉处。

第三节　我国主要农林植物色素的提取技术

一、山楂红色素提取技术

山楂又叫红果、山里红、赤瓜子等，是我国特有的果品。山楂属蔷薇科落叶乔木，有悠久的栽培历史。果实耐贮运，为秋冬两季供应时间较长的一种鲜果，加工山楂等系列产品，可常年食用。我国山楂产地分布很广，产量最多省份有河南、河北、山东、山西等。

山楂的种类很多，主要有 6 种，即山楂、大山楂、猴山楂、野山楂、山东山楂及云南山楂，其中以大山楂栽培为最多。山楂有很高的营养价值，而且也有很好的药用价值。山楂含铁、钙相当丰富，特别是钙含量居于各种果品首位，山楂中维生素 C 的含量是苹果的 17 倍之多。山楂味酸微温，有开胃消食、化滞消积、活血化瘀，收敛止痢功效。山楂还有降血压、降血脂、强心、抑菌等作用。除此之外，山楂还含有丰富的红色素，为了充分开发利用天然资源，可从山楂中提取天然食用色素，可以提高山楂产品的经济效益和社会效益。

1. 成分

山楂红色素以花青素类色素为主要成分。

2. 性质

山楂红色素溶于水、甲醇、乙醇，为水溶性色素。山楂红色素对光、热都很敏感，稳定性较差。pH 值对山楂红色素有一定影响：pH 值为 1～3 时，色素为紫红色；pH 值为 4～5 时，色素为粉红色；pH 值为 6 时，色素为橘红色；pH 值为 7～9 时，色素为棕色至深棕色；pH 值为 10～12 时，色素为淡黄绿色至黄绿色。

3. 材料来源

秋季果实成熟时采收。

4. 提取色素工艺

(1) 工艺流程 山楂鲜果→选料→清洗→破碎→提取→过滤→减压浓缩→成品。

(2) 操作要点

① 选料：首先要选成熟、无虫无烂的山楂作为原料。

② 清洗破碎：将选好的山楂，去掉杂质、洗净，然后进行破碎。

③ 提取：配好酸性提取液，其组成是在 95％乙酸中含有 0.1％的盐酸，备用。取破碎好的 50kg 山楂放入提取器中，加入酸性提取液 150L。山楂色素提取的温度为 50℃，在提取过程中，不断搅拌，提取时间为 4h 即可。

④ 过滤：先粗过滤，滤出残渣，再采用棉过滤，采用板框过滤机进行过滤也可以。

⑤ 减压浓缩：将滤液进行减压浓缩，控制温度为 50℃为宜，真空度为 51kPa 左右。浓缩体积为 15L 为宜，即得成品。

5. 应用范围

天然食用山楂红色素。

1kg 鲜山楂可得 600mL 左右的色素浓缩液，可配制 10L 人工饮料，具有浓郁的山楂香气，色泽鲜艳。

二、叶绿素色素提取技术

叶绿素广泛存在于植物体内，叶绿素常与叶黄素、胡萝卜素等共存。叶绿素有 a、b 两种成分，在植物体内的比例为 3∶1，前者为蓝绿色，后者为黄绿色。叶绿素的水溶性制剂有抑制溃疡的消炎作用，可用于治疗慢性骨髓炎和慢性溃疡。叶绿素有促进组织再生作用，治疗皮肤创伤和烧伤等，都有较好效果。叶绿素也有明显的抗菌作用。叶绿素是植物新陈代谢的产物，除了作药物之外，它是一种天然色素，广泛用作食品的着色剂，具有一定的生物活性。它存在于萝卜叶、松针叶、蚕沙、菠菜、甘蓝等中，资源丰富，可广为开发利用。

1. 成分

叶绿素 a：$C_{55}H_{72}MgN_4O_5$；叶绿素 b：$C_{55}H_{70}MgN_4O_6$。

2. 性质

叶绿素为绿至暗绿色的粉末或为黏稠状物质。叶绿素 a 的熔点为 150～153℃，叶绿素 b 的熔点为 183～185℃。叶绿素不溶于水，溶于乙醇、乙醚、丙酮等脂肪溶剂。游离的叶绿素很不稳定，对光和热较为敏感。在稀碱溶液中可皂化水解为颜色仍为鲜绿色的叶绿酸、叶绿醇及甲醇。在酸性条件下，叶绿素分子中的 Mg 可被 H 取代，生成暗绿色至绿褐色的脱镁叶绿素。在适当条件下，叶绿素分子中的镁原子可被铜、铁、锌所取代。

3. 材料来源

叶绿素材料来源相当丰富，如菠菜、萝卜叶、甘蓝、荨麻等植物，或蚕沙等。

4. 提取色素工艺

下面介绍从萝卜叶、菠菜中提取叶绿素的方法。

(1) 从萝卜叶中提取叶绿素 工艺流程：萝卜叶→洗净→晾干→粉碎→冷冻→离心脱水→干燥→粉碎→成品。

操作要点如下。

① 前处理：将新鲜的萝卜叶用清水洗净，晾干。然后放入粉碎机中绞碎成糊状，接着用1%的食盐溶液浸没。

② 冷冻：将上述的混合物放在−25～−30℃冷冻4～5h，在室温解冻。

③ 离心：将解冻的混合物用离心机分离脱水，然后再用等量去离子水搅拌，需要洗涤2次，再分离脱水。

④ 干燥、粉碎：把离心脱水物放在干燥器中保温干燥2h，温度控制在80℃，然后进行粉碎，即成亮绿色的叶绿素成品。

(2) 从菠菜叶中提取叶绿素　工艺流程：鲜菠菜→除杂清洗→煮沸→甩干→粉碎→醇浸→过滤→滤液→醚萃取→分出醚相→用醇洗涤→用水洗涤→干燥醚相→减压蒸醚→蒸干→成品。

操作要点如下。

① 一定要取用新鲜菠菜，并去掉杂质以及腐烂部分。

② 用清水洗菠菜时，速度要快，然后摘掉菠菜叶，用水煮沸2min，用离心机甩干。

③ 将冷却的菠菜叶，进行粉碎，加入等量的95%甲醇，充分搅拌，浸取30min为宜。

④ 过滤，过滤残渣用上法重复浸取3次。

⑤ 合并浸取液，加入等体积的石油醚，萃取10min，静置分层后，分出醚相。

⑥ 余下醇相重复上法用石油醚萃取2次，并合并石油醚萃取液。

⑦ 然后分别用60%、70%、80%甲醇各洗一次，再用去离子水洗3次。

⑧ 用干燥剂干燥石油醚萃取液，减压蒸馏回收醚。蒸干，得成品。

5. 应用范围

叶绿素色素为食用绿色色素，用于糕点、饮料、酒类、果酱、果冻等。

参考用量：用于糕点、饮料、配制酒等用量为0.1%～0.2%。用于果酱、果冻的用量为200mg/kg。

三、叶绿素铜钠色素提取技术

1. 成分

叶绿素铜钠A和叶绿素铜钠B的混合物，称为叶绿素铜钠。我国多家叶绿素生产企业都生产粉状叶绿素铜钠。

2. 性质

叶绿素铜钠为墨绿色粉末，并有金属光泽，略带氨臭，几乎不溶于乙醚和石油醚，易溶于水，略溶于醇和氯仿。叶绿素铜钠的水溶液为蓝绿色，透明，无沉淀，耐光性比叶绿素强。如有钙离子存在时，则会有沉淀析出。

3. 材料来源

叶绿素广泛存在于一切绿色植物中，如天然植物菠菜等。或者以干燥的蚕沙为原料也可提取叶绿素。所以资源丰富，随手可取。

4. 加工工艺

(1) 工艺流程　叶绿素浆状品→加碱皂化→分出下层皂化液→萃取→皂化液加入反应罐中→加醇→加硫酸铜→过滤→加水→过滤→浓缩→真空干燥→粉碎→成品。

(2) 操作要点

① 在皂化叶绿素之前，要确定叶绿素的皂化值，再决定皂化时所用的碱量，这一点尤

为重要。

② 第一步把叶绿素浆状品放入皂化锅中；第二步是在充分搅拌的条件下，逐渐加入6%～10%的氢氧化钠乙醇溶液。

③ 皂化温度为60℃，搅拌30～60min后，停止加热并静置充分分层，上层是不皂化物，下层是水溶性叶绿素皂化物。

④ 分出来下层皂化液后，加入等量的120#溶剂油，搅拌3h，静置分层，弃掉上层，将下层皂化液按上边方法反复萃取2次。

⑤ 将皂化液放入搪瓷反应罐中，向反应罐加入乙醇，使皂化液中的乙醇浓度为80%。

⑥ 用酸调节pH为中性，加入硫酸铜为总皂化液量的10%，然后再用酸调节pH为2～3。在水浴上加热到60℃，并搅拌30～60min，趁热过滤，并用95%乙醇洗涤残渣4次。

⑦ 将滤液和洗液合并，并加入等量蒸馏水，静置4h后，过滤，分别用蒸馏水、40%～50%乙醇溶液、120#溶剂油进行洗涤，以使产物纯度达90%以上。

⑧ 将抽干的产物溶解于丙酮中，过滤，其滤液减压浓缩，将残渣用5%氢氧化钠溶液溶解，调节pH为11，过滤。

⑨ 将滤液放入搪瓷蒸发器中，浓缩至干，并于60℃真空干燥，粉碎，即为成品。

5. 应用范围

叶绿素铜钠是我国当前生产量较大的品种之一，应用很广。

作为色素，可用于给果味水、果味粉、果子露、汽水、罐头、糕点等着色。最大用量为0.5g/kg。对红绿丝用量加倍。果味粉色素加入量按稀释倍数的50%加入。

作为脱臭剂，可用于94%～96%食用酒精脱臭。方法是在精制时添加叶绿素铜钠0.001%，放置过夜加入活性炭滤去即可。

酸黄瓜用量为300mg/kg，肉汤、冷饮用量分别为400mg/kg和100mg/kg。

医药上，用于治疗慢性骨髓炎、慢性溃疡、皮肤创伤、烧伤及白细胞减少等病症。还用于牙膏、发乳中，具有抑菌除口臭及防止牙龈出血等功效。

用作雪花膏、润肤水、牙膏及香皂等的添加剂。

四、玫瑰茄色素提取技术

玫瑰茄，又叫山茄，是锦葵科木槿属一年生直立草本植物，原产于非洲，后广泛分布于热带、亚热带地区。我国20世纪40年代作为观赏植物从国外引进，60年代开始试种，对其栽培方法、纤维及种子油等的利用，进行了研究。我国广东、广西、云南等地均有栽培，资源丰富，其产品主要供外贸出口。

1. 成分

玫瑰茄萼片含有丰富的红色素、有机酸、果胶和Ca^{2+}、K^+等金属离子。玫瑰茄花萼呈红紫色，其色素为花青苷类。玫瑰茄花萼中最主要的色素是飞燕草素-3-接骨木二糖苷，第二个主要色素是矢车菊素-3-接骨木二糖苷，少量的色素是飞燕草素-3-葡糖苷和矢车菊素-3-葡糖苷。

2. 性质

玫瑰茄色素是玫瑰茄萼片的水提取物，有三种制品：第一种是含有30%～40%固形物的浸膏；第二种是固体；第三种是脱果胶的，含60%固形物的浸膏。

三种制品都是深暗红色，带有酸味，无异臭，用水溶解稀释后，色液为红—红紫色。这三种产品性质基本相同。这三种制品中，以第三种脱果胶产品分散度最好，第一种和第二种产品次之。三种制品耐热性较好，在135℃以下加入糖膏调色不分解。耐光性良好。可任意混溶于水、乙醇、丙二醇等醇性有机溶剂，不溶于动植物油、氯仿、苯等有机溶剂。但耐金属离子（如Fe^{3+}）性较差。如若提高玫瑰茄色素的耐热、耐光性，可添加植酸等金属螯合剂或氯化物。

3. 材料来源

将锦葵科木槿属一年生草本植物玫瑰茄采收后，晒干，将干的玫瑰茄萼片适当剪碎后，置于干燥的暗处，备用。

4. 提取色素工艺

(1) 工艺流程

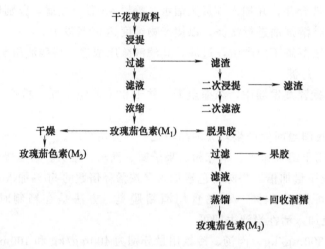

(2) 操作要点

① 将玫瑰茄花萼除去腐败叶片，洗净晾干。

② 将晾干原料加入20倍体积的去离子水，加热煮沸，保温、搅拌，半小时后趁热过滤。

③ 滤渣再用10倍体积的去离子水按上法浸取3次。

④ 第三次、第四次滤液可作为新花萼浸取之用的溶剂。

⑤ 合并第一次、第二次滤液，用水浴加热至60～70℃，用减压方法浓缩至固形物达30％～40％为止，得玫瑰茄红色素产品（M_1）。

⑥ 将产品（M_1）真空减压浓缩至得固体成品（M_2）。

⑦ 向成品（M_1）加入2倍体积的95％乙醇，充分搅拌，静置6h后，用虹吸方法吸出上层清液。

⑧ 将下层沉淀进行过滤，其沉淀物再用50％乙醇洗涤4次，甩干的滤渣于50～60℃干燥，成品为玫瑰茄果胶。

⑨ 合并乙醇溶液，用水浴加热蒸馏回收乙醇，除尽乙醇后，再减压浓缩残液，至固形物达到60％为止，即得成品（M_3）。

5. 应用范围

玫瑰茄色素，实际上是其花萼的水溶性提取物，含有高浓度的有机酸类，可以作为一种天然的酸味剂，以增进糖果等食品的风味。玫瑰茄色素可用于饮料、糖果、配制酒，按正常生产需要添加。适用于不需要高温加热的且 pH 值在 4 以下的食品，如糖浆、冷点、粉末饮料、果子露、雪糕、果冻等，用量为 0.1％～0.5％。

五、蓝莓色素提取技术

蓝莓又名笃斯、笃柿、都柿，为杜鹃花科越橘属小灌木。它主要生长在东北兴安岭、长白山和内蒙古东部，俄罗斯、日本及北美等国家和地区也有此植物。蓝莓是一种珍贵的野生浆果，适于酿酒、制作果酱及饮料，资源丰富，采集方便，是制造天然色素的理想原料。特别是从酿酒厂、果汁饮料厂生产所余残渣中提取蓝莓色素，很好地解决了残渣利用的问题。蓝莓色素为一种红色素。

1. 成分

蓝莓色素属于花青素类。其主要化学成分为矢车菊素-3-木糖苷、矢车菊素-3-葡糖苷、飞燕草素-3-半乳糖苷、飞燕草素-3-葡糖苷、锦葵素-3-葡糖苷。蓝莓色素主要成分结构如下。

飞燕草素-3-半乳糖苷　　　　　锦葵素-3-葡糖苷

2. 性质

蓝莓色素易溶于水和乙醇，不溶于苯、乙醚、氯仿、丙酮等有机溶剂。向蓝莓色素的水溶液中加入柠檬酸或氢氧化钠配制成不同 pH 的溶液，经过室温放置或加热 1h 后观察，酸性溶液颜色不变，而碱性溶液室温放置呈褐色，加热十几分钟则变为黄色。该色素热稳定性很好。将蓝莓色素酸性溶液放在紫外线下照射一段时间，溶液颜色不变。如果在日光下照射，很容易褪色，说明其对紫外线稳定但耐日光性较差，应放在暗处或棕色瓶中保存。

3. 材料来源

可从酿酒、生产饮料所剩余的蓝莓果残渣中浸提，采样后存于冰箱内备用。也可从 9～10 月采集的蓝莓果中直接提取，所采集蓝莓果可用乙醚保存，随时可用。

4. 提取色素工艺

（1）工艺流程

① 从蓝莓果中浸提。乙醚浸泡蓝莓果→水洗→吸滤→减压蒸馏→膏状成品。

② 从酿酒等生产残渣中浸提。蓝莓残渣→乙醇浸提→过滤→减压蒸馏→成品。

（2）操作要点

① 从蓝莓果中提浸。秋季采集的蓝莓果用乙醚保存，用时取 100mL，加 50mL 水洗、过滤，残渣再用 50mL 水洗吸滤，再重复洗涤吸滤两次，将几次洗涤滤液合并，进行减压蒸馏，温度控制在 60～65℃，压力为 800MPa，蒸馏到成黏稠膏状物为止。

② 从工业残渣中浸提。蓝莓残渣用 95％乙醇搅拌浸提，滤出浸提液，减压蒸馏，然后真空干燥，得膏状或固体产物。

原料和溶剂最佳配比为 1∶5，溶剂可回收使用，可降低成本。另外用水作溶剂提取亦可，但其产量较乙醇作溶剂低。

5. 应用范围

蓝莓果红色素提取制备工艺简单，颜色鲜艳，安全无毒，价格便宜。此色素含糖量很高（总糖含量 80％以上），不仅可作添加剂，而且具有营养价值。虽耐光性较差，但在酸性条件下稳定，若加到琼脂软糖、冰棒、果酒、果酱、冰淇淋、酸性饮料中，将得到令人喜爱的色泽，而且经久不脱色。随着国民经济的发展，蓝莓色素的应用将更加广泛，而且很有希望打入国际市场。

六、黑桑椹紫色素提取技术

黑桑椹为一种桑科植物的果穗，主要分布在新疆，一直为人们所食用。黑桑椹除含大量色素外，还含有大量营养成分如胡萝卜素、维生素 B_1、维生素 B_2、维生素 C、脂肪、糖类等，并有很高的药用价值，具有补肝益肾、滋阴补血、明目安神的作用。从黑桑椹中提取的色素为一种紫色色素。

1. 成分

黑桑椹色素的化学成分不详。

2. 性质

精制的黑桑椹色素为紫红色粉末，能溶于水，此色素在酸性条件下较稳定，并在较高温度时不稳定易分解。但此色素在光照下易氧化分解。

3. 材料来源

黑桑椹成熟时采集备用。

4. 提取色素工艺

（1）工艺流程　干桑椹→浸提→过滤→浓缩→浸膏→粉末状成品。

（2）操作要点

① 原料处理。将一定量黑桑椹在 40℃烘至恒重留作下一步浸提之用。

实验证明，若将黑桑椹粉碎为 80 目筛得桑椹粉，从中浸提所得色素浸出率较从整桑椹粒中低，可能是整桑椹中某些物质对色素有保护作用所致。

② 浸提。浸提液：50％乙醇。比例：乙醇：桑椹果（体积比）为 4∶1。浸泡时间：3d。

③ 过滤。反复浸提 3 次并将浸提液过滤。

④ 浓缩。三次滤液合并，将其浓缩（蒸出的乙醇可回收使用）得膏状产物。

⑤ 所得浸膏经沉淀过滤，得粉末状精制品。

本工艺可从桑椹果中制得 7％～10％的色素（以干果质量的百分比计）。

5. 应用范围

黑桑椹中提取出的紫色素，其色泽依 pH 增高而异，变化为红→紫红→蓝。此色素在酸性条件下较稳定。毒性实验表明该色素无毒。因为该色素在较高温度下不稳定，易分解，所以应在较低温度下使用。同时该色素耐光性较差，应避免光照直射。另外，该色素水溶性好，澄清透明，色泽鲜艳，着色力强，无异味，安全性高，并且 CO_2 对其无影响，故其可作为饮料、果汁、酒类、糖果等食品的着色剂。

七、黑加仑色素提取技术

黑加仑生于湿润谷底、沟边或坡地云杉林、落叶松林或针阔混交林。世界主产区在欧洲北部，主要生产国是波兰、俄罗斯、乌克兰、德国、捷克、英国等。2021年世界总产量约达6万多吨。我国的黑加仑主要种植区分布在黑龙江、吉林、辽宁、新疆等地，用于生产果酱、果子冻、利口酒、乳制品和果酒的风味剂或着色剂等。

黑加仑在我国特别是在东北地区已有大面积的栽种，黑龙江省种植面积达3万多公顷，年产量几万吨，居全国之首，占全国总产量90%以上。吉林和辽宁也有种植。国外主要分布在北半球，如波兰、美国、英国、德国、法国、荷兰等国家。大量的黑加仑用以制作罐头、汽水、果酒、果糖和饮料。

从黑加仑中提取的色素为红色素（通常为紫红色固体），1988年该色素已通过全国食品添加剂标准化技术委员会鉴定。

1. 成分

从黑加仑果皮中提取出来的黑加仑色素主要成分有：矢车菊素、飞燕草素、矢车菊素-3-葡糖苷、飞燕草素-3-芸香糖苷等。

2. 性质

此色素易溶于水，可溶于甲醇、乙醇，不溶于丙酮、乙酸乙酯、氯仿、乙醚等极性小的溶剂。此色素在80℃加热半小时，颜色和最大吸收波长几乎都无变化，温度升高时最大吸收波长和颜色均有变化，并对光较稳定。

3. 材料来源

可从黑加仑原汁中浓缩制取，也可从果渣中浸提。

4. 提取色素工艺

（1）工艺流程

① 从果汁中制取。黑加仑果→压榨→浓缩→沉淀→净化→喷雾干燥→成品。

② 从果渣中浸提。果渣→提取→浓缩→净化→干燥→成品。

（2）操作要点

① 从果汁中提取。

压榨：取经过挑选的黑加仑果，经压榨得黑加仑果汁。

浓缩：温度控制在50±2℃，浓缩液波美度控制在11～13。

干燥：用高速离心喷雾干燥机喷雾干燥，得紫红色粉末状产品。

② 从果渣中提取。

提取：用食用乙醇作为提取液进行提取。

浓缩：温度控制在50±2℃，波美度控制在11～15。

干燥：经喷雾干燥得紫红色粉末。

5. 应用范围

黑加仑色素颜色鲜艳，其中含有多种氨基酸，总含量为0.5122mg/100mg，并含有十几种微量元素。该色素在酸性条件下稳定，热稳定性较好，有较好的光稳定性。可添加到酸性食品如汽水、果酒、香槟酒、糕点等中。黑加仑色素在食品中能保持黑加仑的特有味道，是一种理想的食品添加剂。

八、葡萄皮色素提取技术

葡萄为葡萄科植物的果实，就色泽而言可分为白葡萄和红葡萄两大类。在红葡萄中颜色深浅悬殊较大，有的浅至粉红，有的深如黑红，有的表皮深红色，肉汁是淡黄、绿色，也有的表皮呈紫红色，肉汁是深红色。本品是生产红葡萄酒后，利用其副产品红葡萄皮渣提取残留的食用色素，含量还是相当多的。

1. 成分

主要成分有矢车菊素-3-芸香糖苷、锦葵素-3,5-双葡糖苷和锦葵素-3-半乳糖苷等。

2. 性质

葡萄皮色素可以是红至暗紫色的液体、糊状物或粉末状物，略带特殊臭气。色调随 pH 值变化而变化，如 pH 值为 3 时，呈红色；pH 值为 4 时，呈紫色；在碱性时，为暗蓝色。

葡萄皮色素溶于水、乙醇、丙二醇，不溶于油脂。耐热性稍差，耐光性在维生素 C 共存时比苋菜红好，并可提高耐光性，但染色性稍差。葡萄皮色素在铁离子存在时，为暗紫色。若在葡萄皮色素中加入聚磷酸盐能使色调稳定。

3. 材料来源

生产红葡萄酒后的葡萄皮渣晒干，备用。

4. 提取色素工艺

(1) 加工液态葡萄皮色素

① 工艺流程：葡萄皮渣→压榨→过筛→干皮渣→加入酒精→过滤→浓缩→加抗氧化剂→密封贮存→成品。

② 操作要点：取发酵后皮渣，经压榨再搓散，除去葡萄籽。在散而干的葡萄皮渣中，加入 60% 的酒精，用量以浸没葡萄皮渣为宜。浸泡时间为一个月左右，中间要搅拌几次。采用板框过滤机进行过滤，这时过滤出的清液为葡萄皮色素原液。真空浓缩后，待浓缩液冷却，立即加入抗氧化剂 200mg/L 的 SO_2 溶液，放入深色瓶中密封，至于暗处贮存备用。

(2) 加工粉末状葡萄皮色素

① 工艺流程：葡萄皮渣→晾干→粉碎→乙醇浸泡→过滤→浓缩→干燥→成品→包装→入库。

② 操作要点：将葡萄皮渣晾干，粉碎为 60 目。用 5% 柠檬酸的乙醇溶液浸没。不断搅拌，浸泡 48h。用板框过滤机过滤，将滤液进行减压蒸馏回收乙醇。剩下残液喷雾干燥，即得成品。

5. 应用范围

① 可用作高酸性食品，如果汁、果酱、果冻、饮料等的着色剂，着色力强，用量为 0.1%～0.3%。

② 天然食用色素可用于水果饮料、碳酸饮料、酒精饮料、蛋糕等。

③ 粉末食品中添加量为 0.05%～0.20%，冰淇淋中添加量为 0.002%～0.200%。

九、枸杞子红色素提取技术

枸杞子是茄科植物枸杞的成熟果实。它是我国传统的中药材，有补肾养肝、润肺明目的功效。不仅可以作为天然色素使用，而且可以用作功能性食品的原料，使用范围广泛。

1. 成分

主要成分有玉米黄质、β-胡萝卜素和β-隐黄质等。

2. 材料来源

宁夏枸杞成熟果实。

3. 提取色素工艺

枸杞子→干燥→粉碎→超临界 CO_2 流体萃取→分离→成品。

4. 操作要点

样品粉碎度 40 目，含水量 5% 左右，萃取温度为 35℃，萃取压力为 35MPa，萃取时间为 100min，CO_2 流量 25kg/h。

十、β-胡萝卜素提取技术

β-胡萝卜素是一种类胡萝卜素，广泛存在于植物和动物组织中，它在人体内可以分解为两分子的维生素 A，是很好的维生素 A 源，具有维生素 A 所有的生理活性。同时 β-胡萝卜素具有很强的清除单线态氧的能力，从而具有防癌抗癌和预防心脑血管疾病的重要功能。

1. 材料来源

胡萝卜。

2. 提取色素工艺

原料→预处理→超临界 CO_2 流体萃取→β-胡萝卜素萃取物。

3. 操作要点

原料先进行冷冻干燥，然后粉碎备用。β-胡萝卜素对温度较为敏感，因而对萃取温度的参数只提高到 60℃，进一步提升会造成胡萝卜素的分解。夹带剂虽然可以提高 β-胡萝卜素的提取率（达 40.2%），但夹带剂引入的同时会带来有机溶剂残留的问题。因此在添加夹带剂没有非常明显提高提取率的情况下，不主张使用夹带剂。另外，CO_2 的流量对提取率影响不大。关于提取时间，在一定范围内，提取时间越长越有利于提取率的提高，达到一定时间后，提取率不再提高。因此，从胡萝卜粉中提取最佳工艺条件：提取压力 35MPa，提取温度 60℃，CO_2 流量 1.5L/min，提取时间为 4h。

十一、越橘红色素提取技术

1. 化学结构

越橘红主要着色成分为含花青素和芍药素的花色苷。

2. 性状

越橘红色素为深紫红色液体、浸膏或粉末，稍有特殊臭气。耐酸性较强，耐光性较强，耐微生物性较强，易于保存。易溶于水和酸性乙醇，不溶于无水乙醇和油脂。本品水溶液色调随 pH 变化而变化，在酸性条件下呈玫瑰红色，在碱性条件下呈橙黄色乃至紫青色，铁离子易使其褐变。

3. 制法

将杜鹃花科越橘属越橘果实破碎，用水或乙醇水溶液抽提、过滤、精制、减压浓缩，或进一步干燥而制得。

4. 毒性数据

① LD_{50}：小鼠口服 27822mg/kg（雄性，以体重计），小鼠口服 30026mg/kg（雌性，以体重计）；大鼠口服 36900mg/kg（雄性，以体重计），大鼠口服 29437mg/kg（雌性，以体重计）。

② 蓄积性试验：蓄积系数大于 5，属弱蓄积性。

③ 致变性试验：Ames 试验，无致突变作用，亦无明显诱发、演变作用。

5．使用注意事项

① 本品对环境的 pH 敏感，色调随 pH 的变化而变化。在酸性条件下呈玫瑰红色，适用于酸性饮料。

② 本品对高价阳离子，特别是对铁离子敏感而变褐色，故配制溶液时最好用去离子水。

6．使用范围和使用量

我国《食品添加剂使用标准》（GB 2760—2011）规定：可在冷冻饮品、果蔬汁饮料、风味饮料生产中按需要适量使用。

十二、黑豆红色素提取技术

1．化学结构

黑豆红主要着色成分为矢车菊素-3-半乳糖苷。

2．性状

黑豆红色素为黑紫色无定形粉末，易溶于水及乙醇，水溶液透明，不溶于无水乙醇、丙酮、乙醚及油脂。在酸性水溶液中呈透明鲜艳红色，在中性水溶液中呈透明红棕色，在碱性水溶液中呈透明深红棕色。遇铁、铅离子变棕褐色，对热较稳定，偏酸条件下耐光性较强。

3．制法

以黑豆，即野大豆种皮为原料，用乙醇水溶液抽提、过滤、精制、干燥而得。

4．鉴别方法

① 取本品水溶液少许，滴于滤纸上，干后置于氨蒸气中，样点转变为蓝色，立即置于紫外线灯光下观察，呈浅蓝色荧光。

② 取本品水溶液少许，滴于滤纸上，干后在样点处滴加浓硫酸 1 滴，样点呈橙黄色。

③ 将本品溶于 95％乙醇中，取 1mL 于试管中，加少许镁粉，再加浓盐酸数滴，立即见到溶于由红色退为粉红色。

5．毒性数据

① LD_{50}：小鼠口服小于 19g/kg（雌雄性相同）。

② Ames 试验：无致突变作用。

③ 亚急性试验：用含本品 1％、3％、10％的饲料喂饲小鼠，未见异常。

④ 黄曲霉毒素 B_1 未检出。

6．使用

（1）使用注意事项

① 本品溶液遇铁离子变棕褐色，用时应避免铁离子干扰。

② 本品在酸性溶液中呈鲜红色，适用于给酸性饮料着色。

（2）使用范围及使用量

① 我国《食品添加剂使用标准》（GB 2760—2011）规定：可用于果味饮料、果蔬汁（肉）饮料、糖果、配制酒、糕点上彩装，最大使用量为 0.8g/kg。

② 实际使用参考

a. 用于糖果：硬糖 0.04％，软糖 0.06％。

b. 用于配制酒：葡萄酒 0.08％。

c. 用于饮料：杨梅汽水 0.05％，樱桃汽水 0.08％，可乐型饮料 0.068％。

十三、蓝靛果红色素提取技术

1. 化学结构

蓝靛果红为花色素苷类，主要着色成分为花青靛-3-葡糖苷。

2. 性状

蓝靛果红色素为深红色膏状物，易溶于水，不溶于丙酮和石油醚。pH 为 2～4 时呈红色，于波长 535nm 处有最大吸收，随 pH 的升高，颜色由红色变紫进而变蓝。耐光性和耐热性差，金属离子亦对它有不良影响。

3. 制法

将蓝靛果鲜果破碎、浸提、过滤、真空浓缩制成。

4. 毒性数据

① LD_{50}：小鼠口服大于 210mg/kg（以体重计）。

② 骨髓微核试验：未见致突变反应。

5. 使用范围及使用量

我国《食品添加剂使用标准》（GB 2760—2011）规定：风味饮料、冷冻饮品、果蔬汁（肉）饮料，最大使用量 1.0g/kg；糖果、糕点，最大使用量 2.0g/kg；糕点上彩装，最大使用量 3.0g/kg。

十四、橡子壳棕色素提取技术

1. 化学结构

分子式：$C_{25}H_{32}O_{13}$；分子量：540.0。

2. 性状

橡子壳棕色素为深棕色粉末。易溶于水及乙醇水溶液，不溶于非极性溶剂。在偏碱性条件下呈棕色，在偏酸性条件下为红棕色。对热和光均稳定。

3. 制法

将蓝靛果鲜果破碎、浸提、过滤、真空浓缩制成。

4. 毒性数据

① LD_{50}：小鼠、大鼠口服大于 15g/kg（以体重计）。

② 致突变试验：Ames 试验、骨髓微核试验及小鼠精子畸变试验均无致突变作用。

③ 致畸试验：无致畸作用。

④ 90d 喂养试验：对动物生长及肝、肾功能无影响，无病理变化。

5. 使用

（1）使用注意事项　本品对光、热均稳定，用于焙烤食品着色。

（2）使用范围及使用量　我国《食品添加剂使用标准》（GB 2760—2011）规定：用于可乐饮料最大使用量 1.0g/kg；配制酒最大使用量 0.3g/kg。

第八章 农林香料植物加工技术

第一节 概 述

香料在历史上最早的应用是从天然香料开始的，所谓天然香料，包括原始而未加工过的直接应用的动植物发香部位，还有通过物理方法进行提取或精炼加工而未改变其原来成分的天然香料。早在 5000 年前，我国人民对灵验药草中所挥发的"香气"已有了"尊敬"的观念，大自然中芳香花卉所散发出来的"香气"有美的、令人愉悦的感觉，也就认为"香"能带来快感和享受。从此，皇亲贵族以燃烧芳香植物表示尊敬、庄重和精神上的享受，这就是历史上的熏香时期。在西方，香料的应用也是从熏香开始的。后来熏香又应用于献神、拜佛、洁净身心的宗教仪式。

总之，早期所应用的香料都是天然的、未加工过的固体芳香植物。当时的香料仅限于少数人使用。那时，香料是一种贵重的商品，成为贵族阶级喜好的必需品。因此，珍奇的香料往往在世界各地遭到掠夺。随着历史的发展，香料应用范围也逐步扩大，在这种情况下，香料的需要量也大为增加，仅采集芳香植物出现运输不便的问题，同时芬芳花卉也不是四季都有，而且不可能持久地保存下去，这就不能满足使用者的需求。因此，到了 16 世纪就发明了用水蒸气蒸馏提取芳香植物的方法。至此，香料的应用从固态芳香植物的直接应用，发展到天然芳香植物经加工提取成液体香料，这不但给运输贸易开了方便之门，而且香气可以较持久保存下来，给各方面的用户创造了使用条件。这在天然香料发展的历史上，是一个跨时代的进步。从此，天然香料不仅仅应用于熏香，而且应用于药物、化妆品、饮品、食品和调味品等，其应用价值得到进一步发挥，这为整个香料工业的兴起和发展奠定了基础。

到 19 世纪，天然香料的提取方法也随着化学工业和机械工业的发展而得到发展。当时除了水蒸气蒸馏法外，新的提取方法——挥发性溶剂浸提法也已诞生。在这之前，在法国和某些欧洲国家，曾盛行过脂肪冷吸法和抽脂温浸法来提取那些蒸馏法无法提取到的娇嫩香花的香脂或香脂精油。自从挥发性溶剂浸提法出现后，上述这两种吸附方法很快被溶剂浸提法所取代。

20 世纪初，新的吸附方法出现了，在苏联等一些国家中首先采用了吹气吸附法来提取新鲜香花的精油。至此，自然香料加工方法就变得多种多样了。

香料化学实际就是指精油化学。很多世纪以前，人们就知道在许多植物的花、果、叶、根等中含有挥发性的有香气的物质，即所谓精油。精油的化学检定说明它们是由多种化合物所组成的一个复杂混合物，其中包括无环的、脂环的、芳香的和杂环的化合物。这些成分可大致分如下几类：萜类、芳香族化合物（即苯的衍生物）、含氮及含硫化合物、其他的化合物（包括链状化合物）。

一、植物天然香料的特点

1. 香气形成过程

天然香料绝大多数来自芳香植物，是植物体内葡糖苷的分解产物，并通过植物体内各种酶的作用转化形成不同结构的组分。酶是有机催化剂，它的专一性很强，一种酶只能催化形成一种结构。

一般醇类首先在叶绿体内形成；酯类是在叶绿体内由醇类与酸类作用形成的；烃类是在叶绿体内由醇类脱水形成的，通过异构化作用形成萜醇类；酸类是由蛋白质分解或由碳水化合物氧化而成；醛类是在花序中由醇类急速氧化而成；酮类也是通过与醛类相同途径而形成；酚类是由蛋白质分解而成。

植物体内的葡萄苷，除了由于水分和酶的存在，能分解、转化形成各种各样的香气成分外，其酵素同样也能起到酶的作用，特别是新鲜原料在存放和堆放过程中，使不发香的植物原料变成有一定特征香气的原料。

2. 精油的作用

精油具有在空气中挥发的特性。第一，精油作为树木之间的信号（如化学信号），能影响来自另一些植物资源的有机组织，使之保持一定距离。第二，精油成分组成与结构复杂，于是它们就能传送复杂的、有选择性的生物信息。第三，精油能使植物体本身具有抵抗对手、掠夺者和病源的能力。第四，精油所散发出来的芳香（尤其是鲜花的芳香），能引诱昆虫采蜜，从而达到授精、结果的目的。第五，具有食品香味的果实和种子是人类和动物所喜爱的，从而使植物获得传播和繁殖的机会。

植物性天然香料主要以精油形式存在，由于加工方法不同，有时会带有植物蜡、色素、树脂质、糖类和蛋白质等，但经过精制提纯还是可以获得精油的。除了精油外，还存在着树脂类香料。

二、天然香料提取加工方法

在芳香植物中提取天然香料的方法，可分为以下五大类。

1. 水蒸气蒸馏法

水蒸气蒸馏操作是将水蒸气通入不溶或难溶于水但有一定挥发性的有机物质中，使该有机物质在低于100℃的温度下，随着水蒸气一起蒸馏起来。

两种互不相溶的液体混合物的蒸气压，等于两液体单独存在时的蒸气压之和。当组成混合物的两液体的蒸气压之和等于大气压时，混合物就开始沸腾。互不相溶的液体混合物的沸点要比每一物质单独存在时的沸点要低。因此，在不溶于水的有机物质中，通入水蒸气进行蒸馏时，在比该物质低得多的温度，而且比100℃还要低的温度就可使该物质蒸馏出来。

由于由芳香物质组成的天然香料，绝大多数均具有挥发性，有挥发就有蒸气压，利用这一特性，用水蒸气把含有芳香的物质从某些组织中蒸馏出来就是水蒸气蒸馏法，蒸出产物就是精油。

2. 挥发性溶剂浸提法

这是以某些常用的挥发性有机溶剂去萃取某些组织中芳香物质的一种方法。这种方法主要是液固萃取过程，所得产物为浸膏、香树脂、香膏、油树脂、精油以及酊剂等。另一种是在压力下将丁烷液体作为溶剂进行萃取。超临界二氧化碳萃取的性质是使二氧化碳介于液体和气体之间，密度近于液体，具有较高的溶解能力，而黏度近于气体，有较高的传质能力。溶质在超临界萃取剂中溶解度随超临界压力和温度变化而有明显改变，因此可通过控制压力和温度，改变溶质在超临界萃取中的溶解度来达到选择性萃取和分离的目的。

3. 榨磨法

有些含有大量碳氢化合物的单萜类的果实精油，由于水蒸气蒸馏的温度较高，易产生聚合变质而降低精油质量。为此，另外一种方法是在室温情况下，将果实表皮磨破或把果皮油囊榨破使精油喷射而出，称为榨磨法。

4. 吸附法

用吸附剂或动物脂肪来吸收某些含香组织所挥发出来的芳香物质，前者再用脱附方法获取精油，后者再经过精制提纯而获得香脂或香脂精油。

5. 超临界 CO_2 萃取法

超临界 CO_2 萃取法在植物油脂的提取中应用比较广泛、成熟。超临界 CO_2 流体萃取得到的油品，一般油得率达95%以上，杂质含量低，色泽浅，并且可省去减压蒸馏和脱臭等精制工序。与传统方法相比，萃取油脂后的残粕仍保留原样，可方便地用于提取蛋白质，将其掺入食品或用作饲料。因此，超临界 CO_2 流体萃取技术广泛用于开发那些具有高附加值的保健用油品上。

第二节　香料的加工技术

一、芹菜籽精油的萃取技术

芹菜为一年或两年生草本植物，其茎叶可作香叶蔬菜食用，种子可用于提取精油，主要用作食品、化妆品及皂用香精的原料，精油为金黄色透明油状液体，有芹菜籽香味，其中苯丙呋喃化合物是芹菜籽特征香味的组成成分。

采用超临界 CO_2 流体萃取芹菜籽精油的工艺流程为：芹菜籽→预处理→超临界 CO_2 流体萃取→分离→芹菜籽精油。

选用中国芹菜籽经超临界 CO_2 流体萃取法萃取的精油香气远较水蒸气蒸馏法得到的精油为佳，非常接近芹菜的原始风味。

超临界 CO_2 流体萃取得到的精油主要由苯并呋喃酮类化合物组成，含量达56.83%，而水蒸气蒸馏法所得精油中苯并呋喃类化合物只含11.39%，主要成分为单萜烯，约占57.61%。而苯并呋喃酮类化合物是芹菜香气的关键组成，因此这种组分成分的差别导致两者在香气品质上的显著不同。

二、栀子花头香的萃取技术

栀子有很多品种，我国南方各地均有栽培。栀子花香具有清香香韵，可用于高级化妆品的加香。目前生产栀子花精油普遍采用溶剂法，不但精油的质量差，而且得率低，仅为0.19%~0.25%。另外，鲜花原料堆放过程中，头香成分大量散失在空气中。

采用超临界 CO_2 流体从栀子花中萃取香精油的工艺流程为：栀子花→吸附→超临界

CO_2 流体萃取→分离→栀子花头香精油。

具体操作是：先用吸附剂吸附栀子花散发出的头香成分，再用超临界 CO_2 流体将吸附剂中的头香成分萃取出来，使用吸附剂为活性炭，预先用超临界 CO_2 流体处理。吸附时，首先将栀子花放入鲜花存放器，底部放少量水，启动膜式压缩机，使空气经过花层抽入压缩机，并通过冰瓶中冷凝器脱除水分，空气中的头香成分被吸附剂吸附，尾气经流量计计量后放空。

三、黄花蒿有效成分的萃取技术

黄花蒿俗称黄蒿，性寒、味苦，具有解暑清热等特殊功效。黄花蒿的成分很多，可分为挥发性和非挥发性成分两大类。非挥发性成分主要包括倍半萜、黄酮类、香豆素类等三大类。挥发性成分主要包括异蒿酮、左旋樟脑、蒿酮、樟脑、β-丁香烯等。

1. 黄花蒿中非挥发性成分的萃取

采用超临界 CO_2 流体萃取黄花蒿中非挥发性成分的工艺流程为：黄花蒿→干燥→粉碎→超临界 CO_2 流体萃取→分离→萃粗品→重结晶→十八醇。

具体操作过程如下：将黄花蒿干燥全草粉碎，投入超临界萃取釜。通过加热或冷却，使萃取釜、分离釜和 CO_2 冷却液化罐的温度分别保持 35℃、65℃ 和 4℃。通过压缩泵对萃取釜和分离釜加压，当压力分别达到 12MPa 和 5MPa 时，在恒温恒压下开始进行循环萃取，3h 后从分离釜的出料口放料，得到萃取物粗品。然后萃取物粗品用甲醇结晶，得到十八醇。

2. 黄花蒿中挥发性成分的萃取

采用超临界 CO_2 流体萃取黄花蒿中挥发性成分的工艺流程为：黄花蒿→干燥→粉碎→超临界 CO_2 流体萃取→分离→成品。

具体操作过程如下：将黄花蒿干燥全草粉碎，投入超临界萃取釜。通过加热或冷却，使萃取釜、分离柱、分离釜和 CO_2 冷却液化罐的温度分别保持 40℃、70℃、60℃、8℃。通过压缩泵对萃取釜、分离柱和分离釜加压，当压力分别达到 16MPa、10MPa 和 7MPa 时，在恒温恒压下开始进行循环萃取，3h 后从分离釜的出料口放料，得到黄花蒿超临界 CO_2 流体萃取的挥发性成分。

四、桂花香料的萃取技术

桂花浸膏是我国特有的名贵香料。传统的方法是采用石油醚提取，存在溶剂残留问题，而且工艺流程长，溶剂回收时芳香物质易分解。

采用超临界 CO_2 萃取桂花浸膏的工艺流程为：桂花→预处理→超临界 CO_2 流体萃取→分离→桂花浸膏。

采用超临界 CO_2 流体萃取桂花香料，高温高压有利于得率的提高。在 17MPa、35℃、2h 的条件下用超临界 CO_2 流体萃取的得率明显高于石油醚萃取的得率，而且超临界 CO_2 流体萃取物的净油含量也明显高于石油醚提取物的净油含量。

五、茴香油的萃取技术

茴香籽是一种分布广泛的中药，具有明目健身、消咳止喘、延缓胃病和肾病等重要药理作用。茴香油是很好的香料物质。

采用超临界 CO_2 流体萃取茴香油的工艺流程为：

茴香籽→预处理→超临界 CO_2 流体萃取→两级分离→茴香精油

　　　　　　　　　　　　植物油脂

采用超临界 CO_2 流体在 20MPa，40℃的条件下萃取未成熟的茴香，得到产率为 2%的油树脂，但是其中含有许多非挥发性物质。采用两级分离的萃取工艺，在萃取的过程中脱除非挥发性物质，可得到茴香精油。当 CO_2 流体通过萃取釜时，精油和其他亲油脂成分将溶出。操作条件为 30.2MPa，62℃，因为 CO_2 的消耗量是萃取过程中的一个经济指标，而在此条件下 CO_2 的消耗量较低。CO_2 携带着萃取物经减压流过第一级分离釜，油脂、树脂、色素等大分子非挥发性物质被分离。第一级分离釜的分离压力为 7.2MPa，温度为 36.5℃，分离效率最大，可达 55.06%。溶解度较高的挥发性精油在第二级分离釜中沉降分离。

六、当归油的萃取技术

当归性甘、辛、温，有补血活络，调经止痛，润肠通便的功效。当归油具有补血活血、促进血液循环、缓解血管平滑肌痉挛、抗炎镇痛、平喘、保肝利胆等作用，可治疗月经不调、痛经、子宫肌瘤及哮喘等病症，同时还广泛应用于化妆品及香料工业。

采用超临界 CO_2 流体萃取当归挥发油，在两级分离的萃取系统上进行。具体操作参数为：萃取釜 30MPa/44℃，第一级分离釜 10MPa/65℃，第二级釜 8MPa/60℃，冷却器 5℃、CO_2 流量 45kg/h，投料 1kg，萃取时间 3h。从第一级分离釜得到棕色浸膏 16g，从第二级分离釜得到棕色油状液体 15g，油状液体的得到率可达 1.5%，而用水蒸气蒸馏法提取长达 5h，得率却只有 0.32%。

用 GC-MS 对样品进行分析，发现用超临界 CO_2 流体萃取所得当归油中主要成分是亚油酸（36.74%）、藁本内脂（19.82%）和棕榈油（14.20%），而水蒸气蒸馏所得当归油中主要成分是藁本内脂、川芎内酯和亚丁基苯酞等成分。

第九章 农林淀粉植物加工技术

淀粉是人类生活中不可缺少的主要食品和热能的来源，也是工业上的重要原料。淀粉植物性粮食已成为人类文明生活的支柱，不但占据世界粮食的半数，还作为饲料转变成肉类、乳类和蛋类等动物性副食品。淀粉的用途很广泛，除每天人们吃的饭食主要成分是淀粉外，由淀粉制造的粉丝、粉皮等在生活中消费量很大，在其他许多食品制造中还掺用淀粉作增稠剂、胶体生成剂、保潮剂、乳化剂、胶黏剂等。由淀粉制成的多种糊精和胶黏剂，广泛用于各种工业中，因其水溶解性、黏合力及其他性质不相同，能适应不同的需要。造纸工业使用大量淀粉作胶料，以增加纸张的强度，改善纸张的性质，制造纸板、纸袋等也用大量淀粉和淀粉制品为胶黏剂。棉、麻、毛、人造丝等纺织工业每年使用数量可观的淀粉和淀粉制品作浆料，增加纱的强度。淀粉和含淀粉植物为发酵工业的主要原料，可供制造各种白酒饮料、酒精和其他有机物，如丙酮、丁醇、乳酸、柠檬酸、葡萄糖酸、甘油、味精等。医药工业配制的片剂、丸剂和含淀粉的药品则要求用质量较高的淀粉。铸造工业使用的淀粉为砂芯胶黏剂。冶金工业用淀粉作为浮选矿砂的沉淀剂。石油工业钻井中使用淀粉，增强钻泥的蓄水性。化妆品工业、陶瓷工业、干电池制造业、炸药制造业等也都使用淀粉。用淀粉可以制造糖浆、淀粉糖和葡萄糖。糖浆的主要用途是为制造各种糖果和糕点等食品提供原料；淀粉糖主要用于皮革、发酵工业；葡萄糖纯度很高，主要用于医药，适宜患者食用和使用。

我国含淀粉的野生植物很丰富，有些种类的蕴藏量还很大，各种植物虽然含淀粉和糖的部位不同，但它们像农产品一样，经过采收、整理之后，可以直接利用或作为工业原料加工制成各种工业产品，其中含淀粉的野生植物以壳斗科、禾本科、蓼科、百合科、天南星科、旋花科等种类较多，而且淀粉的含量也较丰富，其次是豆科、睡莲科、菱科、防己科、桔梗科、檀香科、银杏科等。

第一节 淀粉基本物理化学性质

一、淀粉的颗粒结构和特性

1. 淀粉的形态和结构

不同来源的淀粉，其形状和大小等都不相同。小麦有两种不同形状和大小的淀粉颗粒，大的 $25\sim40\mu m$，扁豆形，小颗粒 $5\sim10\mu m$，呈球形。研究表明，小麦两种类型淀粉的化学组成相同。玉米和高粱淀粉在形状和大小方面非常相似，颗粒平均直径 $15\mu m$，形状为多角形和圆形。小米淀粉的特性与玉米相似，但平均粒径为 $12\mu m$；大米与燕麦的淀粉颗粒相似，颗粒小，平均粒径 $2\sim5\mu m$，为多角形的，多以复合粒形式存在于颗粒中。

2. 淀粉的晶体结构

淀粉粒由直链淀粉分子和支链淀粉分子组成，淀粉粒的形态和大小可因遗传因素及环境条件不同而有差异，但所有的淀粉粒都具有共同的性质，即具有结晶性。用 X 射线衍射法证明淀粉粒有一定的晶体构造，并且用 X 射线衍射法及重氢置换法测得各种淀粉粒都有一定的结晶度。

直链淀粉包含化合物晶体的 X 光衍射图谱呈现 V 型，这种结晶形式在天然淀粉中不存在，只在淀粉糊化后与类脂物及有关化合物形成复合物后产生。

3. 淀粉颗粒的轮纹与偏光十字

在 400～500 倍显微镜下仔细观察淀粉粒，常常可以看到其表面有轮纹结构，形式与树木年轮相似。马铃薯淀粉的轮纹特别明显，其他种类淀粉粒不易见到。轮纹结构又称层状结构，各轮纹层围绕的一点叫作"粒心"，又叫作"脐"。不同种类的淀粉粒根据粒心和轮纹情况可分为单粒、复粒和半复粒三种。单粒只有一个粒心，分同心排列（例如小麦淀粉粒）和偏心排列（例如马铃薯淀粉粒）两种；复粒是由几个单粒组成的，具有几个粒心，尽管每个单粒可能原来都是多角形的，但在复粒外围仍然显示统一的轮廓，如大米和燕麦的淀粉粒；所谓半复粒，它的内部有两个单粒，各有各的粒心和轮纹，但最外围的几个轮纹则是共同的，因而构成的是一个整粒。在同一种淀粉中，所有的淀粉粒可以全是单粒，也可以同时存在几种不同的类型。例如燕麦淀粉，大多数为复粒，也存在单粒；小麦淀粉粒，除大多数为单粒外，也有复粒；马铃薯淀粉除单粒外，有时也形成复粒和半复粒。

近年来，用扫描电子显微镜观察经处理的淀粉粒或在制粉中破碎的淀粉粒，常可以清楚地看到层状结构。淀粉粒的层状结构不是人为的，而是客观存在的。有人认为淀粉粒各部分密度不同，折射率大小不同而形成层状结构。也有人反对这种观点，认为层状结构的形成是由于酶活力变化所致。

在偏光显微镜下观察淀粉颗粒，出现黑色的十字将颗粒分成四个白色的区域，这种现象称为偏光十字。不同品种淀粉颗粒的偏光十字的位置、形状和明显的程度有差别。例如马铃薯淀粉颗粒的偏光十字最明显，玉米、高粱和木薯淀粉比较明显，小麦淀粉不明显。偏光十字的交叉点，玉米淀粉颗粒接近颗粒中心，马铃薯淀粉颗粒则接近于颗粒的一端，但是，较小的马铃薯淀粉颗粒的十字交叉点却在颗粒中心。

二、淀粉的化学特性

（一）淀粉颗粒的化学组成

1. 水分

淀粉的含水量取决于贮存的条件（温度和相对湿度），一般在 10％～20％范围。水分含量是在相对湿度 65％，20℃时的数据。在同样的条件下，与其他淀粉相比，马铃薯淀粉的含水量较高。淀粉颗粒水分是与周围空气中的水分呈平衡状态存在的。空气干燥时淀粉会散发出水分，空气潮湿时淀粉则会吸收水分。淀粉的水分含量与空气中的相对湿度有关，在相对湿度 20％时，各种淀粉水分含量为 5％～6％；在绝干空气中，相对湿度为零，淀粉水分含量也接近零。在饱和湿度条件下，淀粉吸水量多，并引起颗粒润胀，玉米、马铃薯、木薯淀粉的吸水量分别达到 39.9％、50.9％、47.9％（干基淀粉计）；颗粒直径分别增大 9.1％、12.7％、28.4％。

2. 脂类化合物

谷物淀粉（玉米、小麦、高粱、大米）中的脂类化合物含量较高（0.8%～0.9%），马铃薯和木薯淀粉的脂类化合物含量则低得多（<0.1%），玉米淀粉含有 0.5% 的脂肪酸和 0.1% 的磷脂，小麦淀粉含有 0.4% 游离脂肪酸和 0.4% 磷脂。脂类化合物分子可以与直链淀粉分子形成一种包合物。谷物淀粉中存在的直链淀粉脂类包合物会抑制谷物淀粉颗粒的膨胀和溶解，使其糊化温度提高，使淀粉糊和淀粉膜不透明，影响糊化淀粉增稠能力和黏合能力，使淀粉带有原谷物的气味。

3. 含氮物质

淀粉中的含氮物质主要是蛋白质，所以通常把含氮物质含量习惯说成蛋白质的含量。蛋白质含量是通过测得的含氮量乘以 6.25 来计算得到的。由于谷物中淀粉与蛋白质的结合较紧密，用谷物加工的淀粉中蛋白质含量比薯类淀粉高。蛋白质含量高对淀粉的加工利用有许多不利的影响，如淀粉生产中蛋白质分离困难，使用时会产生气味甚至臭味，蒸煮时易产生泡沫，水解时易产生颜色等。

4. 灰分

灰分是淀粉产品在特定温度下完全燃烧后的残余物。天然马铃薯淀粉灰分含量相对较高，其灰分主要成分是磷酸盐基团，而其他品种淀粉的灰分相对较低。淀粉中的磷主要以磷酸盐的形式存在。木薯淀粉含磷量最低，马铃薯淀粉含磷量最高，它是以共价键结合存在于淀粉中。带负电荷的磷酸基赋予马铃薯淀粉一些电解质的特征，尽管离子电荷不高，但在水溶液中排斥类似的电荷，使马铃薯淀粉具有低的糊化温度、快速润胀、淀粉糊的黏性高和膜的透明度高等特点。

（二）淀粉的分子结构

淀粉是由 α-D-葡萄糖组成的高分子化合物，有直链的和分支的两种形式，分别称为直链淀粉和支链淀粉。

1. 直链淀粉

直链淀粉是以脱水葡萄糖单元经 α-1,4-糖苷键连接。直链淀粉分子分子量约 250000（相当于 1500 个脱水葡萄糖酐），但变化较大。曾发现极少数直链淀粉分子也具有分支结构，侧链经 α-1,6-糖苷键与主链连接。

当淀粉在水中加热温度高于糊化温度后，直链淀粉从淀粉粒中游离出来，溶于水中，可溶解的直链淀粉是线形的。温度提高，大分子的和带分支的直链淀粉被溶出，采用酶学方法和黏度方法证明分支链是一种长链，其含有几百个葡萄糖残基，分支点是 α-1,6-糖苷键，与支链淀粉中发现的相同。但侧链数量很少，又较长，其分子的作用与直链淀粉的相同。

直链淀粉具有一些独特的性质，例如形成复合物，它能与碘、有机酸、醇形成复合物，这种复合物称为螺旋包合物。淀粉溶液中加入 n-丁醇可以沉淀出直链淀粉，醇与直链淀粉形成不溶性复合物。

直链淀粉的长线性特征使它易于自我缔合，在溶液中形成沉淀，所以很容易老化，但在碱性溶液中，—OH 基团上引入了正电荷，相近分子链上的正电荷相斥，可以阻止直链淀粉老化。

2. 支链淀粉

支链淀粉分支位置是以 α-1,6-糖苷键连接，其余以 α-1,4-糖苷键连接，支链淀粉中 4%～5% 的糖苷键为 α-1,6-糖苷键。支链淀粉分子中侧链的分布并不均匀，有时很近，相隔

1 个到几个葡萄糖单元，有的较远，相隔 40 个葡萄糖单元以上，平均相距 20～25 个葡萄糖单元。据报道，支链淀粉的分子量达到 108。支链淀粉是随机分叉的，分子具有三种形式的链：A 链，由 α-1,4-糖苷键连接的葡萄糖单元组成；B 链，由 α-1,4-糖苷键和 α-1,6-糖苷键连接的葡萄糖单元组成；C 链，由 α-1,4-糖苷键和 α-1,6-糖苷键连接的葡萄糖单元再加一个还原端组成。

玉米和小麦淀粉的直链淀粉含量约 28％，马铃薯淀粉为 21％，木薯淀粉为 17％。高直链玉米品种的直链淀粉含量高达 70％，而糯玉米淀粉直链淀粉含量只有 1％。同一品种间的直链淀粉与支链淀粉组成比例基本相同。

3. 分离方法

淀粉颗粒中的直链和支链淀粉能用几种不同的方法分离开来，如醇络合结晶法、硫酸镁分步沉淀法和其他方法等。醇络合结晶法是利用直链淀粉与丁醇、戊醇等生成络合结构晶体，易于分离，支链淀粉存在于母液中，这是实验室中小量制备的常用方法。硫酸镁分步沉淀法，是利用直链和支链淀粉在不同硫酸美溶液中的沉淀差异，可分步沉淀分离。

4. 性质差异

直链淀粉和支链淀粉在若干性质方面存在着很大的差别。直链淀粉与碘液能形成螺旋结构络合物，呈现蓝色，常用碘检测淀粉便是利用了这种性质。支链淀粉遇碘液呈现紫红色。直链淀粉遇碘呈现的颜色与其分子链长度有关，聚合度（DP）12 以下的短链遇碘不呈色，聚合度 12～15 的呈棕色，20～30 的呈红色，35～40 的呈紫色，45 以上的呈蓝色。直链淀粉吸收碘量 19％～20％，而支链淀粉吸收碘量不到 1％。直链淀粉难溶于水，溶液不稳定，凝沉性强。支链淀粉易溶于水，溶液稳定，凝沉性弱。直链淀粉能制成强度高、柔软性好的纤维和薄膜，支链淀粉却不能。

（三）淀粉颗粒分子结构

淀粉颗粒是部分结晶体，颗粒内支链淀粉形成晶体部分，晶体的长度受短链的限制，晶体的生长方向与分子长度相垂直。结晶束理论认为，普通淀粉含有直链和支链淀粉两种分子，直链分子和支链分子的侧链都是直链，趋向于平行排列，相邻羟基间经氢键结合成散射状结晶"束"（micelles）。淀粉颗粒呈现一定的 X 光衍射图样、偏光十字便是由这种结晶"束"结构产生的。颗粒中水分子也参与氢键结合。氢键力很弱，但数量众多，使结晶"束"具有一定的强度，也使淀粉具有较强的颗粒结构。

三、淀粉的物理性质

（一）淀粉的糊化

1. 淀粉的糊化过程和本质

淀粉混于冷水中搅拌时成为乳状悬浮液，称为淀粉乳浆。若停止搅拌，经一段时间后，则淀粉粒全部下沉，上部为清水，这是由于淀粉不溶于冷水，且其相对密度较水大。淀粉颗粒不溶于冷水是由于羟基间直接形成氢键或通过水间接形成氢键。氢键力很弱，但淀粉粒内的氢键足以阻止淀粉在冷水中溶解。淀粉在冷水中有轻微的润胀（直径增加 10％～15％），但这种润胀是可逆的，干燥后淀粉粒恢复原状。

若将淀粉乳浆加热到一定温度，这时候水分子进入淀粉粒的非结晶部分，与一部分淀粉分子相结合，破坏氢键并水化它们。随着温度的再增加，淀粉粒内结晶区的氢键被破坏，淀粉不可逆地迅速吸收大量的水分，突然膨胀达原来体积的 50～100 倍，原来的悬浮液迅速变成黏性很强的淀粉糊，透明度也增高。冷却后观察，发现淀粉粒的外形已发生了变化，大部分都已失去了原有的结构，小部分的直链淀粉分子则溶出，以至于颗粒破裂，最后乳液全部变成黏性很大的糊状物。虽停止搅拌，淀粉也不再会沉淀。这种黏稠的糊状物称为淀粉糊，这种现象称为糊化作用，发生此糊化现象所需温度为糊化温度。糊化作用的本质是淀粉中有序（晶体）和无序（非晶体）态的淀粉分子间的氢键断裂，淀粉分子分散在水中形成亲水性胶体溶液。继续升高温度有更多的淀粉分子溶解于水中，淀粉全部失去原形，微晶束也相应解体，最后只剩下最外面的一个不成形的空囊。如果温度再继续升高，则淀粉粒全部溶解，溶液黏度大幅度下降。因此，在一般情况下，淀粉糊中不仅含有高度膨胀的淀粉粒，而且还有被溶解的直链分子、分散的支链分子以及部分微晶束。

2. 淀粉糊化温度

淀粉乳糊化后，透明度增高，颗粒的偏光十字消失。根据这种变化能测定糊化温度。常采用偏光十字显微镜进行测量。混合淀粉样品于水中，浓度 0.1％～0.2％，取一滴此稀粉乳（含 100～200 个淀粉颗粒）置于观察玻璃片上，四周放上高黏度矿物油，放上盖玻片，置于电加热台上，温度上升约 2℃/min，观察淀粉颗粒偏光十字变化情况。淀粉颗粒的偏光十字开始消失时便是糊化开始温度。随着温度的升高，更多个颗粒的偏光十字消失，约 98％颗粒偏光十字消失时的温度为糊化完成温度。少数颗粒糊化困难，仍保有偏光十字，一般忽略。Keller 淀粉糊化温度表示淀粉双折射偏光十字消失为 5％、50％、95％时的温度。也可以用差示扫描量热仪（DSC）研究淀粉糊化现象。几种主要淀粉的测定结果：玉米淀粉 70～89℃，马铃薯淀粉 57～87℃，糯玉米淀粉 68～90℃，小麦淀粉 50～86℃，木薯淀粉 68～92℃。

3. 布拉班德淀粉糊化曲线

淀粉在工业中用途广泛，但几乎都是应用淀粉糊，起到增稠、凝胶、黏合、成膜和其他功用。不同品种淀粉在性质方面存在差别，如黏度、黏韧性、透明度、抗剪切稳定性、凝沉性等，这些性质都影响淀粉糊的应用。普遍采用布拉班德（Brabender）连续黏度计测得黏度曲线。这是一种旋转式黏度计，在一定速度加热、保持温度、冷却过程中，连续测定黏度变化，自动控制操作和记录。测定方法为：适当浓度的淀粉乳倒入仪器样品杯中，落下针式搅拌器，开动仪器操作，以 1.5℃/min 速度加热到 95℃，保持 1h，再以 1.5℃/min 速度冷却到 50℃，保持 1h，得黏度曲线。用 Brabender Units 表示黏度单位，简称 BU。目前已有快速黏度测定仪，在 15min 完成以上操作，得到标准曲线。

在黏度曲线上一般能辨别出六个要点。

（1）糊化温度 指糊浆形成时的初始温度，它随淀粉种类、淀粉的改性和乳浆中存在的添加剂而变化。

（2）黏度峰值 已证明与达到峰值时的温度无关，通常蒸煮过程必须越过此峰值才能获得实用的淀粉糊。

（3）在 95℃时的黏度 反映淀粉蒸煮的难易程度。

（4）在 95℃条件下 1h 后的黏度 表明在相当低的剪切速率下，在蒸煮期间糊的稳定性或缺陷。

（5）在 50℃时的黏度 测定热糊在冷却过程中发生的回凝。

（6）在 50℃条件下 1h 后的黏度 表示煮成的糊在模拟使用条件下的稳定性。

4. 溶胀势

淀粉溶胀势是指淀粉在不同的条件下具有的吸水溶胀能力。淀粉吸水溶胀能力在不同品种间存在差别。测定溶胀势是把适量淀粉混于水中制成淀粉乳，置于离心管中，在缓慢搅拌的条件下，在一定温度水浴中加热 30min。离心，溶胀淀粉下沉，上部为清液，分离清液，称取溶胀淀粉质量，被原来淀粉质量（干基计）除，乘 100 即为溶胀势。在 50～95℃ 范围内，每隔 5℃ 测定马铃薯、木薯和玉米淀粉的溶胀势。马铃薯淀粉的溶胀势最高，表明颗粒内部结构较弱，磷酸基电荷相互排斥，促进膨胀作用。马铃薯淀粉颗粒溶胀高达相当于原体积的几百倍。玉米淀粉颗粒溶胀势低，溶胀势不是直线升高，而是呈现转折，这表明颗粒结构具有强度不同的两种结合力，较弱者在 75℃ 以下松弛，较强者在 85℃ 以上松弛。玉米淀粉含有脂肪化合物，与直链淀粉形成包合物，对于颗粒溶胀有抑制作用，除去脂肪化合物则能除去此影响，使溶胀自由。马铃薯淀粉溶胀能力最高，远远超过其他淀粉。薯类淀粉的溶胀能力高过谷类淀粉。直链淀粉含量影响溶胀能力，高直链玉米淀粉溶胀能力远低于普通玉米、黏玉米淀粉。

5. 影响淀粉糊化的因素

各种淀粉分子彼此之间的缔合程度不同，分子排列的紧密程度也不同，即微晶束的大小及密度各不相同。一般来说，分子间缔合程度大，分子排列紧密，那么拆散分子间的聚合、拆开微晶束要消耗更多的能量，这样的淀粉粒就不容易糊化，反之则易于糊化。而在同一种淀粉中，淀粉粒大的糊化温度较低，而淀粉粒小的糊化温度较高。除此之外，还有以下几个因素影响淀粉的糊化。

（1）水分的影响　为了使淀粉充分糊化，水分必须在 30％ 以上。在低水分含量下淀粉的糊化情况较复杂，这在一些食品制作中常常发生。

（2）碱的影响　碱具有降低淀粉的糊化温度的作用，当碱的用量达到一定限量时，淀粉就发生糊化。淀粉在强碱作用下，室温下即可糊化。

（3）盐类的影响　硫氰酸钾、碘化钾、硝酸铵、氯化钙等浓溶液在室温下促进淀粉粒糊化。阴离子促进糊化的顺序是：$OH^- >$ 水杨酸$^- > SCN^- > I^- > Br^- > Cl^-$。阳离子促进糊化的顺序是：$Li^+ > Na^+ > K^+$。

（4）极性高分子有机化合物的影响　盐酸胍、尿素、二甲基亚砜等在室温或低温下即可促进糊化。

（5）脂类的影响　脂类能与直链淀粉形成包合物或复合体，它可抑制淀粉的糊化和膨润。这种复合体对热稳定，在水中不被破坏，所以难于糊化。

（6）直链淀粉含量的影响　直链淀粉含量高的比含量低的糊化困难。高直链玉米淀粉只有在高温高压下才能完全糊化。另外，界面活性、淀粉粒形成时的环境温度以及其他物理及化学的处理都可以影响淀粉的糊化。

（二）淀粉的老化机理及影响淀粉老化的因素

1. 淀粉老化机理

淀粉溶液或淀粉糊在低温静置条件下，都有转变为不溶性物质的趋向，混浊度和黏度都增加，最后形成硬的凝胶块。在稀淀粉溶液中有晶体沉淀析出，这种现象称为淀粉糊的"老化"或"回生"，这种淀粉叫"老化淀粉"。老化的本质是糊化的淀粉分子又自动有序排列，并由氢键结合成束状结构，使溶解度降低。在老化过程中，由于温度降低，分子运动减弱，直链分子和支链分子的分支都趋向于平行排列，通过氢键结合，相互靠拢，重新组成混合微晶束，使淀粉糊具有硬的整体结构。这种情况和原来的生淀粉结构颇类似，但不再呈放射状排列，而是一种零乱的组合。

老化后的直链淀粉非常稳定，就是加热加压也很难使它再溶解。如果有支链淀粉分子混合在一起，则仍然有加热恢复成糊的可能。

淀粉糊或淀粉溶液老化后，可能出现以下现象：①黏度增加；②不透明或混浊；③在糊表面形成皮膜；④不溶性淀粉颗粒沉淀；⑤形成凝胶；⑥从糊中析出水。

2. 影响淀粉老化的因素

淀粉的老化与淀粉的种类、支链与直链淀粉比例、分子大小、溶液的浓度、pH、所含无机盐种类及冷却速度等因素都有关系，归纳如下。

(1) 淀粉种类的影响　直链淀粉分子呈直链状构造，在溶液中空间障碍小，易于取向，易于老化；支链淀粉分子呈树枝状构造，在溶液中空间障碍大，不易老化。

(2) 分子大小的影响　直链淀粉分子中大的取向困难，小的易于扩散，只有适中的才易于老化。直链淀粉分子长短与凝沉性强弱有关，聚合度在 $100 \sim 200$ 的分子的凝沉性最强，凝沉速度最快。

(3) 直链淀粉与支链淀粉比例的影响　支链淀粉含量高的淀粉难于老化，支链淀粉可以起到缓和直链淀粉分子老化的作用。凝沉主要是由于淀粉分子间的结合，支链淀粉分子因为分支结构的关系不易凝沉，并且对直链淀粉的凝沉还有抑制作用。但是在高浓度或低温条件下，支链淀粉分子侧链间也会结合，发生凝沉。

(4) 溶液浓度的影响　溶液浓度大，分子碰撞机会多，易于老化；溶液浓度小，分子碰撞机会少，不易老化。曾有人用各种淀粉制成 $2.5\% \sim 60\%$ 的淀粉糊液，在 $0\,^{\circ}\mathrm{C}$ 下放 1h，测定它们的老化速度，结果发现浓度为 $30\% \sim 60\%$ 的溶液最容易发生老化。水分在 10% 以下时，淀粉难于老化。

(5) 无机盐类的影响　无机盐离子阻止淀粉老化的顺序为：$SCN^- > PO_4^{3-} > CO_3^{2-} > I^- > NO_3^- > Br^- > Cl^-$，$Ba^{2+} > Sr^{2+} > Ca^{2+} > K^+ > Na^+$。

(6) 溶液 pH 的影响　溶液的 pH 对淀粉老化有影响，不同的 pH 范围对凝沉的速度有影响。在 pH 为 $5 \sim 7$ 时，凝沉速度快；在更高或低 pH 时，凝沉速度慢。

(7) 冷却速度的影响　淀粉溶液温度的下降速度对老化有很大影响。缓慢冷却，可以使淀粉分子有时间取向排列，故可加重老化程度；而迅速冷却，淀粉分子来不及取向，可降低老化程度。

（三）淀粉糊特性

淀粉糊主要含溶胀的淀粉颗粒，但因颗粒糊化不均匀，还含有未充分溶胀的颗粒甚至少量未溶胀的颗粒，以及碎裂的溶胀颗粒、溶解淀粉和凝沉淀粉等。

1. 糊的黏度

马铃薯淀粉糊的黏度非常高，玉米和小麦等普通谷物淀粉糊的黏度比木薯和蜡质玉米淀粉糊的低得多。

2. 糊的质构

不同品种淀粉的糊具有不同的黏韧性。用一根木片放入马铃薯淀粉糊中取出，糊丝长、不断，则黏韧性高，糊丝短，则黏韧性低。一般用糊丝的长短表示糊的质构。木薯和黏玉米淀粉属于长糊，但较马铃薯淀粉短。谷类淀粉黏韧性与玉米淀粉相同，属于短糊。马铃薯淀粉糊丝长、黏稠、有黏结力；木薯和蜡质玉米淀粉的糊特征类似于马铃薯淀粉，但一般没有马铃薯淀粉那样黏稠和有黏结力；玉米和小麦淀粉丝短而软，缺乏黏结力。

3. 糊的透明度

马铃薯、木薯和黏玉米等淀粉糊的透明度高过玉米、小麦等谷类淀粉的。淀粉糊的透明度取决于淀粉的种类，马铃薯淀粉的最清澈透明，木薯和蜡质玉米淀粉的次之，玉米和小麦淀粉的可以说是无光泽、混浊或不透明。

4. 糊的抗剪切能力

机械搅拌淀粉糊产生剪切力，引起溶胀淀粉颗粒破裂、淀粉糊黏度降低。马铃薯淀粉颗粒溶胀大、强度弱，受剪切力影响易破裂、淀粉糊黏度降低多。玉米淀粉颗粒溶胀较小，强度较高，抗剪切力稳定性高。机械剪切作用一般会降低淀粉糊的黏度。马铃薯、木薯和蜡质玉米淀粉的糊比玉米和小麦淀粉的糊抗剪切力差。

5. 糊的老化（或称凝沉性）

不同淀粉的老化速度不相同，谷物类淀粉（玉米、小麦、高粱和大米）的老化速度比根茎类淀粉（马铃薯、木薯、甘薯和葛根）的快得多，糯玉米淀粉的老化速度最低。玉米淀粉直链淀粉含量高（28%），直链淀粉的聚合度小（DP=200~1200），加上脂类化合物含量高（0.6%），这些对老化有促进作用，所以玉米淀粉的老化速度比较快。其他谷物淀粉的情况与玉米淀粉相似。马铃薯淀粉含直链淀粉低（21%），直链淀粉的聚合度大（DP=1000~6000），加上脂类化合物含量低（0.05%），老化趋势属于中等。

（四）淀粉膜特性

将淀粉糊在光滑平面上涂薄层，干燥，形成薄膜，膜的强度、柔软性、透明性、光泽、水溶性以及重湿性等，因不同品种的淀粉而存在差别。马铃薯和木薯淀粉糊的成膜性较玉米和小麦淀粉的好，膜的强度、柔软性、透明性和光泽都好，并能长期保持水溶性，重湿性好、黏合力强。淀粉糊为重要的胶黏剂，用于胶纸带、信封、邮票和标签等方面，要求重湿性好，应用时与水接触溶解快、黏合力强。玉米、小麦等谷类淀粉糊在干燥过程中发生凝沉，膜的重湿性有所降低。

第二节　野生淀粉植物的加工举例

一、橡子淀粉的加工技术

橡子是壳斗科植物籽实的统称，我国种植橡树已经有三千多年的历史了，目前约140余种，产量较高的地区是南部和西南部，北方橡树的产量和南方相比相对较少。辽东栎、蒙古栎等一般分布在我国北方，而青冈栎、高山栎等基本生长在我国南方，但是栓皮栎、麻栎和柞栎等适应环境能力比较强的在南北方都有分布，资源很丰富。

橡子内的橡子仁富含淀粉、单宁，还有蛋白质、脂肪、纤维素、色素等成分，脱涩后可食用，《辞源》上有"歉岁食之，丰年取之饲豕"的记载。国内利用橡子（淀）粉代替小麦淀粉进行纺织上浆、发酵制酒、制备草酸等。20世纪80年代开发了干法制取橡仁粉，经变性等方法加工成橡仁胶，可代替阿拉伯胶用作陶瓷印花胶黏剂、印刷护版剂，代替聚乙烯醇作石膏板黏结剂，还可开发作为油田降失水剂、缓凝剂和堵漏剂等。但是，干法工艺生产的橡子粉不宜食用。因此，也有作坊采用传统的湿法工艺加工橡子淀粉。纯度高的橡子淀粉可做成豆腐、粉丝、粉条、橡仁羹、橡子酱、橡子冻等食品，其中橡子冻具天然风味，不用任何添加剂，是韩国传统的保健食品。野生橡子淀粉已成为国内出口的走俏商品，出口韩国的价格达 1.3 万元/t。因此，近年来也有企业利用针磨、曲筛、离心筛、碟式离心机、离心脱水机和气流干燥器等较现代化的机械设备，连续规模化生产橡子淀粉，所得的产品纯度高，单宁、蛋白质、纤维素等杂质少，质量好，能达到出口产品的质量要求。但是，橡子淀粉作为野生稀有淀粉品种，国内产量还较低。下面对橡子淀粉的性质作简单的介绍。

1. 橡子淀粉的性质

在电镜中可观察到橡子淀粉表面光滑，比起多角形的玉米淀粉颗粒更显圆滑，如椭圆状或近椭圆状的"鹅卵石"，大小不一。另外有部分颗粒像椭圆被截去一端所成的模样，但又不像木薯淀粉颗粒呈现特有的"头盔"形状。

以玉米淀粉、木薯淀粉为对照样，测得橡子淀粉的直链淀粉含量为 20.6%，支链淀粉含量为 79.4%，不同来源的样品相差很大。糊化温度为 59.5～68.0℃，相对较低，同木薯淀粉相近。橡子淀粉糊冻融 2 次后，可见凝胶体析出水。

橡子淀粉颗粒粒径较小，范围为 2.1～21.0μm，平均 9.2μm，结晶结构属 C 型；偏光十字交叉于颗粒中心，多垂直交叉。橡子淀粉糊黏度曲线同玉米淀粉相似，有较好的冷、热糊黏度稳定性，在酸碱条件下可使糊黏度下降，加入蔗糖和盐使黏度上升，明矾能使橡子淀粉糊峰值黏度大大增加，热稳定性变差，这些性质都与玉米淀粉相似。

2. 橡子淀粉的加工

橡子淀粉的加工包括干燥、破碎、分离仁壳、浸漂和脱水等步骤。

(1) 干燥 由于新采收的橡子含水量较高，不易破碎去壳，必须首先干燥，一般干燥方法有日晒、炒干和烘干三种方法。日晒法是将橡子置于阳光下暴晒 3～5d，待壳变色，大部分橡子开裂时即可，以待破碎；炒干法是将橡子置于锅中炒，并不断继续搅拌翻动，待橡子壳变色，相当部分橡子开始炸裂时即可取出，冷却后以待破碎；烘干法是将橡子置于烘房、烘棚或类似设备中，慢慢烘干，摊凉，以待破碎。

一般认为，如不急待加工利用，采取日晒法比较好。此法干燥均匀，占用劳力少，节省燃料。如果急待加工，以炒干（烘干）较快，节省时间，但耗燃料。固宜选用适当的干燥方法。

(2) 破碎 将已干燥的橡子置于剥壳机或粉碎机、石磨、石碾、石臼等工具中破碎，一般每粒橡子破碎 4～6 瓣即可。根据经验，在农村加工时，以垫高石磨磨心破碎橡子效果最好（磨心垫高的高度以略小于橡子直径为宜）。如果在破碎中出现较细的颗粒和粉末，最好分开，以减少或避免在浸漂时损失浪费。

(3) 分离仁壳 将已破碎的橡子借风力筛选分离仁壳，留其仁以待浸漂。

(4) 浸漂 为了除尽橡实中鞣质和可溶性杂质，须将已破碎的橡子仁用水或其他溶剂浸漂。一般浸漂剂有：冷水、热水（70～80℃）、碱水（石灰、草木灰水、0.5%～1.0%碳酸钠溶液），在浸漂过程中需经常搅拌翻动，以加速鞣质的渗透溶解。在初次加入时，若有空壳浮上液面应除去，每隔 2h 换水一次，直到浸漂至水清，口尝无涩味时为止（如用碱水漂洗后，还需用清水漂洗数次除去碱味）。

鞣质在冷水中渗透溶解缓慢，浸漂时间长（5～6d），而且往往浸漂不彻底；碱水浸漂效果好，时间短（约 2d），但成本高，且常或多或少留有碱味。因此用热水浸漂比较好，鞣质在热水中易于渗透溶解，浸漂时间短（1～2d），能基本除尽鞣质，而且第一、二次的浸漂液可以浓缩提制烤胶。

（5）脱水 如果所制造的橡子粉暂不食用，可将浸漂除尽鞣质的橡仁脱水干燥（如前法），在充分干燥后即可磨粉、过筛，得干橡子粉，以便贮藏保管。

如果需要制造高质量细腻淀粉，除干燥、破碎、分离仁壳、浸漂（与上述操作相同）外，可将已浸漂除尽鞣质的橡仁直接磨细，加清水充分搅拌，过滤后将滤液静置澄清，即得细腻淀粉，取出用清洁布袋装放滤干即可，残留的粗粉残渣可供作饲料，加工过程如下：干燥→破碎→分离仁壳→浸漂→湿磨→加水充分搅拌→用细布过滤静置澄清滤液→倾去上层清液，下层即为细腻淀粉。

（6）贮藏 橡子淀粉要贮藏在清洁、干燥通风的仓库中，应注意防湿和防霉，在常温15℃下贮藏，相对湿度最好保持在70%左右。由于淀粉有吸收异味的特性，故贮藏时要求专仓专用，将成品按等级分别堆叠在垫仓板上，不可直接堆叠在地面上，以免沾污淀粉。

二、百合粉加工技术

百合粉是从野生或人工栽培的百合鳞茎中加工提取的，其地下鳞茎含淀粉量70%以上，是一种营养丰富的夏令冷饮，有开胃生津、消烦止渴的功能。

1. 取料

将采回来的百合头剥开鳞片，使边瓣和心瓣分开，或用小刀在近鳞茎部位的基处，横切一刀，鳞片则自然分开。然后放入锅中加上清水和适量的草木灰，旺火烧开后即捞起，放入清水中洗净散热。

2. 磨浆

百合头置于打浆机内捣碎，再加水过磨。磨得越细出粉率越高。然后将浆乳盛入布袋内，置于缸中。用清水往布袋内冲洗，边冲水边搅动，直到将浆液全部滤出为止。

3. 漂洗

要得到纯净、外感具有美观的百合粉，必须把好漂浆、沉淀这一关。操作时将冲洗出来的浆液用清水漂1～2次，澄清后去掉浮面粉渣。除去底层泥沙，中间的粉浆放在另一容器中，再用干搅拌稀释后沉淀，如此反复1～2次，至粉色洁白为止，即可结束沉淀这一环节。

4. 干燥

经过漂洗、沉淀后的百合粉用清洁的布袋装好，用绳索吊起来，经12h淋干水分。也可在布袋隔层间放上干净的草木灰，把水吸干，再将淀粉去除，分成一块块粉团，置于竹席上晒至半干时，削成薄片状，也可以烤干。成品包装后即可上市供应。

第十章　农林药用植物加工技术

第一节　概　述

我国药用植物种类的蕴藏量极为丰富，素有"世界药用植物宝库"之名，很多药用植物如人参、甘草、黄芪、大黄、三七、当归等，不仅在国内广泛应用，而且也是驰名世界的重要药材。

我国应用药用植物的历史悠久，几乎自有文字以来，就开始了关于药用植物的记载。如我国第一部较为完备的药用植物专著《神农本草经》就收载了药物 365 种，其中包括植物药252 种，以后各朝代有著各种本草书籍，其中明代李时珍著的《本草纲目》中就收载了药物1892 种，其中包括植物药 1094 种。可见我国利用植物药治疗疾病的经验是丰富的。几千年来，这些植物药对保障人民健康和民族繁衍起着重要作用。

植物药最早来源于野生植物，随着消费量的增大，人们对部分应用广、来源有限的种类进行了人工引种栽培，但到目前为止，已应用的大部分植物药中仍以野生药用植物为主。

药用植物的种类繁多，其中双子叶植物种类最多，如毛茛科、罂粟科、蔷薇科、伞形科、茄科、茜草科、马钱科、唇形科、菊科等；单子叶植物次之，如百合科、石蒜科、薯蓣科等；裸子植物有松科、柏科、麻黄科等；其次是蕨类植物、低等植物中也有很多药用植物。

我国中药材原本是以原料初加工后的生药用于防病治病的。由于科学技术的高速发展，西方对中医药的重视及对中药材的使用以纯有效成分为主等，药用植物资源开发利用的研究，成为当今世界的热门。20 世纪以来，这一领域发展很快，形成了一个多学科渗透而且综合性很强的新型学科。

第二节　农林药用植物加工技术

一、采收

（一）适时采收的重要意义

农林药用植物由于种类不同，栽培地区的气候条件和生长发育情况不一，采收的年限和时期也有差异，所以药用部分的质量和产量也随之发生变化。如黄连生长 5～6 年采收的产量最高；三棵针在营养期与开花期其根中小蘗碱含量差异不大，但在落果期小蘗碱含量增加一倍以上；罂粟随其生长发育，生物碱含量就不断增加；曼陀罗在开花期采收，其生物碱含量最高；薄荷在生长初期不含薄荷脑，在开花末期薄荷脑含量则急剧增加。有的品种甚至在一天内随时间推移，其有效成分的含量也会发生变化。如江西1号薄荷挥发油的含量，在一天之内以12～14时为最高。故对于药用植物，要充分了解药用植物生长发育的时期和生长年限、有效成分积累变化等规律，进行适时采收，才能达到优质高产的目的。

（二）采收时期和方法

1. 根和地下茎类

根和地下茎类的药用植物，从种到收，其种类不同采收年限各异。如牛膝当年即可采收，而人参则要栽培6年左右采收为好。采收时期一般以地上部分枯黄后萌芽前为宜。此时植物的有效成分集中在根和地下茎中，品质好，产量高。采收方法多用掘取法。常选土壤较松软时进行，从地的一端挖沟，然后依次掘取。采收时，药用部位要力求完整，避免受伤破损，如党参、贝母、延胡索、怀牛膝、地黄、人参等。

2. 皮类（包括树皮和根皮）

采收树皮应在有效成分含量较高时进行。一般在春末夏初，此时植物生长旺盛，皮部养分和树液增多，形成层细胞分裂快，皮部与木质部易于分离，以利剥取树皮，伤口也较易愈合。采收可用半环状剥取、条状剥取或砍树剥皮等法。目前对杜仲等试用环剥已获成功。剥皮要注意剥取部位和面积，切口要有利于愈合并要加以保护，以免死树，如杜仲、厚朴、黄柏、合欢等。

根皮宜在秋季采收，先挖掘根部，然后剥取根皮。如牡丹、白鲜、枸杞、五加、桑等。

3. 叶类

宜在植物生长最旺盛，花未开放或果实未成熟前采收，此时植物光合作用旺盛，有效成分含量高，若一旦开花、结实，叶肉贮藏物质便转移到花或果实中，影响质量和产量。采收方法可用摘取法，如颠茄、菘蓝等。有些叶类宜在秋霜后采收。如桑叶经霜后才含有腺碱、胆碱、葫芦巴碱等有效成分。

4. 花类

花多在花蕾含苞待放或花朵初开时采收，如已盛开，则花易散落、破碎、失色、香气逸散而影响质量，如忍冬、辛夷、丁香等。但亦有在花朵盛开时采收的，如红花、菊花、凌霄花、番红花等。采收可用摘取法，对花期较长，花朵陆续开放的植物，必须分批采摘，以保证质量和产量。

5. 果实类

果实多在自然成熟或将成熟时采收，如栀子、山楂等；亦有少数果实应在未成熟时采收，如酸橙（枳壳）、梅等；还有些果实须在成熟经霜后采摘为佳，如山茱萸经霜变红后采摘，川楝经霜变黄时采摘。如果实成熟期不一致，要随熟随采，采收过早，肉薄产量低，采收过迟也影响质量，如木瓜等。多汁果实采摘时应避免挤压，减少翻动，以免碰伤，如枸杞等。采收方法用摘取法。

6. 种子类

各种植物种子成熟的标志不一，种子成熟包括形态上和生理上两个方面，成熟种子应具有以下特点：内部贮藏的有效物质已达高峰；养分运输已基本停止；水分含量减少，硬度增加，对环境抵抗能力增强；种皮呈固有色泽；具有发芽能力。留种用的种子应具备上述条件，种子一经成熟，立即采摘。药用种子可在种子将成熟时采摘，这时种子发育旺盛，子粒饱满，有效成分高，如牵牛、决明等。对于种子成熟期不一致的植物，宜分批采收，以免种子散落，如凤仙花、补骨脂、水飞蓟、续随子等。采收种子可用割取法或摘取法。

7. 全草类

全草多在植物生长最旺盛而将开花前，或花蕾初放而未盛开前割取，如藿香、薄荷、荆芥、穿心莲等。但亦有少数种类以开花后采收为好，如马鞭草等。用割取法采收，可一次割取或分批割取。

二、产地加工

（一）产地加工的意义

药用植物采收后，多呈鲜品，含水量高，易于霉烂变质，有效成分亦易分解散失，影响质量和疗效，所以必须进行产地加工。产地加工有如下意义：其一，可防止霉烂腐败，便于贮藏和运输；其二，剔除杂物、质劣部分，保证药材质量，满足医疗用药的需要，提高药材在临床上的疗效；其三，按药材和用药的需要，进行分级和其他技术处理，有利于炮制和药用。

（二）产地加工的方法

药用植物种类多，品种规格要求不一，各地传统习惯也不相同，加工方法各异。现将产地加工的常用方法分述如下。

1. 根和地下茎类

（1）分级　地下部分采收后，按不同大小分级，便于加工，如延胡索、浙贝母、白芷等。

（2）清洗　采收后，洗净泥土，除去毛须。

（3）刮皮　采收后，洗净，刮去外皮，然后晒干，使颜色洁白，防止变色，如桔梗、半夏等。有的洗净后，放入沸水中烫几分钟再捞出，刮去外皮，漂净晒干，如明党参、珊瑚菜、芍药等。

（4）切片　凡质坚、不易干燥的，则在采收后除去残茎和毛须，洗净，趁鲜切成薄片，晒干，如大黄、玄参、葛根等。

（5）烫　有些肉质根和地下茎含水多，采收后，放入沸水中烫片刻，捞出晒干。通过沸水烫，可使细胞内蛋白质凝固，淀粉糊化，破坏酶的活性，促进水分蒸发，利于干燥，并可增加透明度，但要注意水温和时间，以烫至半生不熟为好，过熟则软烂，品质差，如天门冬、百部、延胡索等。

（6）蒸　采后洗净，蒸煮后再晒干，如天麻、玉竹、何首乌等。

（7）熏　为了保护产品的色泽，在干燥前可用硫黄熏蒸，如山药、泽泻、白芷等。熏硫还可加速干燥，防止霉烂。简易的硫黄熏蒸，可在大缸等密闭的容器内进行。

根及地下茎类药材除上述一般的加工方法外，有的还有其传统的加工方法，如浙贝母要将鳞茎表皮擦去，加一些石灰，吸出内部水分，才易干燥。又如玄参体积大，晒至五、六成干时，须堆积几天，使其"回潮"，促使内部深层水分向体表转移，以利干燥，经多次反复堆晒，才能完全干透。

2. 皮类

采收后按规格修切成一定大小，晒干。有的要经闷后晒干，如厚朴等。

3. 叶类和全草类

此类药材含挥发油成分较多，宜放在通风处阴干。在未完全干燥前扎缚成捆，以免在干燥后捆扎易碎，如紫苏、薄荷等。有些可直接晒干，如穿心莲等。有的肉质，含水分多，需沸水烫后干燥，如垂盆草、马齿苋等。

4. 花类

采收后晒干或烘干，但应保持颜色鲜艳，花朵完整，并注意避免有效成分的散失，如红花、菊花、玫瑰花等。

5. 果实类

一般果实采收后可直接晒干，但有的还须烘烤烟熏，如梅等。有的要切成薄片晒干，如酸橙（枳壳）、佛手、木瓜等。有的用果皮入药，要先将果实切开，去瓢和种子，再晒干，如栝楼等。

6. 种子类

果实采收后，晒干，去掉果皮，取出种子，如决明、续随子等；有的连同果壳一起干燥贮藏，以保持有效成分不致散失，如砂仁等；有的要打碎果核，取出种子，晒干，如杏、郁李、枣等。

药用植物在初步加工时，均要进行干燥。干燥的方法有晒干、烘干、阴干等，但必须注意干燥温度，只有适宜的干燥温度才能使有效成分不受影响，又能达到干燥的目的。

用 50～60℃干燥，可抑制植物体内酶的作用，而避免苷与生物碱成分的分解。

除特别规定之外，一般为了防止花和全草类因水分引起发酵、腐烂、变色或成分因加热而变化较多，干燥应用 40℃以下低温处理为好，其中以 20～30℃为宜。根及地下茎类以 30～65℃为宜，浆果类以 70～90℃为宜。植物体中所含的有效成分不同，干燥的适宜温度也各异，含挥发油类，宜 25～30℃，含苷与生物碱类，宜 50～60℃，含维生素类，宜 70～90℃。

三、几种主要农林药用植物的加工

（一）人参

1. 药用性能

人参生者性微寒，制后性微温，味甘微苦。功能有：大补元气，生津液；滋补强壮，扶持肠胃机能，增强抵抗力；促进性腺机能，增生红细胞，并能旺盛血行，增高血压，消肿止痛。用于虚脱、严重贫血及心力衰竭之呼吸困难、冷汗脉弱，慢性病之抵抗力减退，胃肠机能下降之体倦食少久泻、神经衰弱，性机能减退之疲乏头晕、阳痿遗精及慢性溃疡和外伤肿痛等。

2. 采收加工

（1）采收 一般生长 6 年采收，于 9 月中旬至 10 月中旬采挖。拆除荫棚，顺行挖出参根，抖掉泥土，去掉茎叶，装入箱内，运回加工。

（2）加工 将体形好而大、须根全而无病斑的加工成生晒参；体形较大、浆足、无病斑的加工成红参；缺头少尾、浆液不足、质软的加工成糖参。

① 生晒参的加工。将选好的参根，刷洗干净，按大、中、小分级，将参根肩部用线串起，晒 5～6h，装入熏箱用硫黄熏 10～12h，取出晾晒，于 40～50℃温度下烘干即成。

② 红参的加工。将参根洗刷干净，掐去小毛须和细小的不定根，保留约 1cm 左右。分别倒立装入蒸笼中蒸 2～3h，至参根呈黄色半透明状为度。待冷却后取出，晾晒 3～6h，再于 50～60℃条件下，烘 8～14h，至参根发脆。然后堆闷 2～3h，使参根软化，再烘再晒，

反复 3～5 次，分等、分支贮藏。

③ 糖参的加工。将选好的参根，刷洗干净，刮去病斑，置沸水中煮 15～30min，待主根变软，内心稍硬时取出，晒 1～2h，用骨针扎孔后摆放缸内，趁热倒入熬好的糖汁，浸 10～12h 后取出，晾晒至不发黏时，再进行第 2 次扎针灌糖，如此重复 3 次，用开水淋去参体表面黏附的糖，沥干后用硫黄熏 4～6h，再晒干或烤干即成。

（二）枸杞

1. 药用性能

枸杞子性味甘，平。有补肾强腰膝、滋肝明目等作用。用于虚劳精血不足，头晕耳鸣，腰酸足软，阳痿遗精等症，常与黄精配用，用于肝肾精血不足，头晕目昏等。

2. 采收加工

（1）留种　枸杞优良品种有大麻叶枸杞和麻叶枸杞等，留种时应选果大，味甜，颜色鲜红，无病虫害的果实作种。于夏季选定母株采摘一、二批成熟果实。采后，果实用 30～50℃温水浸泡 24h，并搓揉，洗出种子，留作种用。

（2）采收　深红色或橘红色、柔软有浆汁时，分批采收。过早色泽不鲜，果肉不饱满，含糖分低；过迟易脱落，常被鸟害，影响产量与质量。

（3）加工　将鲜果摊放在芦席上，厚约 1.5cm，日晒，切忌翻动，以免影响色泽，约10d 即可干燥。去果柄，放在通风干燥处贮藏。每亩可收干果 75～100kg（4～4.5kg 鲜果可得 1kg 干果）。此外，亦可将果实烘干。

（三）细辛

1. 药用性能

细辛性味辛，温。有散风祛寒、行水止痛的作用。用于寒邪入里、表证仍在、反发热、脉沉者，常与附子、麻黄等配伍。对外感风寒或风湿引起的头痛身痛等症，常与荆芥、防风、川芎等配伍。治疗咳嗽气喘、痰多稀薄，舌苔淡白者，常与干姜、半夏等配伍。

2. 采收加工

直播的细辛，生长 3～4 年即可采收。移栽的细辛，如栽 2 年生苗，栽后 3～4 年采收，3 年生苗，栽后 2～3 年采收。野生苗移栽后第 3 年即可收获。野生细辛采收期习惯在 5～6月。人工栽培的细辛，应在 8～9 月采收。

细辛采挖后，去净泥土，每 10 株为一小把，用绳子扭结成辫，在屋檐下阴凉通风处阴干。切忌水洗或日晒，水洗则叶片发黑，根发白，日晒则叶片发黄，均降低气味，影响质量。

（四）黄芪

1. 药用性能

黄芪性味甘，微温。有补气固表，托疮生肌的作用。用于中气下陷，如脱肛、子宫下垂、崩漏等，常与党参、白术、升麻等配用。用于气虚血少，血虚发热，常与当归配用。用于表虚血汗，以及气虚易感风寒者，常与防风、白术配用。用于脾虚水肿，症见面目四肢浮肿、小便不利等，可与茯苓、白术等同用。用于气血不足，痈疽久不溃破，或溃后久不愈合，可与当归、穿山甲等配用。

2. 采收加工

（1）采收　播种后 1～4 年均可收获，以 2～3 年生采挖质量最好。生长年限过长，容易产生黑心或严重木质化。在秋季落叶后至次年春季解冻前均可采挖，挖时宜深刨，应小心挖取全根，避免碰伤外皮和断根。

（2）加工　采收后抖净泥沙，趁鲜切去芦头，去掉须根，置阳光下暴晒至半干，将根理顺直，捆成小把，再晒干或烘干即可。以根条粗长、皱纹少、断面色黄白、粉性足、味甘者为佳。

（五）五味子

1. 药用性能

五味子含有五味子素、去氧五味子素、五味子醇、枸橼醛、枸橼酸、维生素C等成分，能提高人体的抗逆性，具有益气、滋肾、益智、安神的功能。可治肺虚咳喘、盗汗、慢性腹泻、痢疾、口渴、遗精、神精衰弱、头昏健忘、心悸、不眠、四肢乏力、慢性肝炎、转氨酶升高、视力减退及孕妇临产子宫收缩、乏力等症，也可作兽药，有收敛肺气、治气喘、咳嗽等功效。

2. 采收加工

（1）采收　栽后4～5年大量结果，9～10月果实呈紫红色时，随熟随采。

（2）加工　晒干或烘干。将果实薄摊于晒席，晾晒3～5d，果皮有皱纹时，轻轻搅动，经15～20d即可晒干；或在60℃条件下烘至半干，温度降至40～50℃烘至八成干，再晒至全干即成。

（六）黄柏

1. 药用性能

黄柏性味苦，寒。有清热解毒，泻火坚阴等作用，实验证实有抑菌的作用。用于湿热黄疸，身热发黄，常与栀子合用。亦用于湿热下痢，可与白头翁、黄连、秦皮配伍。用于湿热、带下秽浊黄稠，可与芡实、白果等同用。此外，湿热泄泻、足膝肿痛，可与苍术、牛膝同用。用于阴亏火旺所致的遗精、盗汗等症，常与知母同用，配入滋补肝肾的药物中。用于湿毒疮、烫伤烧伤等症，内服外敷均可。

常用量为3～12g，外用适量。清泻疫毒、清热利湿多生用，泻肾火多与盐水炒用。

2. 采收加工

定植后10～15年可以收获。收获宜在5～6月间进行，此时植株水分充足，有黏液，容易将皮剥离。先砍倒树，按长60cm左右依次剥下树皮、枝皮和根皮。树干越粗，树皮质量越好。也可采用不砍树，只纵向剥下一部分树皮，以使树木继续生长，即先在树干上横切一刀，再纵切剥下树皮。趁鲜刮去粗皮，至显黄色为度，在阳光下晒至半干，重叠成堆，用石板压平，再晒干。

黄柏打捆包装贮运，放通风干燥处，防受潮发霉和虫蛀。

盐黄柏的炮制方法，取黄柏用盐水拌匀，炒至外表微变色为度（药50kg，盐1.5kg）；酒黄柏的炮制为，将黄柏片加黄酒拌匀，微火炒至干（药50kg，黄洒5L）。

第三节　农林药用植物产品的包装与贮运

一、农林药用植物产品的包装

（一）中药材包装的目的与作用

1. 在流通过程中保护中药材

首先对中药材数量进行保护，中药材在流通过程中要经过多次搬运才能被消费者使用，易造成浪费，从而无法保证其应有数量，对其进行包装，使其包装具备牢固性和耐久性，即可保证其数量在整个过程中不易损失。其次对中药材品质进行保护，中药材是用以防治疾病的特殊商品，其品质的好坏关系到疗效的高低及使用者的身体健康。而中药材本身的性质复杂，在不良环境中极易造成品质的改变，从而使之不能药用，造成浪费。选用适当的材料对其进行包装，即可使其具有密封、隔热、避光之性能，避免中药材霉蛀、泛油、潮解、粘连、变色和散失气味等，从而保证中药材品质。

2. 方便运输、便于贮藏

中药材没有包装是不能进入流通领域的。包装好坏关系到运输转运中的装、卸、搬运等环节，免受再次污染。在贮藏中关系到计量、堆码、出仓、转仓倒垛、盘点等工作，同时包装质量好，做到规格化、标准化，不仅方便运输，有利贮藏，而且能降低商品损耗，节约保管费用，此外，中药材包装还有美化商品，指导消费，取得购销信誉，提高经营效果，促进消费等方面的作用。因此，在完成产地加工后，应当十分重视中药材的包装。

（二）中药材的包装要求

中药材包装和其他物品包装一样应满足：延长保质期；控制或不带来二次污染；保持原有成分和药效；包装成本要低；增加外观美感；贮藏、搬运方便、安全。同时中药材的包装还应当努力实现标准化、规范化和机械化。要求包装的类型、规格、容量、包装材料、容器的结构造型、承压力以及商品盛放、衬垫、封装方法、检验方法等做到统一规定。无公害中药材作为中药材生产的方向，其在内在品质及栽培管理方面比传统中药的要求更为严格。同时无公害中药材的包装除符合上述包装的基本要求外，还须符合以下要求。

1. 包装材料选择的基本要求

① 安全性。包装材料本身要无毒，不受环境干扰而释放有毒物质，污染药材，影响人们的身体健康。

② 可降解性。药材在消费完后，剩余的包装材料，应具有降解性，其降解产物无毒无害，不对人体健康造成威胁，不污染生态环境。

③ 可重复利用性。无公害中药在遵循可持续发展的原则下，要求药材被消费完以后，剩余的包装材料可重复使用，做到既节约资源，又可减少垃圾的产生，减轻对环境的污染。

④ 稳定性。在保护药材期间，不受周围环境条件如空气、光、湿度、温度、微生物的影响；也不与被包装药材起任何反应，而改变药材功效。

⑤ 合法性。用于包装药材的材料，应由有关部门批准，并符合有关标准。否则不具合法性，不能使用。

2. 包装技术的选择

选择包装材料以后，在包装过程中也不能对中药材引入污染及对环境造成污染，应做到以下几点。

① 包装环境条件良好，卫生安全。

② 包装设备性能安全良好，不会对药材质量有影响。

③ 包装过程不对人体造成伤害，不污染环境。

④ 包装人员必须了解无公害中药材的包装原则，有较强责任心。患有传染病、皮肤病或外伤性疾病者不得参加工作。

⑤ 包装前应再次检查、清除劣质品及异物，包装材料最好是新的或清洗干净、干燥、无破损的。

⑥ 易破碎的中药材应装在坚固的盒箱内，剧毒、珍贵中药材应特殊包装，并贴上鲜明标志，加封。

（三）中药材的包装方法

中药材的包装应根据中药材性质的区别，选择不同的包装方法，产区常用的方法有以下几种。

1. 袋装

常用袋的种类有：布袋、细密麻袋、无毒聚氯乙烯袋等。粉末状药，如海金沙、蒲黄等应用布袋包装；颗粒小的药材，如车前子、青葙子、黑芝麻等应用细密麻袋包装，以防散失；易潮解、易泛糖的中药材，如生地、黄精等应用无毒聚氯乙烯袋包装，以防吸水。

2. 筐装或篓装

筐、篓能承受一定的压力，在贮运过程中不致将药材压碎，同时还能通风换气，故一般用来装短条型药材，如桔梗、赤芍等。

3. 箱装

箱一般由木材组成，用于怕光、怕潮、怕热、怕碎的名贵药材。

4. 桶装

常用的有木桶和铁桶，适用于流动的液体药材，如苏合香油、薄荷油、缬草油等。此外，还用铁桶、铁盒、陶瓷瓶缸等盛装冰片、麝香、樟脑等易挥发的固体药材。

5. 打包包装

打包包装分为手工打包和机械打包。手工打包易出现"斧头形""龟背形"，在操作中应避免发生。

① 打包材料。外层多用粗布、麻布、薄席、草席、塑料编织布作覆盖物，以竹片作垫料，用铁丝、麻绳作捆器。

② 打包要求。一是，打包压力不低于 15t，并扣牢固，回松的包件保持扁平，缝捆严密。二是，打包的中药材应有标准，如包装材料符合规格要求，中药材符合质量标准等。

③ 捆扎的要求。商品装料必须两头平齐，四周踩紧，两边填实，中间紧松持平，分层均匀平放。捆扎的绳索一般不少于四道，机械打包包件大小应符合国家食品药品监督管理部门制定的标准件尺寸。缝口严密两端包布应缝牢，标记事先应填完整。

④ 打包捆扎分为全包、夹包。全包即全包、全缝、全捆的货包，外用竹夹或粗布，其密度，因品种而定。夹包即上下两面用粗布、竹夹，只限于桑白皮等的包装。

二、农林药用植物产品的贮运

包装后的中药材，需要一段时间的贮藏，在此过程中，因受周围环境和自然条件等因素的影响，常会发生霉烂、虫蛀、变色、泛油等现象，导致中药材变质，影响或失去疗效。因此必须贮存和保管好中药材，以保证其应有品质。

（一）影响中药材变质的因素

1. 外界因素

外界因素指空气、温度、湿度、日光、微生物、昆虫等。中药材在这些因素的综合作用下常发生一些变质现象。如贮藏药材的温度过高、贮藏时间过长或受日光照晒过长，与空气接触会引起药材"走油"；在适当的温度和湿度下，会被微生物污染而生霉；通常温度在 16～35℃，相对湿度在 60％以上，药材中含水量在 11％以上，会发生虫蛀；在空气、湿度、日光等因素的作用下会发生变色等。

2. 内在因素

内在因素指中药材所含化学成分的性质。中药材的成分不稳定，有的易被氧化或还原，如还原型蒽醌易被氧化；有的有挥发性，在高温条件下易挥发而降低含量；有的在光照条件下易异构化，而失去生物活性，如木脂素类；有的富含糖类及蛋白质，是昆虫和鼠类的良好食物；有的在适宜的条件下，由于酶的存在而易水解，如苷类；有的含吸湿性成分，致使药材吸湿后发生霉变等。因此在贮藏药材时，一定要根据中药材所含成分的性质，结合外界因素，选用适当贮藏方法才能保证中药材的品质。

（二）常用的贮藏方法

贮藏时间短时，只需选择地势高、干燥、凉爽、通风良好的室内，将中药材堆放好，或用塑料薄膜、苇席、竹席等防潮即可。

1. 冷藏法

冷藏法是防治害虫及霉菌比较理想的办法，但须制冷设备。北方可利用冬季严寒季节，将药材薄薄摊晾于露天，温度在零下 15℃，经 12h 后，一般会冻死各种害虫。

2. 干砂贮藏法

干燥的砂子不易吸潮，又无营养，不仅能防虫，而且霉菌也无法繁殖。一般将砂铺在水泥晒场上，经地面温度 40℃左右暴晒至充分干燥，装入缸或木箱中，再将中药材埋于其中。根及根茎类中药材适于此法。

3. 防潮贮藏法

将石灰等吸水材料置于贮藏中药材的室内，并不断更换吸水材料，使室内保持干燥。此法适于吸湿性强的中药材。

4. 气调贮藏法

密封仓库，充氮降氧，使库房内充满 98％的氮气，害虫就窒息而死，而且库内中药材不会发霉变质、变色。是一种科学而又经济的贮藏方法。

5. 密封防潮贮藏法

地面铺木板，板上铺油毛毡和草席，再铺上大块塑料薄膜，中药材堆放于薄膜上，用薄膜包装密封，并将接缝粘接起来。

（三）贮藏时应注意的问题

① 对药材水分含量应经常抽检，以免产生霉变等不良后果。

② 堆放要整齐，要留有通道、间隔和墙距，以利抽检及空气流动。

③ 不同种类药材应分别堆放，特别是吸湿性强的药材更应分别堆放，以免引起其他药材受潮。各种药材应挂上标签，并在上面注明植物学名、产地、数量、加工方法及等级等。

④ 易碎药材，不能重叠堆放。

（四）药用植物产品的贮运

中药材的贮运是社会发展的结果，是市场经济的客观需要，是药材流通的重要环节，只要药材不是直接从生产领域进入到消费者手中或进入制药企业，那么它就必然要经过贮运这一环节，因此中药材的贮运必须符合时代要求，确保中药材无损害、无污染，完好地到达企业或到达消费者手中。

1. 中药材的运输应遵循的原则和要求

① 中药材的运输，必须根据产品的类别、特点、包装性能、储藏要求、运输距离及季节不同等采用不同的运输手段。

② 中药材在运输过程中，所用搬运工具必须洁净卫生，无有毒有害物质，不能对中药材引入污染。

③ 运载工具应具较好的通气性，以保持干燥。在阴雨天，应严密防雨、防潮。

④ 在运输过程中，合格中药材不能与不合格中药材混堆，一起运输。

⑤ 可作食品用的中药材不能和其他中药材，特别是有毒的中药材混堆，一起运输。

2. 中药材的贮藏应遵循的原则和要求

在贮藏期内，要通过科学的管理，最大限度地保持中药材的原有品质，不带来二次污染，才能更好地满足人们对中药材的需求。为此，必须遵循以下原则和要求。

① 贮藏环境必须洁净卫生，不能对中药材造成污染。

② 贮藏环境应通风、干燥、避光，最好有空调及除湿设备，地面为混凝土或可冲洗的地面，并具有防鼠、防虫措施，但应避免污染中药材。

③ 中药材包装应存放在货架上，与墙壁保持足够距离，并定期抽查，防止虫蛀、霉变、腐烂、泛油等现象。

④ 在贮藏中，合格中药材不能和不合格中药材混堆贮存。

⑤ 可作食物的中药材、有毒中药材和其他中药材须分开贮藏。

⑥ 选择的贮藏方法不能使中药材的品质发生变化。化学贮藏法中选用的化学物质应符合无公害食品或药品的有关标准或使用准则。

⑦ 在应用传统贮藏方法的同时，应注意吸收现代贮藏方法新技术、新设备。如冷冻气调、辐照法及国家食品、粮食仓储法中允许的药剂消毒。若用药剂熏蒸，应经药品管理部门审核批准。

第四节　质量管理

中医治疗疾病的物质基础是中药，中药中的化学成分对疾病治疗起重要作用，化学成分组成和含量直接影响中药药效，因此，确保中医治疗疾病疗效，中药必须具备稳定的化学成分组成和含量。

中药材是药用植物生长发育到一定阶段，对其药用部分经过采收、加工、包装、运输和贮藏得到的，因此，中药材质量受药用植物栽培与管理的直接影响。药用植物栽培与管理是一项十分复杂的系统工程，内容包括产前（生态环境、种质与繁殖材料）、产中（栽培技术及管理各个环节）、产后（采收与加工、包装与运输和贮藏）。在这个过程中，只要某一个环节出现问题，就影响中药材质量。中药材质量体现于内在的化学成分组成和含量，也受多种因素的影响，如药用植物的生态环境、种质与繁殖材料、栽培技术、采收与加工、包装与运输和贮藏等。因此，我们必须探索出影响中药材质量各个环节的决定性因素，制订控制这些因素切实可行的方法和措施，即标准操作规程（standard operating procedure，SOP），确保生产的中药材质量稳定、有效、安全、可控。

目前，我国药用植物栽培与管理模式一部分仍然处于传统、粗放型的阶段，中药材生产栽培和加工技术尚需提高,对中药材产品质量管理监控力度有待加强,和国际市场要求仍存在差距,影响中医药的现代化和国际化。因此,研究中药材质量管理,应大力推行中药材GAP生产技术,促使我国中药产品质量符合国际市场需求,尽早实现中医药现代化和国际化。

一、衡量中药材质量的标准

衡量中药材质量的标准应对其外在和内在因素进行评价。外在因素包括中药材基源鉴定、外观要求和杂质含量等;内在因素包括活性成分组成和含量、重金属及类金属(As、Hg、Pb、Cr、Cd、Sn、Sb 和 Cu 等八种微量重金属及类金属元素)和农药残留(包括杀虫剂、杀螨剂、杀菌剂、除草剂、杀鼠剂等)、卫生指标等。

(一)中药材基源的鉴定

中药材基源鉴定技术经历了不断改进的发展过程。20 世纪 80 年代前,主要是本草考证和采用原植物性状、显微和理化来鉴别真伪品。目前,除采用传统鉴别技术外,还采用电镜、高效液相色谱(HPLC)、质谱(MS)、毛细管电泳、光谱、核磁共振(NMR)、聚合酶链式反应(PCR)、指纹图谱以及数学理论和计算机等先进技术和设备。使中药材的基源鉴定由单一指标成分发展到多组分整体分析甚至是 DNA 分子鉴别。不同基源中药材的活性成分组成和含量不同,是决定其内在质量的因素,因此,中药材基源鉴定是保证质量的根本。虽然许多中药材都经历由野生生产向人工栽培(饲养)过渡过程,但当人工栽培(饲养)出现技术或投入问题时,寻找资源的替代品随之出现,在还没有适当替代品出现之前,伪劣品难免先取而代之,中药材市场随之出现品种混乱的问题。由于中药的性味等与其内在化学成分密切相关,而在目前尚未明确中药具体化学成分与其性味等关系之前,应在中医处方上慎重使用中药资源替代品,因此,应当对中医处方上使用的中药替代品与中药资源的替代品之间加以区别。

(二)外观要求和杂质含量

中药材外观和杂质含量是判断其质量优劣的指标之一。杂质是指所有非药用部分的物质。当前《中国药典》对不同中药所具有的外观规定要求是中药材生产的主要依据。

(三)活性成分的组成和含量

中医处方对中药要求是基于君、臣、佐、使的不同作用地位,强调的是处方整体作用理论,即中药中化学成分的整体作用,其作用特点是多成分,多靶点,虽其机理尚不明确,但单一成分的含量测定,很难全面反映中医用药所体现的整体疗效。因此,中药化学成分,特别是活性成分的组成和含量对处方整体作用产生根本的影响,这就是强调以中药活性成分组成和含量作为评价质量标准指标的重要性。显然,强调中药中某一种活性成分含量高低,作为判断中药优劣的标准不符合中医处方整体作用理论。近年来,随着人们对中药质量研究不断深入,更为科学的评价中药质量标准的方法不断建立,如应用 HPLC、气质联用(GC-MS)、气相色谱-傅里叶变换红外光谱联用(GC-IR)等现代方法和技术手段研究化学成分的指纹谱图,控制中药质量标准。这种方法对一些活性成分不明的中药质量评价尤其重要。

(四)重金属、农药残留和卫生指标

我国中药在 20 世纪 70 年代末、80 年代初曾因细菌、真菌、螨等污染而使中药出口受阻,80 年代末、90 年代初又因重金属污染使中药出口遇到很大阻力,至今仍困扰出口。有

鉴于此，对重金属、农药残留和卫生指标进行严格控制，制定能获得国际认可的限量标准已刻不容缓。因此要大力提倡绿色中药栽培，鼓励使用腐熟的有机肥，推广在优良生态环境中种植药用植物，使用高效、低毒、易降解的农药，并加强研究中药材去污处理方法，如水洗、熏蒸、微生物分解等。

二、影响中药材质量的因素

影响中药材质量的因素很多，以植物药材为例，生态环境、种质与繁殖材料、栽培技术、采收与加工、包装与运输和贮藏等，以及以上过程所有参与人员的素质等任何环节出现问题，都会影响中药材质量。因此，对影响质量的每个环节必须制定控制标准，并严格执行，将中药材质量管理贯穿于中药材生产的整个过程，中药材的质量标准才有保证。

（一）产地生态环境

应按中药材产地适宜性原则选定产地，因地制宜、合理布局，并重视传统意义上的"道地药材"的概念。"道地药材"和"地道药材"没有实质性的区别，前者强调的是"地"，即地方特色，后者强调的是"道"，即行政管辖区域，两者的形成均是以中医中药在长期生产及临床实践中所总结的珍贵经验为基础，因而如何使用现代多学科的方法、手段来阐明道地药材的科学原理，探讨道地药材形成的自然规律，建立和发展道地药材生产的规范基地，是保证中药材质量的一个重要方面。如重庆的黄连、云南的三七、吉林的人参等。道地药材的生长受生长地区土壤、水质、气候、日照、雨量、生物分布等生态环境的影响，特别是土壤成分对中药的内在成分的质和量影响最大。因此，生产基地应选择大气、水质、土壤符合国家法定标准的无污染地区种植药用植物。道地的复杂性除表现在受自然地理环境影响外，还表现在受人文等社会因素的综合影响，因此，需要进行涉及多学科的系统研究。

（二）种质与繁殖材料

要求对种质和繁殖材料认真鉴定，确定学名；建立良种繁育基地；制定供应优良生产用种的计划，定期更新交换生产用种子；实行种子的生产和贮运的检疫制度，并规定保存方法和时间。实行种子认证、种子证书等制度。逐步实现品种布局区域化、种子生产专业化、加工机械化和质量管理标准化。注意"道地药材"优良种质的保存、复壮及繁育工作，鼓励种质资源的引进、选育（配种）、推广应用。

（三）栽培技术

根据药用植物不同生长发育阶段，制定生长技术标准操作规程，包括种植要求（选地整地、播种方法）、田间管理（苗期管理、成株管理）、施肥（肥料种类、施肥时间、方法和用量）、病虫害防治（农药种类、防治时间、方法和农药用量）。如施肥的要求，鼓励施用有机肥，包括农家肥料、商品有机肥料、微生物肥料等，注意农家肥料一定要充分腐熟，并达到无害化卫生标准，严禁使用未经过无害化处理的城市生活垃圾及工业垃圾和医院垃圾作肥料。加强对"药用植物生长专用肥料"的研究，逐步实现施肥的规范化。另外，对病虫害防治的农药使用上，要求尽量少施或不施农药，鼓励使用生物农药，积极推广用量少、疗效高、低毒性、低残留农药，确保中药材质量的安全、有效和稳定，同时使耕地能可持续性地使用。

（四）采收与加工

制定采收时间、方法及采收器具的要求；制定加工方法和器具的要求。注意应继承"道地药材"的传统加工方法，如有改动，应有充分的研究证明，并经医药监督管理部门批准。

（五）包装、贮藏和运输

制定包装方法、材料和标签的要求。如包装前应再次检查，清除劣质品和非药用部分，包装材料应无污染、无破损和干燥等。包装标签应包括品名、批号、规格、产地、生产日期。注意易破损、贵重、含毒、麻醉药材的特殊包装要求。制定药材贮藏要求和管理制度。注意药材运输过程及在运输过程中对运输容器的要求。

（六）培训 GAP 操作人员

培训人员包括质量检验员、栽培技术人员、采收与加工人员、包装和贮运人员。培训内容包括中药材良好农业规范（Good Agricultural Practice，GAP）知识，国家相关政策、法规和 GAP 档案管理等。

三、控制中药材内在质量标准的方法

（一）化学指纹图谱控制中药材质量

目前对中药材质量标准的控制方法主要是参考《中国药典》，由于中药材成分的多样性，传统以中药材中某一活性成分含量高低作为评价中药材内在质量标准的方法越来越与中医处方用药的整体作用理论不相符。因此，如何找到准确地反映出中药内在质量标准的控制方法，多年来一直为国内外学者所关注。美国对中药制剂质量控制要求提供生药、中间品及终产品草药制剂的指纹图谱；日本、韩国等国家对中药质量标准也要求采用成分指纹图谱。随着人们对中药材质量标准认识的不断深入，中药材中化学成分（或活性成分）的指纹图谱控制法越来越为人们所接受，在 2020 年版《中国药典》中得到良好应用。化学成分指纹图谱强调的是中药材中多种成分对质量标准的贡献，尽管有些成分可能是未知的。值得注意的是，该方法要求实验条件一致的情况下实验结果能够得到重复。因此，对实验的人员素质要求显得很重要，因为实验中包括对成分的提取、纯化（尽管有时实验过程简单）、分析等。目前使用在化学指纹图谱中的分析仪器很多，如 HPLC、GC、CG-MS、MS、IR 扫描等。

（二）中药材 GAP 生产过程与化学成分的指纹图谱

如何在中药材 GAP 生产过程中实施对中药材质量的有效控制是摆在当前对中药现代化和国际化研究面前的新课题，特别是在药用植物的药用部分尚未形成时，或药用部分正在形成过程中，如何控制其质量标准是新的难题。如以果实入药的中药，在果实形成之前的许多方面因素均可能对果实形成过程产生影响，进而影响其内在质量标准。

（三）"道地药材"与化学成分的指纹图谱

由于"道地药材"质量长期以来为中医临床所认可，因此，建立"道地药材"化学成分的指纹图谱，选定图谱中指标性成分作为衡量中药材 GAP 生产中的质量标准判定依据。强调"道地药材"传统生产的重要性，比较多种传统生产方法与质量的关系，进一步规范"道地药材"传统生产，使中药材质量达到稳定、有效、安全、可控。

第十一章 农林花卉食品加工技术

花卉是大自然的精华，是美的象征，它们美丽芬芳，不仅可赏、可闻、可吟咏，而且可以入肴、入药，可烹调出色、香、味、形、营养俱佳的美食。食用花卉具有丰富的蛋白质、脂肪、游离氨基酸，以及人体所需的维生素和多种微量矿物质，具有保健美容和益智的作用。在生活水平日益提高的今天，花卉食品也成了消费时尚，近几年来国内外兴起了食用花卉的热潮，巴黎、伦敦、美国加州、中国香港等地的鲜花餐馆生意红火，要提前几天才能订餐。鲜花食品被认为是21世纪食品消费的新潮流，专家预测，花卉食品将是近年内市场走俏的十大食品之一。

第一节 概　　述

一、花卉食品的营养价值

鲜花营养丰富，据科学测定，鲜花内含有：高达 25%～30% 的蛋白质，22 种易被人体吸收的游离氨基酸，铁、锌、碘、硒等 27 种常量和微量元素，18 种维生素，以及多种类脂、核酸、生长素、酶类和抗生素等生物活性成分。例如玫瑰花，根据分析测定，其中维生素 C 的含量最丰富，高达 2000mg/100g（鲜重），其含量为苹果的 700 多倍，沙棘的 20 多倍，比中华猕猴桃还高出 8 倍以上，可称维生素 C 之王。金雀花的蛋白质含量丰富，氨基酸种类齐全，并含有维生素 B_1、维生素 B_2、尼克酸、维生素 C、维生素 E 及胡萝卜素等多种维生素，矿物质元素含量丰富，还含有适量的纤维素、糖类及果胶等营养成分。木槿花硒的含量高达 $11.04\mu g/100g$（鲜重），是常见蔬菜的 10 倍以上。大白杜鹃维生素 B_6 含量高达 980mg/100g（鲜重），这一含量高于目前已知的其他所有植物。科学分析表明食用花卉是富含氨基酸，有利于人体氨基酸平衡的天然绿色食品，开发利用前景广阔。

花粉是一种浓缩型的完全营养剂，有"绿色黄金""全能营养库""微型营养库"之称。

二、食用花卉的医疗保健和药用价值

植物的花是大自然的恩赐，是色香味美之药。自古以来，人们就将花卉作为防治疾病、保健强身、延年益寿的常用药物。《本草纲目》介绍了近千种花草及木本花卉的性味、功能和主治疾病。《全国中草药汇编》一书中，列举了 2200 多种药物，其中花卉入药约占三分之一。食药兼用是花卉菜肴的一大特色，花卉药膳集花卉的食用与药用、食补与药补、食疗与药疗于一体，体现了药食同源的传统医药法则。许多食用花卉可以制成具有保健作用的美味佳肴。如九里香烧排骨能祛风活血，行气活络；玉兰花黑鱼汤能补心养阴，解热祛毒，消除浮肿，治疗鼻炎、疥癣等病；合欢花香菇蒸猪肝能理气解郁，清风明目；玫瑰花烤羊心可补心安神，用于心

血亏损和郁闷不乐等症；桃花熘火腿可生精益血，有养颜容、润肤肌等功能。

一些花卉制作的饮料对多种疾病有很好的辅助疗效。如金银花加水蒸馏制成的金银花露，气味清香，具有良好的清暑解毒作用；又如菊花茶能生津润喉，清肝明目；茉莉花茶能滋阴养胃，平肝解郁，解疮毒，治目赤疼痛；玉兰花茶能开胃化痰，滋阴润燥；桂花茶能开胃化痰及利水消肿；扶桑花茶可补血、凉血解毒等。

花粉的医疗价值从古代到现代都是医学领域研究的焦点。现代医学研究发现，花粉除了含有丰富的营养成分，能提供机体生长和修复的全部原料外，同时含有大量生物活性物质，因而，对维持机体的正常生理功能可起到重要的调节作用和保健作用，并对心血管、内分泌系统疾病有良好的防治效果。

三、食用花卉的历史、现状及利用概况

1. 我国花卉的食用历史

在我国食用花卉已有 2000 多年历史，屈原的"朝饮木兰之坠露兮，夕餐秋菊之落英"诗句就是关于食用菊花的最早记载。唐朝以前，食用花卉还只散见于本草学、食学和文学作品中。到了宋代，一些馔类作品开始出现，如林洪的《山家清供》收录了梅粥、雪露羹等10 多种花馔；明代高濂的《遵生八笺》中记录了多种可食用花卉，戴羲的《养余月令》载有食用花卉 18 种；清代曹慈山的《养生随笔》记有梅花粥、菊花粥等，《养小录》中收录了牡丹、兰花、玉兰等 20 多种鲜花食品的制作方法。这些食用花卉的古籍还记载了食用花卉的栽培、采撷、加工、烹饪等方法，记录了中国古代利用花卉制作食品的成果。古人食用花卉一是为了丰富菜肴、增加食品的色香味；二是保健、祛病、延年益寿。

食花习俗在我国许多地方一直沿袭至今。云南的少数民族食花相当普遍，在云南食用花卉达 200 多种，目前傣族菜、白族菜、纳西菜、彝家菜在北京及多个城市风行，其中有许多就是用云南野生食用花卉制作的。云南大理是"杜鹃花王国"，那里的大白杜鹃（*Rhododendron decorum*）是最受欢迎的食用花卉，只一种大白杜鹃就能烹调出 10 多个花色品种的菜肴，远近闻名。广东一带喜欢食用菊花做成的五蛇羹，栀子花、莲花与肉片可爆炒成时令菜——莲花肉。苏州每年的农历 2 月 12 日的"花朝节"喜食花粥。南京烹调专家用鸡冠花瓣和一年龄的母鸡烹制而成花王鸡。此菜花瓣和花粉中的植物蛋白与鸡肉的动物蛋白融为一体，营养丰富，异香扑鼻，既保持鸡肉原来的风味，又有清热止血、明目养肝、滋补强身的妙用。重庆一家名为"花卉大餐"的餐馆，可烹调出百余种风味各异的花卉菜来，花卉经炒、煎、煮、炸，形色不变、灿若鲜花，并可保留各种花的独特香气，品尝起来沁人肺腑、余味悠长。所以像雍容的玫瑰、典雅的昙花、绚丽的月季、清素的菊花，这些赏心悦目的观赏性花卉皆可做成美味的菜肴，让好奇的食客尽享花的滋味。许多地方的鲜花食品久负盛名。我国传统的鲜花名菜有北京的芙蓉鸡片、上海的荷花栗子、山东的桂花丸子、广东的菊花凤骨等等，数不胜数。

2. 国外食用花卉发展情况

食花习俗在世界各地也颇盛行。早在 16 世纪，西班牙用番红花调理杂锦饭，在法国用番红花做火锅，至今，欧洲各国还喜欢将花瓣放入三明治中或添加到各种风味小食品里；澳大利亚人常用新鲜的旱金莲花直接拌入色拉食用；墨西哥人用当地的仙人掌花烹调出来的甜饼点心、菜肴美味可口；日本人喜欢用茶花做泡菜，樱花、玉兰、桂花也是日本人的餐桌佳肴；美国加州一些餐馆则专门推出玫瑰花瓣点汤、蒲公英拌色拉等花卉美食。在西方花馔被列入抗癌食谱中。东南亚国家对食用野生花卉更是情有独钟，食用花卉已经成为日常配菜，

咖啡、柠檬叶、香毛草等烹制出的食品自然且与众不同。

四、食用花卉研究现状

野生植物资源的开发利用是当今食品开发的一个热点，野生食用花卉的研究受到了关注，并且对野生食用花卉开展了资源调查利用、营养成分分析、菜谱收集等研究，1989年日本京都大学教授近田文弘和我国民族植物学家裴盛基共同发起组织了亚洲食花文化国际会议，并出版了《亚洲食花文化国际会议论文集》。中国科学院和云南省对我国云南各民族食用花卉进行了调查研究，发掘出了相当丰富的食用花卉资源。但是这些食用花卉的产地各异，种属分布不均，文献资料显示的统计数据的出入很大。国外尚未见对于可食花卉的种质资源统计的文献。

五、食用花卉的开发前景

我国地域辽阔，花卉资源极为丰富，这都为花卉食品的开发提供了诱人的前景。大多数鲜花遭受的农药、化肥、废水、废气污染要轻得多，属"绿色食品"，故而利用鲜花加工纯天然、无公害食品有很大的优势。花卉除作食品原料外，还可从花中提取芳香油、食用香精、色素及其他活性、非活性成分，这些成分往往是优质无副作用的，作为食品添加剂用于食品工业中，是添加剂的新品种，或用于其他产业如化妆品、医药中，更提高其利用价值。由此可见，未来花卉市场将向多渠道、多途利用方面发展。

随着生活水平提高，人们已不再满足于温饱现状和单调的蔬菜品种，口感风味的新鲜独特及多样化已成为一种新的追求。食用花卉不仅可以丰富蔬菜种类，调剂口味，还具药食同源、食疗保健的作用。世界各地正在悄然兴起食用花卉的热潮，以花卉为原料制成的保健食品已成为餐桌上的佳肴。在日本、美国时兴"花卉大餐"，在法国、意大利、新加坡等国食用花卉已成为新的饮食时尚。用新鲜花卉脱水加工制成的保健食品和休闲食品出口很受欢迎，能产生较高的效益，具有广阔的开发利用前景。

利用高新技术提取花卉中有效的成分，制成香油、香料和药品，能产生较高的效益，其开发利用的价值很大，将成为花卉开发利用的重要途径。据统计，在各类花卉中，约有40％的鲜花有香味，可用来开发制作食用香油，为食品工业提供天然香料原料。将芳香的花卉如玫瑰、依兰、香子兰等加工制成精油、浸膏、油树脂等的浸出物，产品包括水溶性香料、油脂香料、乳化香料和粉末香料等。如玫瑰精油在国内外市场供不应求，价格昂贵，国内市场的价格为8000～10000元/kg；香子兰中的香兰素含量为1.5％～3.0％，是调制高级香烟、名酒、冰淇淋、巧克力、糕点、可可等必不可少的调香原料。可见，利用现代化分离技术从鲜花中提炼出有价值的成分，既可满足食品工业等行业的需求，又可增加花卉的附加值，促进花卉产业的发展。

第二节　花卉食品开发

一、作为烹饪主料或配料直接食用

鲜花经煎、炸、蒸、炒而成为餐桌上的美味佳肴，如金雀花洗净后，或与鸡蛋爆炒，或与腊肉、火腿、鲜肉爆炒，或与肉片、豆腐一起煮成三鲜汤，其味道香甜可口。白花木槿的花朵调入稀面和葱花，入油锅炸，食之松脆可口，称为面花；用木槿花煮豆腐，味道极佳，是有名的"木槿豆腐汤"。菊花切碎拌入鱼肉茸，可制成菊花鱼丸；用菊花瓣炒蛋，或烧豆腐羹，色香味俱全；菊花瓣内含丰富的胡萝卜素、维生素 C，也是烧羊肉汤、烧鱼汤的上好佐料。玉兰花炒肉片、玉兰花炒蛋、牡丹花烧肉，都是名肴。多种百合可食用，是餐桌上的佳肴。在我国许多地方已出现了一些食用花卉名菜，如京菜中的芙蓉鸡，鲁菜中的桂花丸子，沪菜中的荷花栗子、桂花干贝、茉莉汤、菊花鲈鱼等。还有兰花鸡片、菊花肉片、茉莉花烩冬菇、兰花鸭肝羹等，既具"美色"又撩人食欲。

二、花卉食品的加工

食用花卉除了直接食用外，还可以加工成糕点和休闲食品及饮料。鲜花作为食品配料，能赋予食品一定的香气，改善食品风味，提高食品的质量和价值，如茉莉、玫瑰、桂花、丁香等用于制作糕点和糖果。鲜花糕饼有菊花饼、莲花饼、桂花糕、玫瑰花饼、槐花糖包等。将食用花卉脱水或腌渍加工成休闲食品很受欢迎，也可制作成饮料。一些花卉是药茶及保健茶的良好原料。近年来花卉保健饮料异军突起。除了常见的菊花、桂花等被饮料行业看好的花卉原料外，还有白兰花、月季花等。可用鲜花配制酒、晶、粉、酱、果茶、口服液等，如牡丹花、玫瑰花、桂花、菊花等酿制的花酒，芳香怡人，倍受消费者的青睐。

现将花卉食品种类及其加工工艺小结于表 11-1。

表 11-1 现有花卉食品种类及其加工工艺的调查结果

种类		简单的加工工艺	加工的花卉
鲜花入馔		鲜花经煎、炸、蒸、炒成各种花菜、汤、粥	茉莉花、菊花、芙蓉花等
干制冲饮		鲜花的采收→前处理→脱水→包装前处理→包装→成品→贮存	干玫瑰花、干茉莉花、干桂花等
饮料	花汁饮料	花→挑选→破碎→浸提→澄清过滤→调配→脱气→灌装→杀菌→冷却→成品	洋槐花、荷花、金银花等
	花饮料	鲜花→洗涤→前处理→破碎→均质→脱色→去腥→过滤→调配→灌装→杀菌→冷却→成品	芦荟、玉兰花、仙人掌等
	固体花饮料	糖、酸、花→浸提→过滤→浓缩→调配→造粒→干燥→包装→产品	金银花晶、菊花晶、枸杞晶等
酒		花与花粉→去杂→白酒浸泡→过滤→陈酿→勾兑→灌装→成品	枸杞酒、菊花酒、桂花酒等
花粉	花粉保健品	花粉→净化→杀菌→混合→制粉→干燥→筛滤→压片→包衣→包装→成品	玫瑰花、金银花
	花粉饮料	花粉→去杂→灭菌→脱敏→调配→过滤→灭菌→灌装→杀菌→冷却→成品	荷花、玫瑰花、金银花等
	花粉的干制	色素、混合剂、黏合剂→花粉→净化→杀菌→混合→制粉→干燥→筛滤→压片→包衣→包装→成品	百合粉、芦荟粉等
芳香油		花的采收→前处理→粉碎→提取→分离→包装→成品	白玉兰、玫瑰、丁香等
色素		花→筛选→色素的提取→浓缩→精制→干燥→包装→成品	番红花、向日葵、牵牛花等

参 考 文 献

[1] 刘亚伟. 淀粉生产及其深加工技术 [M]. 北京：中国轻工业出版社，2001.

[2] 李全宏. 植物油脂制品安全生产与品质控制 [M]. 北京化学工业出版社，2005.

[3] 阚建全. 食品化学 [M]. 北京：中国农业大学出版社，2002，99.

[4] 曲泽洲，孙云蔚. 果树种类论 [M]. 北京：中国农业出版社，1990，5：197.

[5] 齐敏，岳崇峰. 板栗的药用价值及利用开发 [J]. 中国林副特产，1997 (3)：51.

[6] 敖自华，王璋，许时婴. 银杏淀粉特性的研究 [J]. 食品科学，1999 (10)：35-39.

[7] 杨明毅，史劲松，孙晓明. 葛根的综合利用和深度加工 [J]. 常德师范学院学报（自然科学版），2001，13 (1)：11-14.

[8] 陆宁，宛小春. 葛根总黄酮、淀粉的提取及应用 [J]. 食品工业科技，1998 (1)：33-36.

[9] 刘勇. 葛根资源的开发利用 [J]. 生物学杂志，1996 (3)：30-31.

[10] Boki K, Ohno S. Moisture sor ption hysteresis in kudzu starch and sweet potato stareh [J]. Journal of Food Seience, 1991, 56 (1)：125-127.

[11] 潘汉坡，吴彪. 葛根淀粉的工业化生产及其深加工技术 [J]. 淀粉与淀粉糖，1997 (1)：4-11.

[12] 邱树毅. 高取代度芭蕉芋羧甲基淀粉制备工艺研究 [J]. 食品工业，2001 (3)：34-35.

[13] 李正涛，张文武. 荸荠淀粉的生产及其利用 [J]. 农牧产品开发，1999 (4)：11-12.

[14] 姜瑞敏，史美丽，陈玉珍，等. 芋头淀粉性能及化学组成的研究 [J]. 莱阳农学院学报，1998，15 (2)：128-131.

[15] 胡芳名，李建安. 湖南省主要橡子资源综合开发利用的研究 [J]. 中南林学院学报，2000，20 (4)：41-45.

[16] 杨儒钦. 橡子酿造白酒技术 [J]. 中国林副特产，1991 (4)：28-33.

[17] 胡芳名，李建安. 湖南省栎类资源开发利用研究 [J]. 经济林研究，1999 (2)：1-5.

[18] 中国树木志编辑委员会. 中国树木志（第二卷）[M]. 北京：中国林业出版社，1985.

[19] 陈宗元，刘秀湘，王国兴，等. 橡子仁的综合利用 [J]. 林产化工通讯，1997 (3)：33-34.

[20] 朗萍，张忠慧，黄宏文. 中国西南地区栗属资源现状及开发利用对策 [J]. 武汉植物学研究，1999 (增刊)：123-127.

[21] 王守本，费维烈，刘中文. 柞树副产物的利用价值 [J]. 中国林副特产，1991 (1)：42.

[22] 李建强，张敏华. 湖北山毛榉科修订 [J]. 武汉植物学研究，1998 (3)：241-251.

[23] 端木沂. 江西省壳斗科资源的综合利用 [J]. 林产化工通讯，1995 (1)：34-35.

[24] 端木沂. 我国栎属资源的综合利用 [J]. 河北林学院学报，1994 (2)：177-181.

[25] 端木忻. 我国青冈属资源的综合利用 [J]. 北京林业大学学报，1995 (2)：109-110.

[26] 端木忻. 我国栲属资源的综合利用 [J]. 林产化工通讯，1996 (5)：38-40.

[27] 杜朋. 果蔬汁饮料工艺学 [M]. 北京：农业出版社，1992.

[28] 卢立新. 果蔬及其制品包装 [M]. 北京：化学工业出版社，2005.

[29] 彭阳生. 植物油脂加工实用技术 [M]. 北京：金盾出版社，2002.

[30] 冉懋雄，周厚琼. 现代主要栽培养殖与加工手册 [M]. 北京：中国中医药出版社，1999.

[31] 王航，黄立新，高群玉. 橡子淀粉性质的研究 [J]. 淀粉与淀粉糖，2003 (2)：28-31，16.

[32] 吴时敏. 功能性油脂 [M]. 北京：中国轻工业出版社，2001.

[33] 夏国京，郝萍，张力飞. 野生浆果栽培与加工技术 [M]. 北京：中国农业出版社，2002.

[34] 江苏省植物研究所，等. 新华本草纲要 [M]. 上海：上海科学技术出版社，1988.

[35] 江西中医学院. 药用植物学 [M]. 上海：上海科学技术出版社，1979.

[36] 江西中医学院. 药用植物栽培学 [M]. 上海：上海科学技术出版社，1980.

［37］ 陆美英，仇志荣. 药用植物栽培与加工［M］. 上海：上海中医学院出版社，1992.

［38］ 全国中草药汇编编写组. 全国中草药汇编（上、下册）［M］. 北京：人民卫生出版社，1982.

［39］ 王德群，谈献和. 药用植物学［M］. 北京：科学出版社，2010.

［40］ 吴榜华，刘大有，王明启. 东北木本药用植物［J］. 中国林业出版社，1994.

［41］ 肖培根. 新编中药志［M］. 北京：化学工业出版社，2002. 1.

［42］ 徐怀德. 药食同源新食品加工［M］. 北京：中国农业出版社，2002.

［43］ 徐践. 野菜栽培与加工［M］. 中国林业出版社，2003.

［44］ 杨春澍. 药用植物学［M］. 上海：上海科技出版社，1997.

［45］ 杨继祥. 药用植物栽培学［M］. 北京：农业出版社，1993.

［46］ 张哲普. 野菜的食用及药用［M］. 北京：金盾出版社，1997.

［47］ 郑汉臣，蔡少青. 药用植物学与生药学［M］. 北京：人民卫生出版社，2003.

［48］ 李向高. 药材加工学［M］. 北京：农业出版社，1994.

［49］ 中国医学科学院药用植物资源开发研究所. 中国药用植物栽培学［M］. 北京：农业出版社，1991.

［50］ 武孔云，冉懋雄. 中药栽培学［M］. 贵阳：贵州科技出版社，2001.

［51］ 朱圣和. 中国药材商品学［M］. 北京：人民卫生出版社，1990.

［52］ 张德权，胡晓丹. 食品超临界 CO_2 流体加工技术［M］. 北京：化学工业出版社，2005.

［53］ 陈运中. 天然色素的生产及应用［M］. 北京：中国轻工业出版社，2007.

［54］ 周伟. 我国绿色食品发展历程及前景展望［J］. 安徽农学通报，2020，26（19）：119-120.

［55］ 肖放. "十四五"时期我国绿色食品、有机农产品和地理标志农产品工作发展方略［J］. 农产品质量与安全，2021（3）：5-8.

［56］ 苗苗. 有机食品市场发展现状及研究［J］. 现代商业，2020，（05）：8-9.

［57］ 侯艳梅，戴智勇，沈国辉，等. 有机食品国内外发展现状和前景展望［J］. 农产品加工，2011，（10）：123-124.